浙江省普通高校"十三五"新形态教材
高等院校电气信息类专业"互联网+"创新规划教材

实用数字电子技术

（第 2 版）

主　　编　钱裕禄
副主编　那　勇
参　　编　王　阳　胡俊杰　周雪娇

内 容 简 介

本书包含数字逻辑基础、组合逻辑电路、时序逻辑电路、数字系统设计与实现、脉冲波形的产生与变换、半导体存储器与可编程逻辑器件、数模和模数转换共 7 章内容。 本书将实用数字电子技术理论与实验实践有机结合，凸显"做中学、学中做"的教学理念，书中引入了多个应用案例，侧重培养学生的应用能力。 此外，书中还以二维码的形式融入了精讲视频、测试练习、试题库等数字资源和 MOOC 平台。

本书可作为高等院校电子信息工程、电气工程、通信工程、电子科学与技术、自动化、机电一体化及其他相关专业的本科教材，也可作为自动化、通信、电子技术等行业工程技术人员的参考书。

图书在版编目(CIP)数据

实用数字电子技术 / 钱裕禄主编 . —2 版 . —北京：北京大学出版社， 2021.7
高等院校电气信息类专业"互联网+"创新规划教材
ISBN 978 - 7 - 301 - 32293 - 2

Ⅰ. ①实… Ⅱ. ①钱… Ⅲ. ①数字电路—电子技术—高等学校—教材 Ⅳ. ①TN79

中国版本图书馆 CIP 数据核字(2021)第 131850 号

书　　名	实用数字电子技术 （第 2 版）
	SHIYONG SHUZI DIANZI JISHU （DI‑ER BAN）
著作责任者	钱裕禄　主编
策 划 编 辑	郑　双
责 任 编 辑	郑　双
数 字 编 辑	蒙俞材
标 准 书 号	ISBN 978 - 7 - 301 - 32293 - 2
出 版 发 行	北京大学出版社
地　　址	北京市海淀区成府路 205 号　100871
网　　址	http://www.pup.cn　新浪微博：@ 北京大学出版社
电 子 信 箱	pup_6@ 163.com
电　　话	邮购部 010 - 62752015　发行部 010 - 62750672　编辑部 010 - 62750667
印 刷 者	北京鑫海金澳胶印有限公司
经 销 者	新华书店
	787 毫米×1092 毫米　16 开本　16.5 印张　396 千字
	2013 年 6 月第 1 版
	2021 年 7 月第 2 版　2023 年 6 月第 2 次印刷
定　　价	49.00 元

未经许可，不得以任何方式复制或抄袭本书之部分或全部内容。
版权所有，侵权必究
举报电话：010 - 62752024　电子信箱：fd@ pup.pku.edu.cn
图书如有印装质量问题，请与出版部联系，电话：010 - 62756370

第 2 版前言

除了担任传统意义上专业基础课的角色，数字电子技术如今已经成为一项面向实践的应用技术，因此数字电子技术课程的教学内容和教学方法必须从实践角度重新定位，尤其是在新的数字系统设计理念、技术和方法的应用上。根据党的二十大报告"深入实施人才强国战略"精神及学生实际特点、课程开设时间安排和学时分配等情况，本书在保证知识点有效贯彻的同时，充分调动学生的学习兴趣和主观能动性，培养他们的成就感和解决问题的能力，精心设置实践环节及模式。在本书的编写过程中，编者充分考虑到了以上几点问题。

在为后续相关专业课程打好基础的同时，本书编写过程中遵循的另一大原则是：通过各章节相关知识点的有机组合，使学生能独立完成一个实用数字系统的设计，如数字钟、数字跑表、数字频率计、交通灯控制器、多路抢答器、四位乘法器、数字抢答器、数字密码锁和数字定时器等。它们的共同点是主要部分均包括组合逻辑控制、数字显示、时序及计数控制和时钟源获取四大规模。为此编者在编排本书时围绕这些内容展开，具体内容如下。

1. 组合逻辑控制

组合逻辑控制的应用非常普遍，尤其是在组合应用设计方面，如数字钟的定点报时和校正，多路抢答器中抢答逻辑控制和倒计时控制，交通灯控制器的逻辑控制实现等。这部分内容安排在第 2 章中。

2. 数字显示

这里主要考虑采用动态显示还是静态显示，采用共阳极或共阴极数码管显示还是采用 LCD 显示等，或者由此延伸的相应驱动芯片的选用和实现方法的采用等。这部分内容主要集中在第 2 章的显示译码器部分。

3. 时序及计数控制

在实用数字系统中，时序及计数控制主要是指计数和分频相关部分。选择哪种计数器能更好地实现计数要求，具体时序如何控制，涉及分频的时候时序电路如何设置，综合起来如何更好地实现优化设计等都是需要考虑的。

具体到内容安排上，锁存器和触发器是时序电路的基础要点，同时在按键消抖、分频等方面均有应用，第 3 章 3.1 节和 3.2 节中着重讲述这些内容；而同步时序电路的分析和设计、集成时序电路应用等均放在第 3 章 3.3 节、3.4 节、3.5 节和 3.6 节中，尤其是集成计数器及其应用。

4. 时钟源获取

这里涉及的知识点主要是数字脉冲如何获取，主要方法有 555 多谐振荡器产生或晶振电路产生的脉冲经分频得到相应脉冲,其中涉及硬件分频和软件分频实现等。这部分内容主要集中在第 5 章。

本书的具体章节编排次序是在上述基础上,充分考虑知识点学习的进程来展开的。

书中的"应用举例"部分是平时基本实验的内容。综合实验以完成项目的形式展开,主要在第 4 章 4.2 节和 4.3 节的项目中来实现。

为了更好地理解,下面以交通灯控制器的设计与制作为例来简要说明。

设计指标如下。

1. 基本要求

(1) 每个方向有两盏灯,分别为红灯、绿灯。

(2) 每个方向的绿灯、红灯的定时时间可以预设,一个方向绿灯亮时另一个方向红灯亮。

(3) 绿灯、红灯顺序点亮,循环往复。

(4) 控制器要自带时钟,标准的 1Hz 时钟可通过分频得到。时钟脉冲源可以利用 555 电路或晶体振荡器产生。

(5) 计数器使用 CD4516、74161、74390,如使用晶体振荡器需用到 CD4060 芯片。

(6) 为了接线方便,接线时绿灯、红灯的计数值只要求显示 1~9,但要求初值可以预置。

(7) 红灯、绿灯的剩余时间用数码管显示,红灯、绿灯指示使用发光二极管。

*(8)(选做)绿灯在最后 3s 为闪烁,0.5s 亮 0.5s 灭;单独设计一个 2 位十进制减法计数器,初值可以预置,使定时时间可以是 2 位十进制数。

2. 提高要求

(1) 每个方向有 3 盏灯,分别为红灯、黄灯、绿灯,配以红、黄、绿 3 组时间倒计时显示。

(2) 每个方向的绿灯、黄灯的定时时间可以预设,绿灯亮时,在最后 3s 为闪烁,0.5s 亮 0.5s 灭,一个方向的绿灯或黄灯亮时另一个方向的红灯亮。

(3) 每盏灯顺序点亮,循环往复,每个方向的点亮顺序为绿灯、绿灯闪烁、黄灯、红灯。

(4) 控制器要自带时钟,标准的 1Hz 时钟可通过分频得到。时钟脉冲源可以用 555 电路或晶体振荡器产生。

(5) 计数器使用 CD4516、74161、74390,如使用晶体振荡器需用到 CD4060 芯片。

(6) 为了接线方便,接线时绿灯、黄灯的计数值只要求显示 1~9,但要求初值可以预置。

(7) 红灯显示时间与绿灯和黄灯的显示时间相对应,要求用 2 位十进制数显示。

*(8)(选做)为了方便不懂二进制编码的人员设置预置时间,预置时间用 9 个开关设置,各个开关分别对应 1~9 数值,必须对各个开关的输入进行二进制编码。实际使用时 9 个开关只要求一路预置输入,其余直接用二进制编码输入。

3. 实验说明

以上功能可以适当改变,在条件许可的范围内实验表达形式、选用元器件等可由学生自行设计。为了提高设计灵活性，可以设计多个原理图，自由选择元器件，实际接线可以选择容易实现的电路。

根据上述设计指标画出对应的交通灯运行状态分析图和交通灯运行控制模块图，分别如图0-1和图0-2所示。

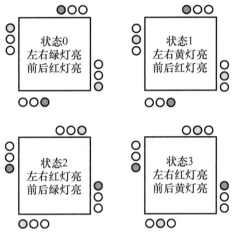

图0-1 交通灯运行状态分析图

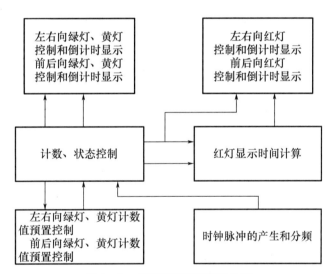

图0-2 交通灯运行控制模块图

显然，就这个实例而言，前述的四大模块知识点在这个综合应用设计中得到了充分的运用。

本书在实例的具体实现方法上，除了传统的手工分析和设计外，还应用了Quartus II 13.0软件进行仿真分析和设计；在实现手段上主要是分门电路应用、中小规模集成芯片应用和FPGA芯片应用3种形式。这样的安排主要是为了让学生能有效拓展知识点。

本书融入了编者团队近5年来的教改创新经验和成果，尤其是在线上线下混合式教学和"学、导、做、用"于一体的有效互动大课堂应用实践方面。第2版在适度的基础知识与理论体系覆盖下，注重培养学生的应用能力和创新能力，突出应用性、实用性教学，加强了理论与实践的联系，凸显"做中学、学中做"，同时还具有以下几个特点。

（1）加入了 45 个理论精讲微课视频，以二维码的形式嵌入，作为对本书知识点的有力补充，此外，还配有实验精讲视频、软件仿真录屏视频和习题语音讲解等教学资源。

（2）各章都配有习题及其解答、PPT、考试题库等。

（3）对数字电子技术经典内容进行有效的解构与重构，讲解深入浅出，使不同层次的读者均易于学习掌握。

（4）本书的编者团队在浙江省高等学校在线开放课程共享平台上建立了 MOOC 课程，数字资源与本书同步。

本书内容与第 1 版相比，在第 1 章中新增了集成门电路芯片和 Quartus II 13.0 软件基本操作等相关内容，第 2 章中新增了加法器等相关内容，同时把原来的第 3 章锁存器与触发器和第 4 章时序逻辑电路整合成了一章，新增了第 4 章数字系统设计与实现，对第 5～7 章内容从应用角度出发做了必要的修订，增加了附录 B 常用集成门电路和集成芯片引脚排列。

本书是在浙江省精品课程"数字电子技术"、浙江省线上一流课程"数字电子技术及实践"和浙江省"十三五"第二批新形态教材《实用数字电子技术》等建设项目的基础上，集课程教学和建设团队力量共同完成的。本书由钱裕禄担任主编，由那勇担任副主编，王阳、胡俊杰、周雪娇共同参与编写。编者将课程相关的研究性教学改革、开放创新实践和过程有效落实等有机融合于本书中。本书配套的精讲微课视频获得了 2017 年浙江省高校教师教育技术成果三等奖。本书相关数字资源、教学设计及实施方案和 MOOC 平台教学等资源可以联系本书主编（150397216@qq.com）获取，也可以联系本书责编（38339704@qq.com）获取。

由于编者的水平有限，书中疏漏之处在所难免，敬请广大读者批评指正。

编　者

资源索引

目 录

第1章 数字逻辑基础 ·················· 1
 1.1 模拟信号与数字信号 ············ 2
  1.1.1 模拟信号和设备 ············ 2
  1.1.2 数字信号和设备 ············ 3
  1.1.3 模拟信号和数字信号
     间的相互转换 ············ 5
 1.2 数制与码制 ···················· 6
  1.2.1 数制 ······················ 6
  1.2.2 数制转换 ·················· 8
  1.2.3 码制和数码转换 ············ 9
 1.3 逻辑门 ························ 11
  1.3.1 与门 ···················· 12
  1.3.2 或门 ···················· 13
  1.3.3 非门 ···················· 13
  1.3.4 常用的复合逻辑 ·········· 14
  1.3.5 常用的集成逻辑门电路 ···· 15
 1.4 逻辑函数及其表示 ·············· 16
 1.5 逻辑代数基础 ·················· 18
  1.5.1 逻辑门的布尔表达式 ······ 18
  1.5.2 布尔代数的定律和规则 ···· 18
 1.6 逻辑函数的化简 ················ 20
  1.6.1 逻辑函数的代数法化简 ···· 20
  1.6.2 逻辑函数的最小项表示 ···· 22
  1.6.3 逻辑函数的卡诺图法
     化简 ···················· 23
 1.7 Quartus Ⅱ 13.0软件的基本
   操作 ························ 27
 本章小结 ·························· 31
 习题 ······························ 31

第2章 组合逻辑电路 ·················· 34
 2.1 组合逻辑电路的分析和设计 ······ 35
  2.1.1 组合逻辑电路的分析 ······ 35
  2.1.2 组合逻辑电路的设计 ······ 38
  2.1.3 组合逻辑电路中的
     竞争和冒险现象 ·········· 41
 2.2 编码器 ························ 43

  2.2.1 普通编码器 ··············· 43
  2.2.2 优先编码器 ··············· 46
 2.3 译码器 ························ 52
  2.3.1 基本译码器 ··············· 52
  2.3.2 显示译码器 ··············· 57
 2.4 数据选择器 ···················· 64
  2.4.1 基本数据选择器 ··········· 64
  2.4.2 8选1数据选
     择器 ····················· 65
 2.5 数据比较器 ···················· 69
  2.5.1 1位数据比较器 ··········· 69
  2.5.2 4位数据比较器 ··········· 69
 2.6 加法器与减法器 ················ 71
  2.6.1 全加器 ··················· 71
  2.6.2 全减器 ··················· 72
  2.6.3 串行进位加法器 ··········· 72
  2.6.4 超前进位加法器 ··········· 73
 本章小结 ·························· 74
 习题 ······························ 74

第3章 时序逻辑电路 ·················· 81
 3.1 锁存器 ························ 83
  3.1.1 RS锁存器 ················ 83
  3.1.2 D锁存器 ················· 88
 3.2 触发器 ························ 90
  3.2.1 触发器的逻辑功能 ········· 91
  3.2.2 触发器的电路结构 ········· 97
  3.2.3 触发器之间的转换 ········· 98
 3.3 时序逻辑电路的基本概念 ········ 103
  3.3.1 同步和异步 ··············· 103
  3.3.2 米利型和穆尔型时序逻辑
     电路 ····················· 103
  3.3.3 时序逻辑功能的表示方法 ··· 104
 3.4 同步时序逻辑电路的分析 ········ 106
 3.5 同步时序逻辑电路的设计 ········ 109
 3.6 典型时序集成芯片及其应用 ······ 112
  3.6.1 寄存器与移位寄存器 ······· 112

3.6.2　计数器 …………………… 118
本章小结 ………………………………… 133
习题 ……………………………………… 134

第 4 章　数字系统设计与实现 ……… 144

4.1　面包板简介 ……………………… 145
4.2　基于中小规模集成电路的数字
　　　系统设计 ……………………… 148
　　4.2.1　设计方法 …………………… 148
　　4.2.2　四路数字抢答器的
　　　　　设计与制作 ………………… 150
4.3　基于 FPGA 的数字系统设计 …… 153
　　4.3.1　FPGA 设计的一般流程 …… 153
　　4.3.2　自顶向下的设计方法 ……… 157
　　4.3.3　篮球计时记分牌设计 ……… 157
本章小结 ………………………………… 166
习题 ……………………………………… 166

第 5 章　脉冲波形的产生与变换 …… 169

5.1　555 定时器及其应用 …………… 170
　　5.1.1　555 定时器的基本结构 …… 170
　　5.1.2　单稳态触发器 ……………… 172
　　5.1.3　施密特触发器 ……………… 177
　　5.1.4　多谐振荡器 ………………… 180
　　5.1.5　555 定时器综合
　　　　　应用电路 …………………… 181
5.2　晶振及其应用 …………………… 186
本章小结 ………………………………… 189
习题 ……………………………………… 190

第 6 章　半导体存储器与可编程
　　　　　逻辑器件 ……………………… 197

6.1　RAM 和 ROM …………………… 198

　　6.1.1　RAM ………………………… 199
　　6.1.2　ROM ………………………… 200
　　6.1.3　半导体存储器的
　　　　　性能指标 …………………… 202
　　6.1.4　存储器的扩展 ……………… 205
6.2　可编程逻辑器件 ………………… 206
　　6.2.1　简单 PLD …………………… 210
　　6.2.2　复杂 PLD …………………… 211
本章小结 ………………………………… 215
习题 ……………………………………… 215

第 7 章　数模和模数转换 ……………… 218

7.1　D/A 转换器 ……………………… 219
　　7.1.1　D/A 转换器的基本原理 …… 219
　　7.1.2　D/A 转换器的工作原理 …… 220
　　7.1.3　D/A 转换器的主要技术
　　　　　指标和常用芯片 …………… 223
7.2　A/D 转换器 ……………………… 224
　　7.2.1　A/D 转换器的基本原理 …… 224
　　7.2.2　A/D 转换器的分类 ………… 226
　　7.2.3　A/D 转换器的主要技术
　　　　　指标和常用芯片 …………… 229
本章小结 ………………………………… 229
习题 ……………………………………… 230

**附录 A　基于 Quartus Ⅱ 7.2 的数字
　　　　　电路设计操作过程图解** …… 232

**附录 B　常用集成门电路和集成
　　　　　芯片引脚排列** ……………… 249

参考文献 ………………………………… 251

第1章 数字逻辑基础

 **教学目标**

通过本章的学习，使学生了解数字技术的发展及其应用，理解数字信号的定义，能区分数字信号和模拟信号，理解数字电路的特点；理解常用进制数的特点及其表示，掌握二进制数与十进制数、十六进制数之间的相互转换，理解 BCD 码、格雷码、ASCII 码的特点及表示，掌握常见 BCD 码与十进制数之间的互相转化；掌握基本逻辑运算和复合逻辑运算的逻辑符号、逻辑表达式和真值表等表示方法；掌握逻辑函数及其表示方法，理解逻辑代数基本公式和常用公式，并能熟练应用；理解代入规则、反演规则、对偶规则，并能用反演规则和对偶规则分别进行求解；掌握逻辑函数的真值表、表达式、逻辑图、波形图表示方法，掌握不同表示方法之间的互相转换；理解逻辑函数表达式的多样性，熟悉最小项和最大项的概念，掌握逻辑函数的标准"与-或"表达式表示方法；理解逻辑函数化简的意义和最简的含义；掌握逻辑函数公式法化简，掌握卡诺图法化简。

第1章思维导图

教学要求

知识要点	能力要求	相关知识
数制与码制	(1) 理解数制和码制的含义和表示 (2) 掌握数制转换和码制转换	(1) 模拟信号与数字信号 (2) 数制与码制
逻辑门和逻辑表示	(1) 理解逻辑门电路（基本的和复合的） (2) 熟悉逻辑门电路对应芯片 (3) 掌握逻辑函数表示方法	(1) 逻辑门 (2) 集成逻辑门电路的应用 (3) 逻辑函数及其表示
逻辑函数的化简	(1) 理解布尔代数的定律和规则 (2) 掌握逻辑函数的代数法化简 (3) 掌握逻辑函数的卡诺图法化简	(1) 逻辑代数基础 (2) 逻辑函数化简

引言

自第二次世界大战以来，自然科学的任何一个分支对现代世界的发展所做的贡献都不如电子学。电子学促进了通信、计算机、消费产品、工业自动化、测试与测量、物联网工程及卫生保健等领域的重大发展。

电子工业目前已经成为全球最大的单一工业，它的最重要的发展趋势之一是逐渐从模拟电子技术转移到数字电子技术，这种趋势始于20世纪60年代，到现在几近完成。实际上最近的统计结果表明，电子系统中超过90%的电路都是数字电路。

1.1 模拟信号与数字信号

电子技术中的数字电路可以帮助人们对信息数据进行分析处理，而经过处理的信息数据可以保留于数字电路构成的存储器或可用于存储数字信号的其他介质中。数字系统只能用来处理离散信息，然而自然界中存在的信息大部分是以模拟信号的形式存在的，要对这部分信息进行处理，首先需要将模拟信号转换为数字信号，并对其编码后再提交给数字系统来处理。数字电子电路是由晶体管电路发展而来的，这种电路结构简单，其输出信号随输入信号变化呈现两种电平，即高电平和低电平，通常分别用"1"和"0"表示。

模拟数据（Analog Data）是由传感器采集得到的连续变化的值，如温度、压力，以及电话、无线电和电视广播中的声音和图像等。数字数据（Digital Data）则是模拟数据经量化后得到的离散的值，如在计算机中用二进制代码表示的字符、图形、音频与视频数据等。

1.1.1 模拟信号和设备

不同的数据必须转换为相应的信号才能进行传输。模拟数据一般采用模拟信号（Analog Signal），如用一系列连续变化的电磁波（如无线电与电视广播中的电磁波）或电压信号（如电话传输中的音频电压信号）来表示。

图1-1（a）所示为一个电子电路，旨在放大传声器检测到的语音信息。表示数据或信息的一种简单的方法是采用一个与表示的信息成正比例变化的电压。在图1-1（a）中，声波的音调和音量施加到传声器上，它们应控制传声器产生的电压信号的频率和幅度。传声器的输出电压信号应该是输入语音信号的模拟。因此，传声器产生的电子信号模拟（类似于）语音信号，语音的"音量或音调"的变化将使信号电压的"幅度或频率"产生相应的变化。

图1-1（b）中，光检波器（或太阳能电池）将光能转化为电子信号。该信号表示检测到的光的数量，因为电压幅度的变化使光能级强度（Light-Level Intensity）发生变化。同样，输出电子信号模拟（类似于）输入端感知到的光能级。

图1-1（a）中的传声器产生一个交流模拟信号，然后由交流放大器加以放大，这里的传声器是一个模拟设备，而放大器是一个模拟电路。图1-1（b）中的光检波器也是一

个模拟设备,然而它产生一个直流模拟信号,然后由直流放大器加以放大。图 1-1 中的两个信号均是平滑而连续变化的,与它们所表示的自然量(声音和光)一致。

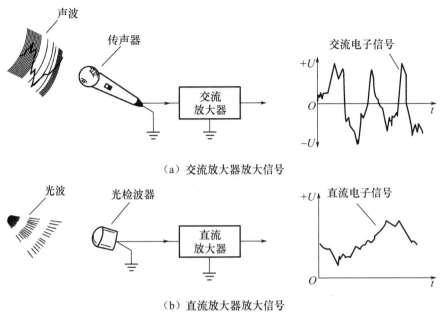

(a) 交流放大器放大信号

(b) 直流放大器放大信号

图 1-1 模拟信号和设备

概括来讲,模拟信号是指幅值在上限和下限之间连续,即幅值在上限和下限之间可以取任何实数值的信号。通常客观世界中存在的各种物理信号大多为时间连续模拟信号。

1.1.2 数字信号和设备

数字数据采用数字信号(Digital Signal)来表示,如用一系列断续变化的电压脉冲(可用恒定的正电压表示二进制数 1,用恒定的负电压表示二进制数 0)或光脉冲来表示。键盘是众多数字化设备之一,可以看到在键盘上按"i"键时,即把"i"编码成一组脉冲(1101001)。由表 1-1 可知,"1101001"编码对应于七位 ASCII 码表中的小写字母"i"。

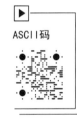

表 1-1 七位 ASCII 码表

		$b_7 b_6 b_5$						
		000	001	010	011	100	101	110	111
$b_4 b_3 b_2 b_1$	0000	NUL	DLE	(space)	0	@	P	`	p
	0001	SOH	DC1	!	1	A	Q	a	q
	0010	STX	DC2	"	2	B	R	b	r
	0011	ETX	DC3	#	3	C	S	c	s

续表

$b_4b_3b_2b_1$		$b_7b_6b_5$							
		000	001	010	011	100	101	110	111
	0100	EOT	DC4	$	4	D	T	d	t
	0101	ENQ	NAK	%	5	E	U	e	u
	0110	ACK	SYN	&	6	F	V	f	v
	0111	BEL	ETB	'	7	G	W	g	w
	1000	BS	CAN	(	8	H	X	h	x
	1001	HT	EM	)	9	I	Y	i	y
	1010	LF	SUB	*	:	J	Z	j	z
	1011	VT	ESC	+	;	K	[	k	{
	1100	FF	FS	,	<	L	\	l	|
	1101	CR	GS	-	=	M	]	m	}
	1110	SO	RS	.	>	N	^	n	~
	1111	SI	US	/	?	O	_	o	DEL

概括来讲，数字信号是指幅值是离散的，即幅值被限制在有限个数值之内的信号。数字信号可以是时间连续信号或时间离散信号，前者为最常见的由高、低电平描述的数字信号，而后者通常是指在一段时间内保持低电平或高电平，而低电平和高电平之间的转换是瞬间完成的。

图1-2（a）所示为模拟万用表，指针在刻度上的偏移量是对被测电气性质大小的模拟。图1-2（b）所示为数字万用表，被测电气性质的大小用数字显示，这里的数字是十进制数字。

（a）模拟万用表　　（b）数字万用表

图1-2　模拟万用表和数字万用表

模拟万用表是一种使用校准刻度上的偏移量来指示测量值的万用表。

数字万用表是一种使用数字来指示测量值的万用表。

1.1.3 模拟信号和数字信号间的相互转换

为便于存储、分析和传输,通常需要将模拟信号转换为数字信号。下面通过图1-3来大体了解用数字表示模拟信号的过程。

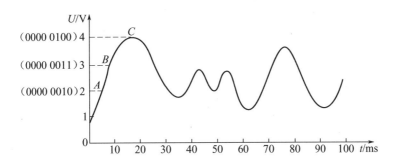

(a) 模拟信号波形三个取样点的数字表示

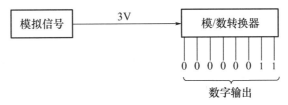

(b) 3V模拟电压转换为以0、1表示的数字电压

图1-3 模拟信号的数字表示

在图1-3(a)所示的模拟信号波形中取A、B、C三个取样点。以B点为例,该点的模拟电压为3V,将其送入一个模/数转换器后可得到以数字0、1表示的数字电压,如图1-3(b)所示,同理也可以得到A、C点的数字编码。当信号的取样点足够多时,原信号就能被较真实地保留下来。当然必要时可以通过数/模转换器将数字信号还原成模拟信号。图1-4所示为模拟声音到数字量的转换过程及其逆过程应用实例,展示了模拟信号与数字信号的相互转换。

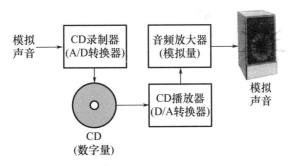

图1-4 模拟声音到数字量的转化过程及其逆过程实例

A/D转换器是把模拟输入信号转换成等效的数字输出信号的电路,D/A转换器则相反。

问题思考

模拟信号与数字信号各自的特点是什么？它们相互转换的意义何在？

1.2 数制与码制

日常生活中经常会遇到计数问题，其中最常见的是十进制（Decimal，基数为 10）形式，但其他数制也同样存在，如 60 秒为 1 分钟采用的是六十进制形式，而 24 小时为一天采用的是二十四进制形式。由于数字电路只可能是两个稳定状态，即数字电路是以二进制数字逻辑为基础的，所以在数字系统中最常用的是二进制（Binary，基数为 2）形式。另外数字电路中还常用到八进制（Octal，基数为 8）和十六进制（Hexadecimal，基数为 16）形式。

使用不同进制的计数系统时，可以把数值括起来后面加一个下标来表示该数的基数，这个下标可以是数字（常见为 2、8、10、16），也可以是大写字母（常见为 B、O、D、H）。例如，$(12567)_{10}$ 是一个基数为 10 的数，而 $(10110)_B$ 是一个基数为 2 的数。另外，通常也采用在数值的后面加大写字母（常见为 B、O、D、H）后缀的形式来表示，如 10110B。

1.2.1 数制

1. 十进制数

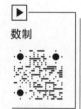

十进制就是以 10 为基数的计数体制，用 0～9 这 10 个数字来表示，其进位规则是逢十进一。十进制数的每一个数码的位置决定了该数码的权。例如，1 本来只等于 1，而 3 个 0 左边的 1 等于 1000。

一般地，任意十进制数可以表示为

$$(N)_D = \sum_{-\infty}^{+\infty} K_i \times 10^i \tag{1-1}$$

式中，K_i 为基数为 10 的第 i 次幂的系数，它可以是 0～9 中的任何一个数字，这里下标 D 表示十进制，也可以用 10 来表示。

例 1-1： $(542.6)_{10} = 5 \times 10^2 + 4 \times 10^1 + 2 \times 10^0 + 6 \times 10^{-1}$。

同理，如果将式(1-1)中的"D"用字母 R 来代替，就可以得到任意进制数的表达式。

$$(N)_R = \sum_{-\infty}^{+\infty} K_i \times R^i \tag{1-2}$$

式中，K_i 为基数为 R 的第 i 次幂的系数，根据基数 R 的不同，它的取值可以是 0～$R-1$ 中的不同数码。

用数字电路处理和存储十进制数形式的信号不是很方便，所以一般不直接处理，这在后续的有关 BCD 码数码显示和十进制计数时序上会有较多的说明。相关术语解释如下。

（1）十进制计数系统：以 10 为基数的计数系统。

（2）基数：描述计数系统所用的数字个数。

(3) 位权：每一个数码的幂，它与数码在数中的位置有关。

(4) 最高有效数位（Most Significant Digit，MSD）：十进制数中最左边、位权最大的数字。

(5) 最低有效数位（Least Significant Digit，LSD）：十进制数中最右边、位权最小的数字。

2. 二进制

二进制的进位规则是逢二进一，是以 2 为基数的计数体制，具体用 0 和 1 两个数字来表示。二进制数的位权图如图 1-5 所示。

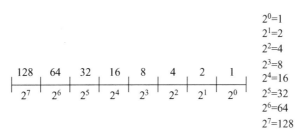

图 1-5 二进制数的位权图

一般地，任意二进制数可表示为

$$(N)_B = \sum_{-\infty}^{+\infty} K_i \times 2^i \tag{1-3}$$

式中，K_i 为基数为 2 的第 i 次幂的系数，它可以是 0 或 1 中的任何一个数字。这里下标 B 表示二进制，也可以用数字 2 表示。

例 1-2：$(101.01)_2 = 1 \times 2^2 + 0 \times 2^1 + 1 \times 2^0 + 0 \times 2^{-1} + 1 \times 2^{-2}$。

3. 十六进制与八进制

在计算机中经常采用十六进制或八进制数来表示二进制数。

十六进制由 0，1，…，9，A，B，C，D，E，F 共 16 个数码组成，进位规则是逢十六进一，基数为 16，其中 A～F 分别对应于十进制中的 10～15。十六进制数的一般表达式为

$$(N)_{16} = \sum_{-\infty}^{+\infty} K_i \times 16^i \tag{1-4}$$

式中，K_i 为基数为 16 的第 i 次幂的系数，它可以是 0～9 或 A～F 中的任何一个数字或字母。

例 1-3：$(1B.2)_{16} = 1 \times 16^1 + B \times 16^0 + 2 \times 16^{-1}$。

八进制是逢八进一，用 0～7 共 8 个数字来表示。八进制的一般表达式为

$$(N)_8 = \sum_{-\infty}^{+\infty} K_i \times 8^i \tag{1-5}$$

式中，K_i 为基数为 8 的第 i 次幂的系数，它可以是 0～7 中的任何一个数字。

例 1-4：$(17.05)_8 = 1 \times 8^1 + 7 \times 8^0 + 0 \times 8^{-1} + 5 \times 8^{-2}$。

1.2.2 数制转换

1. 十进制转换为二进制

二进制的优点有：数字装置简单可靠，所用元件少；只有两个数码0和1，因此它的每一位数都可用任何具有两个不同稳定状态的元件来表示；基本运算规则简单，运算操作方便。因此实际使用中多采用送入机器前用十进制，送入机器后再转换成二进制数，在机器的数字系统中进行运算，运算结束后再将二进制数转换成十进制数供人们阅读。因此就引出了十进制与二进制之间的转换问题。

转换规则是：十进制数转换成二进制数时，其整数部分除2取余；小数部分乘2取整，如果积一直不为0，则取一定的有效数位即可。

例 1-5：将$(18)_{10}$转换为二进制数。

解：该题中只有整数部分，解题思路是不断地用2去除十进制整数，并将余数按得到的顺序由低位到高位顺序排列，即可得到对应的二进制数。

```
2│18      ……  余0  ……  b₀
2│ 9      ……  余1  ……  b₁
2│ 4      ……  余0  ……  b₂
2│ 2      ……  余0  ……  b₃
2│ 1      ……  余1  ……  b₄
   0
```

特别强调，这里最先得到的余数为最低位（LSB，二进制数中最右边、位权最小的数字），而最后得到的余数为最高位（MSB，二进制数中最左边、位权最大的数字）。

所以，$(18)_{10} = (b_4 b_3 b_2 b_1 b_0)_2 = (10010)_2$。

例 1-6：将$(0.706)_{10}$转换成误差ε不大于2^{-10}的二进制小数。

解：
$$0.706 \times 2 = 1.412 \cdots\cdots 1 \cdots\cdots b_{-1}$$
$$0.412 \times 2 = 0.824 \cdots\cdots 0 \cdots\cdots b_{-2}$$
$$0.824 \times 2 = 1.648 \cdots\cdots 1 \cdots\cdots b_{-3}$$
$$0.648 \times 2 = 1.296 \cdots\cdots 1 \cdots\cdots b_{-4}$$
$$0.296 \times 2 = 0.592 \cdots\cdots 0 \cdots\cdots b_{-5}$$
$$0.592 \times 2 = 1.184 \cdots\cdots 1 \cdots\cdots b_{-6}$$
$$0.184 \times 2 = 0.368 \cdots\cdots 0 \cdots\cdots b_{-7}$$
$$0.368 \times 2 = 0.736 \cdots\cdots 0 \cdots\cdots b_{-8}$$
$$0.736 \times 2 = 1.472 \cdots\cdots 1 \cdots\cdots b_{-9}$$

最后一位小数0.472小于0.5，根据"四舍五入"原则，最终可得$(0.706)_{10} \approx (0.101101001)_2$，误差$\varepsilon < 2^{-10}$。

2. 二进制与十六进制、八进制间的转换

在具体二进制与十六进制的转换过程中，二进制转换为十六进制的，以小数点为基准，整数部分是"由右向左四位并一位"，不足位的前添0，小数部分是"由左向右四位并一位",不足位的后添 0；而十六进制转换为二进制的，则是"一位化四位"。

二进制和八进制之间的转换规则与此类似，就是"三位并一位"和"一位化三位"，大家掌握这种转换规则即可。

另外，十进制与十六进制转换中，可以考虑"乘权求和"方式，也可以考虑用二进制来作为过渡进行转换的方式。

例 1-7：二进制转换成八进制、十六进制。

$(100011001110)_2 = (100\ 011\ 001\ 110)_2 = (4316)_8$

$(100011001110)_2 = (1000\ 1100\ 1110)_2 = (8CE)_{16}$

$(10.1011001)_2 = (010.101\ 100\ 100)_2 = (2.544)_8$

$(10.1011001)_2 = (0010.1011\ 0010)_2 = (2.B2)_{16}$

例 1-8：八进制、十六进制转换成二进制。

$(5.67)_8 = (101.110\ 111)_2$

$(3.A5)_{16} = (11.1010\ 0101)_2$

实际转换中，前面和后面多余的 0 可以直接去掉，这在转换规则中是允许的。

3. 十进制转换为十六进制、八进制

十进制转换成十六进制、八进制的方法与十进制转换成二进制的方法相同。

例 1-9：将 $(179)_{10}$ 分别转换为八进制、十六进制数。

```
8 | 179  ……余3      16 | 179  ……余3
8 |  22  ……余6      16 |  11  ……余B
8 |   2  ……余2           0
      0
```

所以，$(179)_{10} = (263)_8$，

$(179)_{10} = (B3)_{16}$。

例 1-10：将 $(0.726)_{10}$ 转换为八进制数（保留 6 位有效数字）。

$0.726 \times 8 = 5.808 \cdots\cdots 5$

$0.808 \times 8 = 6.464 \cdots\cdots 6$

$0.464 \times 8 = 3.712 \cdots\cdots 3$

$0.712 \times 8 = 5.696 \cdots\cdots 5$

$0.696 \times 8 = 5.568 \cdots\cdots 5$

$0.568 \times 8 = 4.544 \cdots\cdots 4$

所以，$(0.726)_{10} \approx (0.563554)_8$。实际转换中，通常用二进制过渡的方法来实现。

1.2.3 码制和数码转换

1. BCD 码

数码转换

BCD（Binary-Coded Decimal）码是一种以二进制编码形式表示的十进制数。这种编码仅仅使用 4 位二进制数来表示十进制数中的 0~9 共 10 个数码。

（1）8421 码是最常见的一种 BCD 码，由 4 位二进制数编码形式 0000~

1001 来分别表示十进制数 0~9。这里指的是二进制数编码形式，实质依然是十进制数，只是表示形式不同罢了。二进制编码 $b_3b_2b_1b_0$ 中每位的值称为权或位权，其中 b_0 位的权为 $2^0=1$，b_1 位的权为 $2^1=2$，b_2 位的权为 $2^2=4$，b_3 位的权为 $2^3=8$。

例 1-11：$(1001)_{8421BCD}=1\times8+0\times4+0\times2+1\times1=(9)_{10}$。

（2）2421 码对应的 b_3、b_2、b_1 和 b_0 的权分别是 2、4、2、1。

（3）5421 码对应的 b_3、b_2、b_1 和 b_0 的权分别是 5、4、2、1。

例 1-12：$(1011)_{2421BCD}=1\times2+0\times4+1\times2+1\times1=(5)_{10}$。

由此可见，8421BCD 码、2421BCD 码、5421BCD 码都属于有权码。

（4）余 3 码（Excess-3 Code）属于无权码，它是在 8421BCD 码基础上加 0011 形成的一种无权码，由于它的每个字符编码比相应的 8421 码多 3，故称为余 3 码。但是它仍然像 BCD 码那样只用 10 个 4 位二进制编码（0011~1100），而（0000~0010）和（1101~1111）是非法码（即在余 3 码中不存在）。

例 1-13：$(526)_{10}=(100001011001)_{余3码}$。

下面列出几种常见的 BCD 码，如表 1-2 所示。

表 1-2 几种常见的 BCD 码

十进制数	8421 码	2421 码	5421 码	余 3 码
0	0000	0000	0000	0011
1	0001	0001	0001	0100
2	0010	0010	0010	0101
3	0011	0011	0011	0110
4	0100	0100	0100	0111
5	0101	1011	1000	1000
6	0110	1100	1001	1001
7	0111	1101	1010	1010
8	1000	1110	1011	1011
9	1001	1111	1100	1100

格雷码

2. 格雷码

格雷码（Gray Code）是一种无权的二进制码。这种编码以其发明者的名字命名，其目的是从一个码组按顺序进入下一个码组时只改变其中一个二进制数字，如图 1-6 所示。

对应的十进制数、4 位二进制数和某种格雷码如表 1-3 所示。

格雷码的特点如下。①任意两个相邻数所对应的格雷码之间只有一位不同，其余位都相同。②格雷码为镜像码。n 位格雷码的前、后 2^{n-1} 位码字除首位不同（前 2^{n-1} 位码字首位为 0，后 2^{n-1} 位码字首位为 1）外，后面各位互为镜像。

图 1-6 格雷码

表1-3 格雷码表

十进制	4位二进制码	格雷码
0	0000	0000
1	0001	0001
2	0010	0011
3	0011	0010
4	0100	0110
5	0101	0111
6	0110	0101
7	0111	0100
8	1000	1100
9	1001	1101
10	1010	1111
11	1011	1110
12	1100	1010
13	1101	1011
14	1110	1001
15	1111	1000

3. ASCII码

ASCII（American Standard Code for Information Interchange，美国国家信息交换标准代码）码是用7位二进制编码来表示128个字符，包括0～9的十进制数、英文大小写字母、控制符、运算符以及特殊符号。例如，字母A～Z的ASCII码值为$(1000001)_2$～$(1011010)_2$，表示成十六进制为$(41)_{16}$～$(51)_{16}$。七位ASCII码表如表1-1所示，每个7位ASCII码由表示列数的3位二进制码和表示行数的4位二进制码组成。例如，大写字母K位于100列和1011行，因此表示它的ASCII码是1001011。

问题思考

1. $(10110010.1011)_2 = (_____)_8 = (_____)_{16}$。
2. $(35.4)_8 = (_____)_2 = (_____)_{10} = (_____)_{16} = (_____)_{8421\,BCD}$。
3. $(39.75)_{10} = (_____)_2 = (_____)_8 = (_____)_{16}$。
4. $(5E.C)_{16} = (_____)_2 = (_____)_8 = (_____)_{10} = (_____)_{8421\,BCD}$。
5. $(01111000)_{8421\,BCD} = (_____)_2 = (_____)_8 = (_____)_{10} = (_____)_{16}$。

1.3 逻 辑 门

在任意数字电子系统中，都可以用二极管和三极管来构造逻辑门电路，同时可以用逻辑门来构造触发器电路,而触发器又可用来构造寄存器、计数器以及各种其他电路。数字电路一般称为开关电路,因为它们的控制设备(二极管和三极管)在开(On)和关(Off)之间切换。数字电路也称二态电路,因为它们的控制设备呈现两种状态之一,一种是饱和状态(全开),另一种是关闭状态(全关),这两种状态用来表示 1 和 0 这两个二进制数。

逻辑门电路接收输入,根据一组预先确定的规则判断这些输入组合,然后产生高电平或低电平形式的输出。之所以用"逻辑"这个术语,是因为输出是可预测的或者说是符合逻辑的,而之所以用"门"这个术语,是因为只有某些输入组合才能"打开门的锁"。

逻辑门电路具有一个输出端,一个或多个输入端。数字电路中有与、或、非 3 种基本逻辑运算,在此基础上还有与非、或非、异或、同或 4 种复合逻辑运算。运算是一种函数关系,可以用语句、逻辑表达式、真值表、逻辑符号和波形图等来表示。

1.3.1 与门

与门(AND Gate)有两个或多个输入,但只有一个输出,如图 1-7 所示。

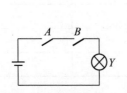

开关A	开关B	灯Y
断开	断开	灭
断开	闭合	灭
闭合	断开	灭
闭合	闭合	亮

(a)串联开关电路　　　　(b)开关电路功能表

A	B	$L=A \cdot B$
0	0	0
0	1	0
1	0	0
1	1	1

(c)与逻辑的真值表　　　(d)与逻辑符号　　　(e)与逻辑波形

图 1-7　与门

图 1-7(a)所示为与门逻辑对应的串联开关电路模型,只有当一件事(灯亮)的几个条件(开关 A 与 B 都接通)全部具备之后,这件事(灯亮)才发生,这种逻辑关系称为与运算。图 1-7(b)所示为对应的串联开关电路功能表。

设定逻辑变量并为状态赋值:A 和 B 对应两个开关的状态,1 表示闭合,0 表示断开;Y 对应灯的状态,1 表示灯亮,0 表示灯灭。图 1-7(c)所示的表格列出了两输入与门的所有可能的输入,这种表一般称为真值表或功能表。若用逻辑表达式来描述,则可写成 $L=A \cdot B$,与逻辑符号如图 1-7(d)所示。与逻辑波形如图 1-7(e)所示。

与之相关的术语解释如下。

（1）与逻辑：当决定某一个事件的全部条件都具备时，该事件才会发生，这样的因果关系称为与逻辑。

（2）与门：一种只有在所有的输入都是高电平时才会输出高电平的逻辑门。

（3）真值表：用来说明一个器件对所有可能的输入组合的反应的表格。

1.3.2 或门

或门（OR Gate）有两个或多个输入，但只有一个输出。图1-8（a）所示为或门逻辑对应的并联开关电路模型，只要一件事（灯亮）的几个条件（开关A、B接通）中的一个条件具备之后，这件事（灯亮）就发生，这种逻辑关系称为或运算。图1-8（b）所示为对应的并联开关电路功能表。图1-8（c）所示为或逻辑的真值表。用逻辑表达式来描述，则可写成 $L=A+B$。或逻辑符号如图1-8（d）所示。或逻辑波形如图1-8（e）所示。

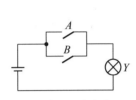

（a）并联开关电路

开关A	开关B	灯Y
断开	断开	灭
断开	闭合	亮
闭合	断开	亮
闭合	闭合	亮

（b）开关电路功能表

A	B	$L=A+B$
0	0	0
0	1	1
1	0	1
1	1	1

（c）或逻辑的真值表

（d）或逻辑符号　　　（e）或逻辑波形

图1-8　或门

与之相关的术语解释如下。

（1）或逻辑：决定某一事件的所有条件中，只要有一个具备，该事件就会发生，这样的因果关系称为或逻辑。

（2）或门：一种任一输入为高电平，其输出便为高电平的逻辑门。

1.3.3 非门

非门（NOT Gate）只有一个输入，一个输出。图1-9（a）所示为非门逻辑对应的开关电路模型，只要开关不接通，这件事（灯亮）就发生，这种逻辑关系称为非运算。图1-9（b）所示为对应的开关电路功能表。图1-9（c）所示为非逻辑的真值表。用逻辑表达式来描述，则可写成 $L=\overline{A}$，非逻辑符号如图 1-9（d）所示，非逻辑波形如图 1-9（e）所示。

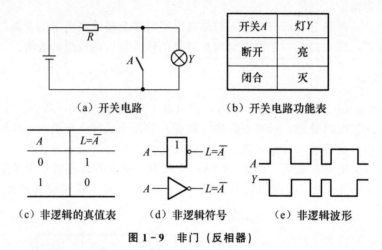

图 1-9 非门（反相器）

与之相关的术语解释如下。

（1）非逻辑：某一条件具备了，事情不会发生；而此条件不具备时，事情反而发生，这种逻辑关系称为非逻辑或逻辑非。

（2）水泡：用来表示反向功能的小圆圈符号。

1.3.4 常用的复合逻辑

除了上述的与、或和非 3 种基本逻辑运算外，还有与非、或非、异或和同或 4 种平时较常用的复合逻辑运算。

1. 与非门

"与"和"非"的复合运算称为与非运算，逻辑表达式为 $L=\overline{A \cdot B}$，其真值表和逻辑符号如图 1-10 所示。对与非门来说，只要有一个输入是低电平，输出就是高电平。

A	B	L
0	0	1
0	1	1
1	0	1
1	1	0

（a）与非逻辑的真值表　　（b）与非逻辑符号

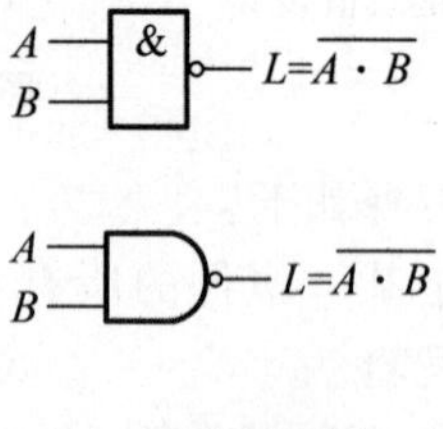

图 1-10 与非门

2. 或非门

"或"和"非"的复合运算称为或非运算，逻辑表达式为 $L=\overline{A+B}$，其真值表和逻辑符号如图 1-11 所示。对或非门来说，只要有一个输入是高电平，输出就是低电平。

A	B	L
0	0	1
0	1	0
1	0	0
1	1	0

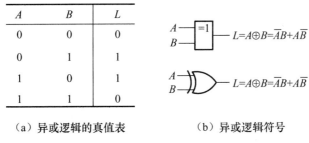

（a）或非逻辑的真值表

（b）或非逻辑符号

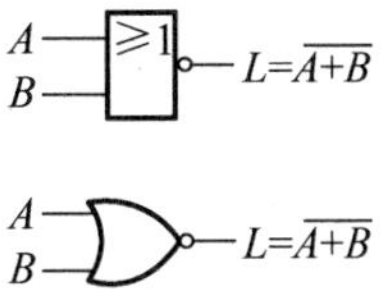

图 1－11　或非门

3．异或门

所谓异或运算，是指两个输入变量取值相同时输出为 0，取值不相同时输出为 1。逻辑表达式为 $L=A\oplus B=\overline{A}B+A\overline{B}$，其真值表和逻辑符号如图 1－12 所示。

A	B	L
0	0	0
0	1	1
1	0	1
1	1	0

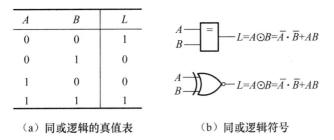

（a）异或逻辑的真值表

（b）异或逻辑符号

图 1－12　异或门

4．同或门

所谓同或运算，是指两个输入变量取值相同时输出为 1，取值不相同时输出为 0。逻辑表达式为 $L=A\odot B=\overline{A}\cdot\overline{B}+AB$，其真值表和逻辑符号如图 1－13 所示。

A	B	L
0	0	1
0	1	0
1	0	0
1	1	1

（a）同或逻辑的真值表

（b）同或逻辑符号

图 1－13　同或门

1.3.5　常用的集成逻辑门电路

集成逻辑门电路的种类繁多，有反相器、与门和与非门、或门和或非门、异或门等。所有集成逻辑门电路都有对应不同的晶体管-晶体管逻辑电路（Transistor-Transistor Logic，TTL）系列和互补金属氧化物半导体（Complementary Metal Oxide Semiconductor，CMOS）两大类集成电路，它们是数字电路中应用十分广泛的基本器件。TTL 与非门对电源电压要求较严，一般为 5V±10%，阈值电压约为 1.4V。CMOS 集成电路电源电压工作范围较宽（通常为 3～18V），阈值电压 U_z 近似等于 $U_{DD}/2$（U_{DD} 为电源电压），所以提高电源电压是提高 CMOS 器件抗干扰能力的有效措施。CMOS 器件功耗小，易于实现大规模集成，所以近年来发展很迅速，但其工作速度比 TTL 电路低。

由于 TTL 集成电路生产工艺成熟、产品参数稳定、工作可靠、开关速度快，因此获得了广泛应用。它主要包括标准型（N-TTL）、高速型（H-TTL）、低功耗型（L-TTL）、肖特基型（S-TTL）、低功耗肖特基型（LS-TTL）等。常用的 74 系列指的是一个系列的数字集成电路，包括 74XXX（现已不使用）、74SXXX、74LSXXX、74FXXX、74CXXX、74HCXXX、74HCTXXX、74AXXX、74ASXXX、74ACTXXX 等多种系列的芯片，其中"XXX"表示芯片的类型，是一串数字（如 00、08、20、138、245、373、573、4066 等），只要数字相同，其逻辑功能就相同，只是性能上有些差异。

常用的集成逻辑门电路

常用的 74LS00 和 74LS20 芯片引脚排列关系分别如图 1-14 和图 1-15 所示，对应的芯片外观分别如图 1-16 和图 1-17 所示，注意小缺口的位置。

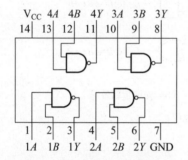

图 1-14　74LS00 芯片引脚排列关系

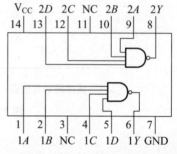

图 1-15　74LS20 芯片引脚排列关系

图 1-16　74LS00 芯片外观

图 1-17　74LS20 芯片外观

问题思考

查阅除了常见的与非门外的其他门电路对应的集成芯片外观图和相应的芯片引脚排列关系图。

1.4　逻辑函数及其表示

逻辑函数表示

下面将从工程实际出发，提出逻辑命题，然后用真值表加以描述，通过真值表可以写出逻辑函数。一般来说，一个比较复杂的逻辑电路往往是受多种因素控制的，即有多个逻辑变量。输入逻辑变量与输出逻辑变量之间的关系通常使用逻辑函数来描述。

输入逻辑变量和输出逻辑变量之间的函数关系称为逻辑函数,写作
$$Y=F(A,B,C,D\cdots)$$

其中,A,B,C,$D\cdots$为有限个输入逻辑变量,F为有限次逻辑运算(与、或、非)的组合。表示逻辑函数的方法有真值表、逻辑函数表达式、逻辑图、波形图和硬件描述语言等,其中波形图和硬件描述语言这两部分内容将在后续实验、实践环节中讲解。

例 1-14: 图 1-18(a)所示为控制楼梯照明灯的电路示意图,两个单刀双掷开关 A 和 B 分别安装在楼上和楼下。无论在楼上还是在楼下都能单独控制开灯和关灯。设灯为 L,L 为 1 表示灯亮,L 为 0 表示灯灭。开关 A 和 B 用 1 表示开关向上扳,用 0 表示开关向下扳。

1. 真值表

真值表是将输入逻辑变量的所有可能取值与相应的输出变量函数值排列在一起而组成的表格。一个输入变量有 0 和 1 两种取值,n 个输入变量就有 2^n 个不同的取值组合。

图 1-18(a)所示电路可写成真值表,如图 1-18(b)所示。

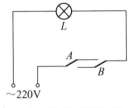
(a)控制楼梯照明灯电路

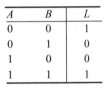
(b)真值表

图 1-18 控制楼梯照明灯电路与真值表

2. 逻辑表达式

按照对应的逻辑关系,把输出变量表示为输入变量的与、或、非 3 种运算的组合,称为逻辑函数表达式,简称逻辑表达式。

由真值表可以方便地写出逻辑表达式。其方法为:找出使输出为 1 的输入变量取值组合;取值为 1 用原变量表示,取值为 0 的用反变量表示,则可写成一个乘积项;将所有乘积项相加即得。对照图 1-18(b)所示的真值表,逻辑表达式可写成 $L=A\odot B=\overline{A}\cdot\overline{B}+AB$。

3. 逻辑图

用相应的逻辑符号将逻辑表达式的逻辑运算关系表示出来,即可画出逻辑函数的逻辑图。例 1-14 用逻辑图表示,如图 1-19 所示,这个逻辑图并不是优化的逻辑图,因为要用到与、或和非 3 种门电路,这里可以直接用一个异或门来实现。另外请大家思考一下,这个逻辑图如果用 74LS00 芯片来实现,该如何来设计呢?

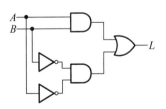

图 1-19 控制楼梯照明灯电路的逻辑图

问题思考

1. 查阅相关资料,说明逻辑函数还可以用什么方式来表示。
2. 归纳总结一下,如何利用真值表写出逻辑表达式。

1.5 逻辑代数基础

1854年，乔治·布尔发明了一种符号逻辑，将数学与逻辑联系在一起。布尔的逻辑代数（现在称为布尔代数）规定，每个变量（输入或输出）只能取两个值或两种状态之一，即真或假。

当前半导体开关替代了机械继电器，而布尔代数仍然可以用一种方便的数学格式来表示简单的和复杂的二态逻辑函数。逻辑函数的这些数学表达式使技术人员更容易分析数字电路，并且成为工程师的一种主要设计工具。通过使用布尔代数，可以使数字电路更简单、更廉价、效率更高。

1.5.1 逻辑门的布尔表达式

（1）非运算（逆运算）表达式，在布尔代数中，用在字母上加一条短横线"—"表示非运算，如 $Y=\overline{A}$（读作 Y 等于 A 非）。

（2）或运算（布尔加）表达式，在布尔代数中，用"＋"表示或运算，如 $Y=A+B$（读作 Y 等于 A 或 B）。

（3）与运算（布尔乘）表达式，在布尔代数中，用"·"表示与运算，如 $Y=A \cdot B$（读作 Y 等于 A 与 B）。

（4）或非运算表达式，在布尔代数中，可表示为 $Y=\overline{A+B}$（读作 Y 等于 A 或 B 的非）。

（5）与非运算表达式，在布尔代数中，可表示为 $Y=\overline{A \cdot B}$（读作 Y 等于 A 与 B 的非）。

（6）异或、同或运算表达式，在布尔代数中，用"⊕"表示异或运算，如 $Y=A \oplus B$（读作 Y 等于 A 异或 B）；用"⊙"表示同或运算。

1.5.2 布尔代数的定律和规则

1. 基本定律

布尔代数使用的许多定律与普通代数相同，因此布尔代数有交换律、结合律和分配律3个基本定律。

2. 基本规则

（1）或门规则。$A+0=A$，$A+1=1$，$A+A=A$，$A+\overline{A}=1$。

（2）与门规则。$A \cdot 1=A$，$A \cdot 0=0$，$A \cdot A=A$，$A \cdot \overline{A}=0$。

（3）双重否定规则。$\overline{\overline{A}}=A$。

（4）代入规则。在任何一个逻辑等式中，如果将等式两边出现的某变量 A 都用某个函数代替，则等式依然成立，这个规则称为代入规则。代入规则可以扩展所有基本定律的应用范围。

例 1-15：已知基本表达式之一为 $\overline{A+B}=\overline{A} \cdot \overline{B}$，若等式两边的 B 用变量组合（$B+$

C）代替，则有 $\overline{A+(B+C)} = \overline{A} \cdot \overline{B+C} = \overline{A} \cdot (\overline{B} \cdot \overline{C}) = \overline{A} \cdot \overline{B} \cdot \overline{C}$。

同理可以得到 $\overline{A+B+C+\cdots} = \overline{A} \cdot \overline{B} \cdot \overline{C} \cdots$。

（5）反演规则。根据摩根定律，求一个逻辑函数 L 的非函数 $\overline{L}$ 时，可以将 L 中的与（·）换成或（+），或（+）换成与（·）；再将原变量换为非变量（如 A 换成 $\overline{A}$），非变量换为原变量；并将 1 换成 0, 0 换成 1，那么所得逻辑函数表达式就是 $\overline{L}$，这个规则称为反演规则。

运用反演规则时必须注意，保持原来的运算优先顺序，即如果在原函数表达式中，A、B 之间先运算，再和其他变量进行运算，那么在非函数的表达式中，仍然是 A、B 之间先运算；反变量以外的大非号（通常是指非号下有两个或两个以上的变量组合）应保留不变。

例 1-16：求 $L = \overline{A} \cdot \overline{B} + CD + 0$ 的非函数 $\overline{L}$ 时，参照上述法则和注意事项，可得 $\overline{L} = (A+B)(\overline{C}+\overline{D}) \cdot 1 = (A+B)(\overline{C}+\overline{D})$，但不能写成 $\overline{L} = A + \overline{BC} + \overline{D}$。

（6）对偶规则。所谓对偶规则，是指当某个逻辑恒等式成立时，则其对偶式也成立。如果 L 是一个逻辑函数，如把 L 中的与（·）换成或（+），或（+）换成与（·）；1 换成 0, 0 换成 1，那么就得到一个新的逻辑函数表达式，这就是 L 的对偶式，记作 L'。例如，$L = (A+\overline{B})(A+C)$，则有 $L' = A \cdot \overline{B} + A \cdot C$。变换时仍需注意保持原式中先与后或的顺序，以及反变量以外的大非号应保留不变。

利用对偶规则，可从已知公式中得到更多的运算公式，如吸收律 $A + \overline{A}B = A + B$ 成立，则它的对偶式 $A(\overline{A}+B) = AB$ 也是成立的。布尔代数基本定律和恒等式如表 1-4 所示。

表 1-4 布尔代数基本定律和恒等式

名称	或	与	非
基本定律	$A+0=A$ $A+1=1$ $A+A=A$ $A+\overline{A}=1$	$A \cdot 0 = 0$ $A \cdot 1 = A$ $A \cdot A = A$ $A \cdot \overline{A} = 0$	$\overline{\overline{A}} = A$
结合律	$(A+B)+C=A+(B+C)$	$(AB)C=A(BC)$	
交换律	$A+B=B+A$	$AB=BA$	
分配律	$A(B+C)=AB+AC$	$A+BC=(A+B)(A+C)$	
反演律（摩根定律）	$\overline{A \cdot B \cdot C \cdots} = \overline{A}+\overline{B}+\overline{C}+\cdots$ $\overline{A+B+C+\cdots} = \overline{A} \cdot \overline{B} \cdot \overline{C} \cdots$		
吸收律	$A+AB=A$ $A(A+B)=A$ $A+\overline{A}B=A+B$ $(A+B)(A+C)=A+BC$		
其他常用恒等式	$AB+\overline{A}C+BC=AB+\overline{A}C$ $AB+\overline{A}C+BCD=AB+\overline{A}C$		

对于表 1-4 中所列的定律和恒等式的证明，最有效的方法就是检验等式左边的表达式与右边表达式的真值表是否吻合，即真值表证明法。通常，基本恒等式用真值表法来证明，而其他基本定理等表达式可以利用前面的恒等式来推导证明。

例 1-17：试证明 $AB+\overline{A}C+BC=AB+\overline{A}C$ 成立。

证明：$AB+\overline{A}C+BC=AB+\overline{A}C+(A+\overline{A})BC=AB+\overline{A}C+ABC+\overline{A}BC$

$$=AB(1+C)+\overline{A}C(1+B)=AB+\overline{A}C$$

所以，左式等于右式，即原等式成立。

问题思考

1. 逻辑代数与普通代数有何异同？为什么说逻辑等式都可以用真值表证明？
2. 试求逻辑函数 $L=A+\overline{BC+D}+\overline{E}$ 的非函数 $\overline{L}$ 和对偶式 L'。
3. 已知逻辑函数 $L=\overline{ABCD}$，用二输入与非门画出该式的逻辑电路图。
4. 已知逻辑函数 $L=A\overline{B}+\overline{A}C$，画出实现该式的逻辑电路图，限用与非门实现。
5. 逻辑函数 $F=AB+\overline{A}\cdot\overline{B}$ 的非函数 $\overline{F}$ _____，对偶式 $F'=$ _____。
6. $AB+\overline{A}C+BC=AB+\overline{A}C$ 的对偶式为 _____。
7. 逻辑函数 $F=\overline{A}\cdot\overline{B}\cdot\overline{C}\cdot\overline{D}+A+B+C+D=$ _____。
8. 逻辑函数 $F=\overline{A\overline{B}+\overline{A}B+\overline{A}\cdot\overline{B}+AB}=$ _____。
9. 已知函数的对偶式为 $\overline{A}\overline{B}+\overline{C}D+BC$，则它的原函数为 _____。

1.6 逻辑函数的化简

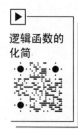

逻辑函数的化简

进行逻辑函数化简的目的是：用最少的器件和连线来实现它们，从而降低成本和提高数字系统的可靠性。逻辑函数化简中通常遵循的规则为：逻辑电路所用的门最少，各个门的输入端要少，逻辑电路所用的级数要少；逻辑电路能可靠地工作。逻辑函数的化简方法有很多，其中最常见的是代数法化简和卡诺图法化简。

1.6.1 逻辑函数的代数法化简

通常做法上，逻辑函数的代数法化简结果为最简"与-或"表达式，当然根据实际需要也可以变换为"与非-与非"式等。最简"与-或"式主要有两个特点：与项最少；每个乘积项中变量个数最少。代数法化简主要是通过并项、消项和配项等方法的综合运用来实现。化简没有捷径，重要的是"观察"和"熟练"。

例 1-18：试用代数法把下列逻辑函数化简成最简"与-或"式。

(1) $L_1=AB+CD+A\overline{B}+\overline{C}D$ (2) $L_2=\overline{A}BC+A\overline{B}\cdot\overline{C}$

(3) $L_3=\overline{A}BC+\overline{A}B\overline{C}+\overline{A}B\cdot\overline{C}+AB\overline{C}$ (4) $L_4=\overline{B}+AB+\overline{A}BCD$

(5) $L_5=A\overline{C}+AB\overline{C}D(E+F)$ (6) $L_6=A\overline{B}+\overline{A}B+ABCD+\overline{A}\cdot\overline{B}CD$

(7) $L_7=AB+\overline{A}CD+BCDE$ (8) $L_8=AB\overline{C}+\overline{A}D+CD+BD$

(9) $L_9 = AC + \overline{A}D + \overline{B}D + B\overline{C}$

解： (1) $L_1 = AB + CD + A\overline{B} + \overline{C}D$

$= \underline{AB} + \underline{CD} + \underline{A\overline{B}} + \underline{\overline{C}D}$

$= A(B + \overline{B}) + D(C + \overline{C})$

$= A \cdot 1 + D \cdot 1$

$= A + D$

(2) $L_2 = A\overline{B}C + A\overline{B} \cdot \overline{C} = A\overline{B}(C + \overline{C}) = A\overline{B}$

(3) $L_3 = \overline{A}BC + \overline{A}\overline{B}C + A\overline{B} \cdot \overline{C} + AB\overline{C}$

$= \underline{\overline{A}BC} + \underline{\overline{A}\overline{B}C} + \underline{A\overline{B} \cdot \overline{C}} + \underline{AB\overline{C}}$

$= \overline{A}B(C + \overline{C}) + A\overline{C}(\overline{B} + B)$

$= \overline{A}B + A\overline{C}$

(4) $L_4 = \overline{B} + AB + \overline{A}BCD$

$= \overline{B} + AB + \overline{\overline{A}BCD}$

$= \overline{B}(1 + ACD) + AB$

$= \underline{A}\underline{B} + \underline{\overline{B}}$

$= A + \overline{B}$

(5) $L_5 = A\overline{C} + AB\overline{C}D(E + F)$

$= A\overline{C}(1 + BD(E + F)) = A\overline{C}$

(6) $L_6 = A\overline{B} + \overline{A}B + ABCD + \overline{A} \cdot \overline{B}CD$

$= A\overline{B} + \overline{A}B + \underline{AB}CD + \underline{\overline{A} \cdot \overline{B}}CD$

$= A\overline{B} + \overline{A}B + (AB + \overline{A} \cdot \overline{B})CD$ ——并项、消项

$= A\overline{B} + \overline{A}B + \overline{\overline{AB} + \overline{AB}} \cdot CD$

$= A\overline{B} + \overline{A}B + CD$

(7) $L_7 = AB + \overline{A}CD + BCDE$

$= \underline{AB} + \underline{\overline{A}CD} + BCDE$

$= AB + \overline{A}CD$

(8) $L_8 = AB\overline{C} + \overline{A}D + CD + BD$

$= \underline{AB\overline{C}} + \underline{\overline{A}D} + CD + BD$

$= A\overline{C}B + (\overline{A} + C)D + BD$ ——并项、消项

$= \underline{A\overline{C}B} + \underline{\overline{A\overline{C}}D} + BD$

$= AB\overline{C} + \overline{A}D + CD$

(9) $L_9 = AC + \overline{A}D + BD + B\overline{C}$

$= AC + B\overline{C} + \overline{A}D + BD$

$= AC + B\overline{C} + \overline{A}B + (\overline{A} + B)D$ ——配项、消项

$= AC + B\overline{C} + \overline{A}B + D$

$= AC + B\overline{C} + D$

通过这些例题和化简过程,大家可以逐渐掌握化简的要领,方法掌握的关键是多练、多观察和多总结。

问题思考

1. 试用代数法把下列逻辑函数化简成最简"与-或"式。

(1) $L_1 = AB\overline{C} + \overline{ABC} \cdot \overline{AB}$ (2) $L_2 = A\overline{B} + \overline{B}C + \overline{BC} + \overline{AB}$

(3) $L_3 = AD + A\overline{D} + AB + \overline{A}C + BD + \overline{ABEF} + \overline{BEF}$

(4) $L_4 = AB + A\overline{C} + BC + \overline{C}B + BD + \overline{D}B + ADE(F+G)$

2. 已知逻辑函数为 $L = AB\overline{D} + \overline{A} \cdot \overline{B} \cdot C + ABD + \overline{A} \cdot \overline{B} \cdot CD + \overline{A} \cdot BCD$。

(1) 试写出其最简"与-或"式,并画出相应的逻辑图。

(2) 画出仅用与非门表示的逻辑图。

1.6.2 逻辑函数的最小项表示

1. 最小项的基本概念

假设由 A、B、C 这 3 个逻辑变量构成的乘积项中,有 8 个被称为 A、B、C 的最小项的乘积项,它们的特点如下:每项都只有 3 个因子;每个变量都是它的一个因子;每个变量或以原变量(A、B、C)的形式出现,或以反(非)变量($\overline{A}$、$\overline{B}$、$\overline{C}$)的形式出现,且各出现一次。一般情况下,对 n 个变量来说,最小项共有 2^n 个,如 $n=3$ 时,最小项就有 $2^3=8$ 个。

2. 最小项的性质

为了分析最小项的性质,表 1-5 列出 3 个变量的所有最小项的真值表。

表 1-5 3 个变量所有最小项真值表

A	B	C	$\overline{A} \cdot \overline{B} \cdot \overline{C}$	$\overline{A} \cdot \overline{B}C$	$\overline{A}B\overline{C}$	$\overline{A}BC$	$A\overline{B} \cdot \overline{C}$	$A\overline{B}C$	$AB\overline{C}$	ABC
0	0	0	1	0	0	0	0	0	0	0
0	0	1	0	1	0	0	0	0	0	0
0	1	0	0	0	1	0	0	0	0	0
0	1	1	0	0	0	1	0	0	0	0
1	0	0	0	0	0	0	1	0	0	0
1	0	1	0	0	0	0	0	1	0	0
1	1	0	0	0	0	0	0	0	1	0
1	1	1	0	0	0	0	0	0	0	1

由此可见,最小项具有下列性质:对于任意一个最小项,只有一组变量取值使得它

的值为1,而在变量取其他各组值时,这个最小项的值都是0;不同的最小项,使它的值为1的那一组变量取值也不同;对于变量的任一组取值而言,任意两个最小项的乘积为0;对于变量的任一组取值而言,全体最小项之和为1。

3. 最小项的编号

最小项通常用 m_i 表示,下标 i 即是最小项编号,用十进制数表示。以 $\overline{A}BC$ 为例,因为它和 011 相对应,所以就称 $\overline{A}BC$ 是和变量取值 011 相对应的最小项,而 011 相当于十进制中的 3,所以把 $\overline{A}BC$ 记为 m_3。

4. 逻辑函数的最小项表达式

利用逻辑代数的基本公式,可以把任一个逻辑函数转化成一组最小项之和的形式,称为最小项表达式,也称标准与或式。下面举例说明把逻辑表达式展开为最小项表达式的方法。

例 1-19:将 $L(A,B,C)=AB+\overline{A}C$ 转化成最小项表达式。

$$L(A,B,C) = AB(C+\overline{C}) + \overline{A}C(B+\overline{B}) = ABC + AB\overline{C} + \overline{A}BC + \overline{A}\cdot\overline{B}C = \sum m(1,3,6,7)$$

1.6.3 逻辑函数的卡诺图法化简

1. 逻辑函数的卡诺图表示法

1) 卡诺图及其构成原则

卡诺图是把最小项按照一定规则排列而构成的方框图。构成卡诺图的原则是,n 个变量的卡诺图有 2^n 个小方块(最小项),最小项排列规则是几何相邻的必须逻辑相邻。"逻辑相邻"是指两个最小项只有一个变量的形式不同,其余的都相同,逻辑相邻的最小项可以合并。"几何相邻"的含义主要有以下几点:"相邻"是指紧挨的;"相对"是指任一行或一列的两头;"相重"是指对折起来后位置相重,在5变量和6变量的卡诺图中,用相重来判断某些最小项的几何相邻性,其优点是十分突出的。

2) 卡诺图的画法

三变量卡诺图的其中一种画法如图 1-20 所示。三变量卡诺图中有 8 个小方块;几何相邻的必须逻辑相邻,变量的取值按 00、01、11、10 的顺序(循环码)排列。

四变量卡诺图的其中一种画法如图 1-21 所示。在这里卡诺图的"逻辑相邻"为:上下相邻(如 m_2 和 m_{10}),左右相邻(如 m_{12} 和 m_{14}),"二对二""四对四"及其他相关也是成立的。需要特别强调的是,这里 4 个对角是相邻的,即 m_0、m_2、m_8 和 m_{10} 是逻辑相邻的,而两条对角线上是不相邻的,如 m_1 和 m_4。

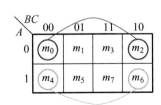

图 1-20 三变量卡诺图的一种画法

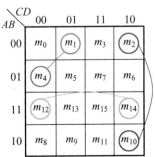

图 1-21 四变量卡诺图的一种画法

AB\CD	00	01	11	10
00	1	1	1	1
01	1	0	0	0
11	0	0	1	1
10	1	0	1	1

图 1-22 例 1-20 (1) 的结果

例 1-20：用卡诺图来表示下列逻辑函数。

(1) $L_1(A,B,C,D,) = \sum m(0,1,2,3,4,8,10,11,14,15)$

(2) $L_2 = AB + A\overline{C}$

解：(1) 确定此式为一个四变量表达式，所以先画出四变量卡诺图形式，然后在对应的最小项位置填写 1，剩下的部分就补上 0，结果如图 1-22 所示。

(2) 对这类问题，实际表示中采用按项直接填入的方法进行，具体是找到组合起来的对应原变量（或反变量）位置，存在的项所对应的格子全部填 1，其余为 0。

2. 卡诺图法化简

因为卡诺图两个相邻最小项中，只有一个变量取值不同，其余的取值都相同，所以合并相邻最小项可以消去一个或多个变量，从而使逻辑函数简化。

1) 卡诺图中最小项合并的规律

合并相邻最小项，可消去变量；合并两个最小项，可消去一个变量，具体如图 1-23 所示；合并 4 个最小项，可消去两个变量，具体如图 1-24 所示；合并 8 个最小项，可消去 3 个变量；以此类推，合并 2^N 个最小项，可消去 N 个变量。具体如图 1-25 所示。

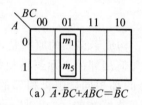
(a) $\overline{A}\cdot\overline{B}C + A\overline{B}C = \overline{B}C$

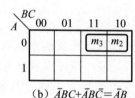
(b) $\overline{A}BC + \overline{A}B\overline{C} = \overline{A}B$

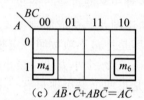
(c) $A\overline{B}\cdot\overline{C} + A\overline{B}C = A\overline{C}$

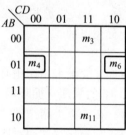
(d) $\overline{A}B\overline{C}\cdot\overline{D} + \overline{A}BC\overline{D} = \overline{A}B\overline{D}$

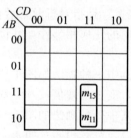
(e) $ABCD + A\overline{B}CD = ACD$

图 1-23 两个最小项合并

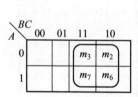
(a) $\overline{A}BC + \overline{A}B\overline{C} + ABC + AB\overline{C} = B$

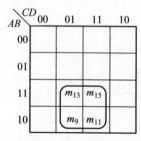
(b) $AB\overline{C}D + ABCD + A\overline{B}\cdot\overline{C}D + A\overline{B}CD = AD$

图 1-24 4 个最小项合并

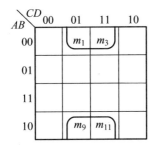

(c) $\overline{A}\cdot\overline{B}\cdot\overline{C}D+\overline{A}\cdot\overline{B}CD+A\overline{B}\cdot\overline{C}D+A\overline{B}CD=\overline{B}D$ (d) $\overline{A}\cdot\overline{B}\cdot\overline{C}+\overline{A}B\overline{C}+A\overline{B}\cdot\overline{C}+AB\overline{C}=\overline{C}$

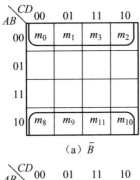
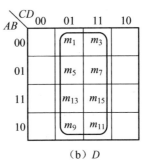

(e) $\overline{A}\cdot\overline{B}\cdot\overline{C}\cdot\overline{D}+\overline{A}BC\cdot\overline{D}+ABC\cdot\overline{D}+A\overline{B}\cdot\overline{C}\cdot\overline{D}=\overline{C}\cdot\overline{D}$ (f) $\overline{A}\cdot\overline{B}\cdot\overline{C}\cdot\overline{D}+\overline{A}\cdot\overline{B}CD+A\overline{B}\cdot\overline{C}\cdot\overline{D}+A\overline{B}CD=\overline{B}\cdot\overline{D}$

图 1-24　4 个最小项合并（续）

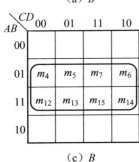
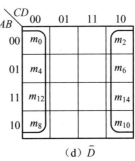

(a) $\overline{B}$　　　(b) D

(c) B　　　(d) $\overline{D}$

图 1-25　8 个最小项合并

2）利用卡诺图法化简逻辑函数

（1）利用卡诺图法化简的基本步骤。

先画出逻辑函数的卡诺图；然后合并相邻最小项（画圈）；从所画的圈中写出最简"与-或"表达式，这一点的关键是能否正确画圈。

（2）正确画圈的原则。

必须按 2，4，8，…，2^N 的规律来圈取值为 1 的相邻最小项；每个取值为 1 的相邻最小项必须至少圈一次，但可以圈多次；圈的个数要最少（与项最少），并要尽可能大（消去的变量越多）。

（3）从所画的各个圈中写最简"与-或"表达式的方法。

将每个圈用一个与项表示，圈内各最小项中互补的因子消去，相同的因子保留；相同取值为 1 用原变量，相同取值为 0 用反变量；将各与项相或，便得到最简"与-或"表达式。

用卡诺图法化简逻辑函数简单、直观，特别适合于四变量及以下逻辑函数的化简。卡诺图法化简不存在难以判断结果是否已经是最简的问题，只要遵循画圈规则，得到的结果肯定是最简的。

例 1-21：用卡诺图法化简逻辑函数 $L(A,B,C,D)=\sum m(0,1,2,3,4,5,6,7,8,10,11)$。

解：① 画出逻辑函数的卡诺图表示形式，如图 1-26 所示。

② 画圈，画了 1、2、3 三个圈，画完后的结果如图 1-27 所示。

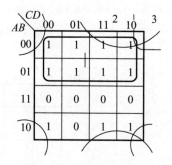

图 1-26　逻辑函数的卡诺图表示形式　　图 1-27　画圈后的表示

③ 从所画的各个圈中写出最简"与-或"表达式，关键是找共同项，每个圈为一个与项，最后把所有的与项相或即可。

第 1 个圈中的共同项是 $\overline{A}$，第二个圈中的共同项是 $\overline{B}C$，第三个圈中的共同项是 $\overline{B}\cdot\overline{D}$，所以最简"与-或"表达式为 $L(A,B,C,D)=\overline{A}+\overline{B}C+\overline{B}\cdot\overline{D}$。

3）无关项的处理

实际应用中经常会遇到这样的问题，即在真值表内对应于变量的某些取值下，函数的值可以是任意的，或者这些变量的取值根本不会出现，这些变量取值所对应的最小项称为无关项或任意项，通常用 d_i 表示。无关项的意义在于，它的值可以取 0 或取 1，具体取什么值，可以根据使函数尽量简化来确定。

化简时采取"有用"原则，即有利于化简的，直接使用；对化简没有帮助的，就不使用。具体根据实际需要来决定如何取舍。

问题思考

用卡诺图法试把下列逻辑表达式化简成最简"与-或"式。

(1) $L_1(A,B,C,D) = \sum m(0,2,5,7,8,10,13,15)$

(2) $L_2(A,B,C,D) = \sum m(0,1,2,5,6,8,9,10,13,14)$

(3) $L_3(A,B,C,D) = \sum m(0,2,4,6,9,13) + \sum d(1,3,5,7,11,15)$

(4) $L_4(A,B,C,D) = \sum m(0,13,14,15) + \sum d(1,2,3,9,10,11)$

1.7 Quartus Ⅱ 13.0 软件的基本操作

Quartus Ⅱ 13.0 是一款专门针对 Altera 公司 CPLD/FPGA 应用开发的 EDA 软件，可完成设计输入、布局布线、时序分析、仿真、编程和配置等功能，是逻辑电路分析和设计的重要工具。下面结合前述例 1-14 的设计（$L = A \odot B = \overline{A} \cdot \overline{B} + AB$）来概要说明 Quartus Ⅱ 13.0 软件的基本操作。

原理图输入法相对来说比较容易入手，主要分为建立工程文件、原理图输入、原理图的编译和功能仿真（或时序仿真）等步骤。

本书的分析验证仿真选用 Quartus Ⅱ 13.0 版本来实现。双击如图 1-28 所示的 Quartus Ⅱ 13.0 软件图标，进入如图 1-29 所示的 Quartus Ⅱ 13.0 初始界面。

图 1-28　Quartus Ⅱ 13.0 软件图标

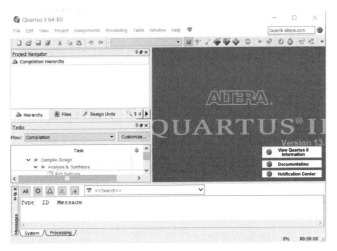

图 1-29　Quartus Ⅱ 13.0 初始界面

1. 建立工程文件

在 Quartus Ⅱ 13.0 初始界面中，选择"File"→"New Project Wizard"命令。弹出如图 1-30 所示的新建工程对话框，最上面的一个文本框用于设置工程的工作文件夹，第二个文本框用于设置工程名称，第三个文本框用于设置顶层设计实体名称。需要特别注意的是，工程名称必须与顶层设计的实体名称一致。

设置完成后，单击"Next"按钮，将会弹出一个将设计文件加入工程的对话框。由于设计文件还未建立，所以这里直接单击"Next"按钮，将弹出如图 1-31 所示的选择目标芯片对话框。

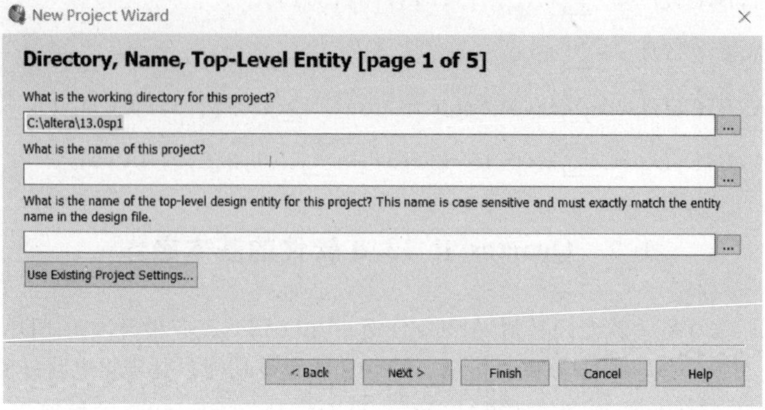

图 1-30 新建工程对话框

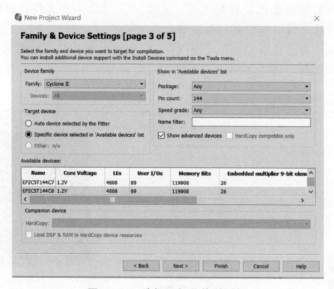

图 1-31 选择目标芯片对话框

注意，这里的 FPGA 芯片型号一定要和学习板上的 FPGA 芯片型号一致，否则将无法正常下载调试；器件型号的最后一位数字表示速度，数字越小，速度越快。选择好器件后，其他选项保持默认设置即可，最后单击"Finish"按钮，完成该工程的设置。

2. 原理图的输入

将 $L=A\odot B=\overline{A}\cdot\overline{B}+AB$ 变换为"与非-与非"式，选用 7400 元件来实现。

选择"File"→"New"命令，在弹出的"New"对话框中选择"Block Diagram/Schematic File"选项，单击"OK"按钮，如图 1-32 所示，出现如图 1-33 所示的原理图编辑界面。

第1章 数字逻辑基础

图1-32 "New"菜单

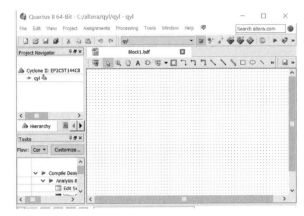

图1-33 原理图编辑界面

单击工具栏中的 按钮，在自带元件库里选择 7400 对应的二输入与非门、输入和输出引脚符号，连线后如图 1-34 所示。注意，这里保存的文件名要与工程名和顶层设计实体名一致。

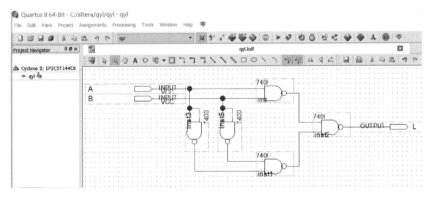

图1-34 连好的原理图

3. 原理图的编译

单击工具栏中的编译按钮 ，编译成功后出现如图 1-35 所示的界面。编译的进程包括检错和逻辑综合、适配、装配（生成配置文件）、时序分析等，编译出错或部分警告都会直接弹窗显示出来。

4. 功能仿真

工程编译通过以后，可对其功能进行仿真，从仿真结果判断电路是否符合设计要求。选择"File"→"New"命令，选择"University Program VWF"选项，打开波形编辑器，进行相关信号节点的加入、仿真时间和网格宽度设置、输入信号赋值后，界面如图 1-36 所示。

选择"Simulation"→"Options"命令，选择仿真工具，这里有两个选项，一个是 Modelsim，另一个是 Quartus Ⅱ simulation，由于没有安装 Modelsim，所以选择后者。

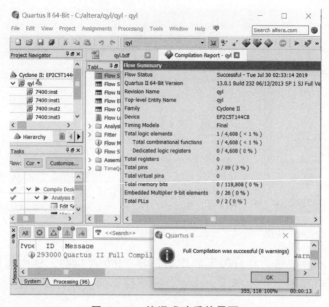

图 1-35 编译成功后的界面

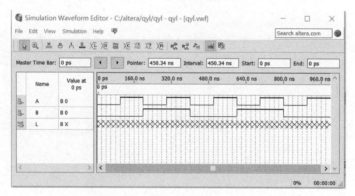

图 1-36 输入信号赋值后的界面

然后单击工具栏中的功能仿真按钮，即可得到如图 1-37 所示的功能仿真结果。

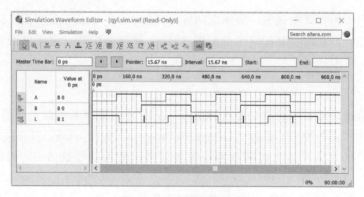

图 1-37 功能仿真结果

从仿真结果来看，当 A、B 取值为 00 或 11 时，L 输出为高电平，其他为输出低电平，这与前面设计的真值表一致。

问题思考

Quartus Ⅱ 13.0 与 Quartus Ⅱ 7.2 相比，操作过程有哪些不一样的地方？

本 章 小 结

1. 模拟信息具有连续性，实际应用中难于存储、分析和传输。数字信号能够克服这些困难，其实质是利用 1 和 0 表示信息。数字系统中常用二进制来表示数据。

2. 二进制是以 2 为基数的计数体制，用 1 和 0 表示两个对立逻辑状态。一个 n 位的二进制数可以表示 2^n 个数。

3. 十六进制是以 16 为基数的计数体制，常用于数字电子技术、微处理器、计算机和数据通信中。

4. 任意一种格式的数可以在二进制、十进制和十六进制之间转换。

5. BCD 码是用 4 位二进制编码表示十进制数中的 0～9，如 8421BCD 码、5421BCD 码、2421BCD 码、余 3 码。格雷码是从一个码组按顺序进入下一个码组时只改变其中一个二进制数字。ASCII 码是用 7 位二进制编码来表示字母数字及其他符号。

6. 逻辑运算中的 3 种基本运算是与、或和非运算。

7. 复合逻辑运算有与非、或非、异或和同或等。

8. 表示逻辑函数的方法有真值表、逻辑函数表达式、逻辑图和波形图等。

9. 在布尔代数中有 $1+1=1$、$0+1=1$、$1+0=1$、$0+0=0$、$1 \cdot 1=1$、$\overline{1}=0$ 和 $\overline{0}=1$。

10. 逻辑代数的基本定律和恒等式非常重要。

11. 逻辑代数中有代入规则、反演规则和对偶规则。

12. 逻辑函数的化简方法通常有代数法化简和卡诺图法化简两种。

13. 代数法化简主要是通过并项、消项和配项等方法的综合运用来实现的。

14. 逻辑函数的最小项表示和卡诺图法表示。

15. 卡诺图法化简中的画圈规则和写表达式的方法。

16. 带无关项逻辑函数的卡诺图法化简中，无关项的取舍根据实际化简需要而定。

习　　题

一、代数法化简（求最简"与-或"式）。

1. $F_1 = ABD + A\overline{B} + B\overline{C} \cdot \overline{D} + \overline{A}\overline{B}\,\overline{C}D$

2. $F_2 = AB + \overline{A}C + \overline{B}C + \overline{C}D + \overline{D}$

3. $F_3 = AB + \overline{A}C + \overline{B}C + A\overline{B}CD$

4. $F_4 = \overline{A} \cdot \overline{B} \cdot \overline{C} + A + B + C$

5. $F_5 = \overline{A} + ABC + A\overline{BC} + \overline{B}C + BC$

6. $F_6 = AD + A\overline{D} + AB + \overline{A}C + BD + \overline{A}BEF + \overline{B}EF$

7. $F_7 = A\overline{B} \cdot \overline{C} + \overline{A} \cdot \overline{B} + AD + C + BD$

8. $F_8 = (A \oplus B) \cdot C + ABC + \overline{A} \cdot \overline{B}C$

9. $F_9 = \overline{\overline{AC} + \overline{A}BC + \overline{B}C + AB\overline{C}}$

10. $F_{10} = \overline{A}B + A\overline{B} + ABCD + \overline{A} \cdot \overline{B}CD$

11. $F_{11} = AB + \overline{A}C + B\overline{C}$

12. $F_{12} = A\overline{C} + ABC + AC\overline{D} + CD$

13. $F_{13} = A + \overline{A}BCD + A\overline{B} \cdot \overline{C} + BC + \overline{B}C$

14. $F_{14} = \overline{\overline{\overline{A+B} + \overline{A+B}} + \overline{\overline{AB} \cdot \overline{AB}}}$

15. $F_{15} = (A \oplus B) \overline{AB + \overline{A} \cdot \overline{B}} + AB$

二、卡诺图法化简（求最简"与-或"式）

1. $F_1(A,B,C,D) = \sum m(4,6,13,15) + \sum d(1,3,5,11,12)$

2. $F_2(A,B,C,D) = \sum m(0,2,4,5,6,7,12) + \sum d(8,10)$

3. $F_3(A,B,C,D) = \sum m(1,4,11,14) + \sum d(3,6,9,12)$

4. $F_4(A,B,C,D) = \sum m(4,6,10,13,15) + \sum d(0,1,2,5,7,8)$

5. $F_5(A,B,C,D) = \sum m(0,6,9,10,12,15) + \sum d(2,7,8,11,13,14)$

6. $F_6 = \overline{A}BC\overline{D} + \overline{A}BCD + \overline{A}B\overline{C} + \overline{A} \cdot \overline{B} \cdot \overline{D}$，且约束条件为 $AB + CD = 0$。

三、分析题

1. 证明图 1-38（a）和（b）这两个电路图具有相同的逻辑功能。

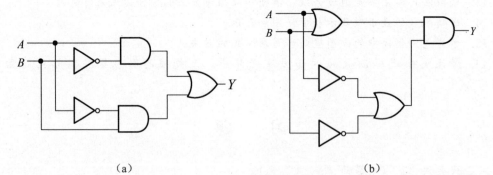

图 1-38　分析题 1

2. 试对应输入波形画出图 1-39 中 $Y_1 \sim Y_4$ 的波形。

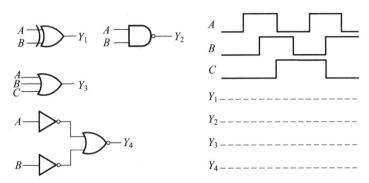

图 1-39　分析题 2

第 2 章 组合逻辑电路

本章内容主要是围绕组合逻辑电路的分析和设计展开的,包括数字系统应用中"组合逻辑控制"和"数显"部分的内容。

通过本章的学习,使学生理解组合逻辑电路的特点,掌握组合逻辑电路的分析与设计方法;理解竞争和冒险的基本概念和产生原因;理解常用组合逻辑电路的功能,能正确使用常用中规模集成组合电路,分析由中规模集成组合电路构成的简单数字电路的逻辑功能;掌握采用译码器和数据选择器设计组合逻辑电路的方法。

知识要点	能力要求	相关知识
组合逻辑电路	(1) 熟悉组合逻辑电路的特点 (2) 了解组合逻辑电路的应用场合	组合逻辑电路
组合逻辑电路分析和设计	(1) 掌握手工分析和设计组合逻辑电路的方法 (2) 理解竞争和冒险现象 (3) 熟悉用 Quartus Ⅱ 13.0 进行仿真分析	(1) 组合逻辑电路分析 (2) 竞争和冒险现象
典型组合集成芯片及其应用	(1) 熟悉集成时序芯片的功能 (2) 掌握集成芯片典型的应用 (3) 掌握数显驱动的方法 (4) 掌握用 Quartus Ⅱ 13.0 进行仿真分析	(1) 编码器 (2) 译码器 (3) 数据选择器 (4) 数据比较器

第2章 组合逻辑电路

引言

由多个基本逻辑门电路按照一定的逻辑关系连接而成的电路称为组合逻辑电路。组合逻辑电路的特点是，电路的输出状态在任何时刻只取决于同一时刻的输入状态，而与电路原来的状态无关。组合逻辑电路的一般框图如图2-1所示，其输入与输出之间的逻辑关系可用式(2-1)的逻辑函数来描述，即

图2-1 组合逻辑电路的一般框图

$$Y_i = f(X_1, X_2, \cdots, X_n) \quad (i=1,2,\cdots,n) \tag{2-1}$$

式中，$X_1, X_2, \cdots, X_n$ 为输入变量。

随着半导体制造微型化技术的发展，可以将多个不同类型的逻辑门电路集成在一块半导体硅片上，构成更复杂的组合逻辑电路，诸如编码器、译码器、数据比较器和数据选择器等。有了这些具有专门功能的集成电路，工程师们在进行电子系统设计时，就可以方便地选择自己需要的各种器件。

本章先介绍一般组合逻辑电路的分析和设计方法，然后介绍几种典型的组合逻辑器件；通过分析这些器件的结构和逻辑功能，掌握这些器件的基本应用方法，为后续学习复杂的数字系统设计打好基础。

2.1 组合逻辑电路的分析和设计

2.1.1 组合逻辑电路的分析

组合逻辑电路是由基本的逻辑门通过导线相互连接而成的，它究竟能实现什么功能，直接从电路图表面似乎看不出来，但可以根据电路图中的器件和器件之间的连接关系，分析出电路的功能。这里分析的对象是组合逻辑电路图，结果是对电路功能的描述。

1. 电路分析

图2-2所示的组合逻辑电路由4个与非门和1个非门搭建，认为它是一个逻辑电路是因为电路的两个输入变量 A、B 与输出变量 Y、C 之间满足一定的逻辑函数关系。根据与非门、非门本身的逻辑功能，对电路可以进行以下分析。

(1) 假定某一状态，A 变量为1，B 变量为0。那么此时 G1 与非门的输出即是1，由于 G1 与非门的输出又连接到 G2、G3 和 G4 的输入，因此对于 G4 非门来说，输入为1，输出即为0，所以此时 C 变量为0。而 G2、G3 与非门的输出还要考虑另一个引脚上的输入，先考虑 G2，G2 的另一个引脚直接连接到 A，而此时 A 为1，则 G2 的两个引脚输入都是1，所以它的输出是0；再考虑 G3，G3 的另一个引脚直接连接到 B，而此时 B 为0，则 G3 的输出为1。分析 G5 与非门的输出，由于 G5 的输入分别来自 G2 的输出和 G3 的输

出，即此时 G5 的输入为 0 和 1，则 G5 的输出为 1，即 Y 变量为 1。

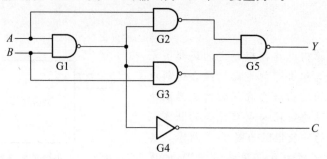

图 2-2　由与非门和非门组成的组合逻辑电路图

为了更清晰地表达以上分析结果，可以在图 2-2 上从左到右用 0 和 1 直接在各门电路的输入、输出引脚上标出各级门电路的逻辑运算结果，如图 2-3 所示。

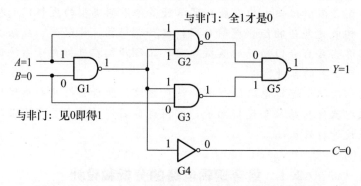

图 2-3　$A=1$、$B=0$ 状态时，电路的输出结果分析图

（2）假定另一状态，A 变量为 0，B 变量为 1。那么用同样的分析方法，可以得到如图 2-4 所示的结果。对于 A、B 两个变量来说，除了上面所述的两种输入状态之外，还有 A、B 全为 0 和全为 1 两种状态，这两种状态的输出结果，读者可以自行分析。

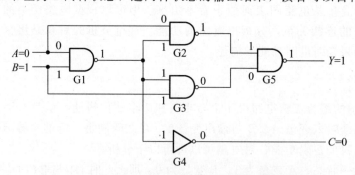

图 2-4　$A=0$、$B=1$ 状态时，电路的输出结果分析图

（3）对于以上电路的 4 种不同输入状态，电路都有相应的输出结果，可以用逻辑功能真值表把电路的不同输入、输出状态完整地表达出来，如表 2-1 所示。

用逻辑功能真值表来描述一个数字电路的功能是一种常用且有效的方法，今后我们会经常应用。

第2章 组合逻辑电路

表 2-1 图 2-2 所示组合逻辑电路的逻辑功能真值表

输入		输出	
A	B	C	Y
0	0	0	0
1	0	0	1
0	1	0	1
1	1	1	0

2．功能描述

根据表 2-1 中输入、输出变量之间的关系，可以进一步得到电路的以下逻辑函数表达式。

$$Y = A \oplus B \tag{2-2}$$

$$C = AB \tag{2-3}$$

从以上两式可以看出，该电路实际上是一个两位二进制数的加法电路，A、B 为加数，Y 为和数，C 为向高一位进位的信号。此电路因没有考虑比其再低一位的加法电路的进位，所以只能算是一个一位数的"半加器"电路。

3．方法归纳

组合逻辑电路分析的目的是要得到电路输入与输出变量的逻辑关系。上述电路分析过程采用了假定一组输入状态导出输出结果的方法，这种方法虽然直观实用，但不具有一般性。在数字电路中常采用逻辑代数化简的方法来分析一个电路的逻辑功能，具体步骤如下。

（1）根据给定的逻辑电路，从输入端开始，逐级推导出输出变量的逻辑代数表达式。

（2）化简逻辑代数表达式，得到输入、输出变量之间最简的逻辑代数表达式。

（3）根据化简后的逻辑代数表达式，列出电路的逻辑功能真值表。

（4）确定电路的逻辑功能。

下面采用逻辑代数化简的分析方法，对图 2-5 所示的组合逻辑电路进行分析。

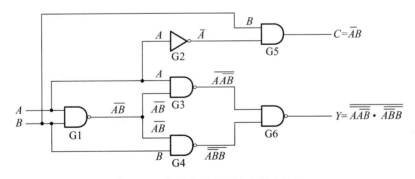

图 2-5 逻辑代数推算法分析电路图

（1）写出电路的输出变量 Y 和 C 的逻辑代数式，即

$$Y = \overline{\overline{A\overline{AB}} \cdot \overline{\overline{AB}B}} \tag{2-4}$$

$$C = \overline{AB} \tag{2-5}$$

(2) 化简 Y 和 C 变量的逻辑代数,方法如下。

$$Y = \overline{\overline{A\overline{AB}} \cdot \overline{\overline{AB}B}}$$
$$= \overline{A\overline{AB}} + \overline{\overline{AB}B}$$
$$= A\overline{AB} + \overline{AB}B$$
$$= A(\overline{A}+\overline{B}) + (\overline{A}+\overline{B})B$$
$$= A\overline{B} + \overline{A}B$$
$$= A \oplus B$$
$$C = \overline{A}B$$

(3) 根据上述逻辑代数式列出图 2-5 所示组合逻辑电路的逻辑功能真值表,如表 2-2 所示。

表 2-2 图 2-5 所示组合逻辑电路的逻辑功能真值表

输入		输出	
A	B	C	Y
0	0	0	0
1	0	0	0
0	1	1	1
1	1	0	0

(4) 确定电路的逻辑功能,由真值表可见,当 A、B 两个变量输入的电平值相同时,输出变量 C、Y 都为 0;当 A、B 两个变量的输入不同时,Y 输出变量得到高电平,而 C 变量就要视 A、B 变量的大小而定,A>B 时,C 输出变量为 0,A<B 时,C 输出变量为 1。根据这一分析结果,可以确定该电路为一个一位数的"半减器"电路,其中 A 为被减数,B 为减数,Y 为差值,C 为本位向高一位要求"借位"的信号。

2.1.2 组合逻辑电路的设计

组合逻辑电路的设计

电路设计就是根据命题要求,选择合适的器件搭建具有一定功能的电路;组合逻辑电路的设计就是为了满足命题的逻辑功能,选择合适的逻辑门组成一个电路。具体的设计方法将在后面章节进行归纳,下面先来看一个组合逻辑电路设计的例子。

假设有一个火灾报警系统,系统中装有烟雾传感器、温度传感器和紫外线传感器 3 种类型的火灾探测器。为了防止误报警,设定只有当其中有两种或两种以上类型的探测器发出火警信号时,系统才产生报警信号。要求设计一个报警的控制电路,可以通过以下步骤来设计这个逻辑电路。

(1) 确定电路的输入、输出变量,假设用 A 表示烟雾传感器产生的信号,B 表示温度传感器的信号,C 表示紫外线传感器发出的信号,用 Y 表示报警系统输出的控制信号,即输入变量为 A、B、C,输出变量为 Y,并规定变量值为 1 时有信号产生,变量值为 0 时无信号产生。

(2) 根据系统的设计要求,列出输入变量和输出变量之间的逻辑功能真值表,如表 2-3 所示。

表 2-3 火警报警系统的逻辑功能真值表

输入			输出
A	B	C	Y
0	0	0	0
0	0	1	0
0	1	0	0
0	1	1	1
1	0	0	0
1	0	1	1
1	1	0	1
1	1	1	1

(3) 根据表 2-3 写出逻辑代数表达式。

$$Y=\overline{A}BC+A\overline{B}C+AB\overline{C}+ABC \tag{2-6}$$

根据以上表达式,假如直接选择逻辑门电路,则需要 3 个非门、4 个三输入端的与门和 1 个四输入端的或门,即需要用如图 2-6 所示的器件来搭建电路。

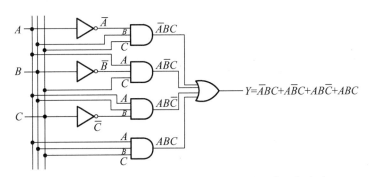

图 2-6 由非门、与门和或门搭建的火警报警逻辑电路

从以上电路来看,要用到 3 种门电路,电路中用到的门电路类型比较多,电路看起来也比较复杂,假如对式(2-6)进行化简,并用与非逻辑来表示,则电路的设计会变得更简洁。

$$\begin{aligned} Y &= \overline{A}BC+A\overline{B}C+AB\overline{C}+ABC \\ &= AB+AC+BC \\ &= \overline{\overline{AB}\cdot\overline{AC}\cdot\overline{BC}} \end{aligned} \tag{2-7}$$

根据式(2-7)来设计该火警报警逻辑电路,如图 2-7 所示,电路只需用与非门一种类型的逻辑门电路,电路整体结构也变得更简单。

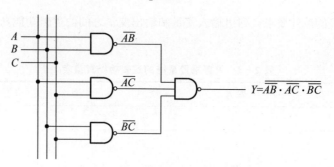

图 2-7 由与非门搭建的火警报警逻辑电路

1. 方法归纳

组合逻辑电路设计一般可按以下步骤进行。

(1) 将文字描述的命题转换成真值表，即逻辑抽象，在分析命题的设计要求和功能需求的基础上，确定输入、输出变量，并用二进制的 0、1 两种状态确定变量的具体含义，然后再根据输入、输出变量之间的逻辑关系列出逻辑功能真值表。

(2) 根据逻辑功能真值表写出逻辑表达式，并按照使用逻辑门的类型和个数最少的原则和目标进行化简。

(3) 选择器件，画出逻辑电路图。

2. 软件仿真

通常情况下，为了验证设计的电路是否满足命题的要求，还需要通过实验对电路进行测试。实验的手段有两种：一是用软件来仿真；二是购买相应的器件，进行实际电路的搭建。下面使用 Quartus Ⅱ 13.0 软件仿真的方法来验证图 2-7 所示电路的正确性。

具体操作步骤如下。

(1) 启动 Quartus Ⅱ 13.0 软件，选择 "File" → "New Project Wizard" 命令，弹出新建项目工程对话框，新建一个项目工程，工程名称和顶层设计实体名称都命名为 "baojingdianlu"，保存项目工程。保存路径可以自己选择，但其中不能含有中文。

(2) 选择 "File" → "New" 命令，在弹出的 "New" 对话框中选择 "Block Diagram/Schematic File" 选项，单击 "OK" 按钮，新建一个原理图输入设计文件。设计如图 2-8 所示的原理图。

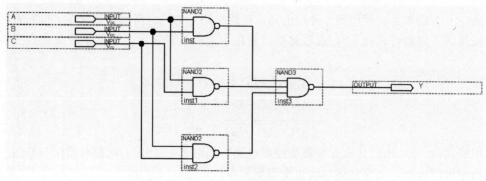

图 2-8 由与非门组成的火警报警电路原理图

（3）保存原理图后单击工具栏中的"Start Compilation"按钮，进行编译。

（4）编译通过后，选择"File"→"New"命令，选择"University Program VWF"选项，打开波形编辑器。进行相关信号节点的加入、仿真时间和网格宽度设置、输入信号赋值后，界面如图2-9所示。

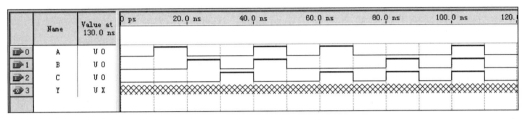

图2-9 仿真输入波形

（5）保存波形文件（与工程名称和设计文件名称一致，均为"baojingdianlu"）。选择"Simulation"→"Options"命令，选择仿真工具Quartus Ⅱ simulation后，单击工具栏中的功能仿真按钮 进行仿真，结果如图2-10所示。

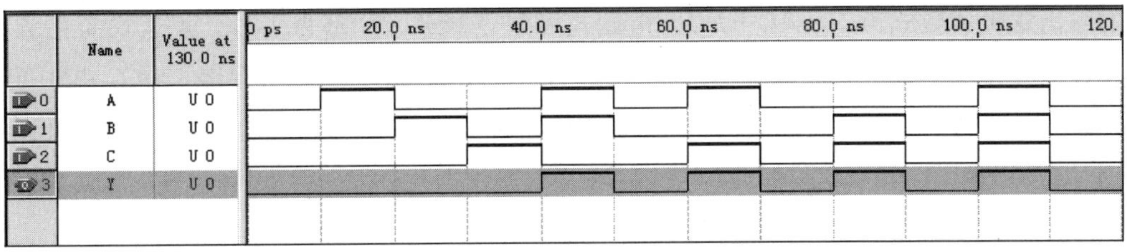

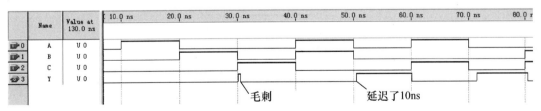

图2-10 由与非门组成的火警报警电路仿真波形

从仿真波形图可以看出，只有当A、B、C三个变量中有两个或两个以上为高电平时，Y输出才是高电平，而在其他输入时Y输出都是低电平，仿真结果符合命题的设计要求。

2.1.3 组合逻辑电路中的竞争和冒险现象

什么是竞争和冒险现象？在田径比赛中运动员是先后到达终点的，因此比赛过程中就存在竞争，在竞争的环境中，因为有不可预知的结果，就存在风险，或称冒险。

电路中的竞争与信号传输的快慢有关。图2-11所示为应用Quartus Ⅱ 13.0软件对图2-6火警报警逻辑电路仿真后的波形。

图2-11 图2-6电路的仿真波形

从仿真结果来看，在变量B（温度传感器）信号从高电平变成低电平，而变量C（紫外光传感器）信号从低电平变成高电平这一状态，Y输出产生了"毛刺"，即一个窄脉冲。另外通过比较发现，当变量A、B都达到高电平时，Y的输出延迟了约10ns才变成高电平，可见信号在经过门电路时，信号是有延迟的。

1. 概念解释

上一节分析组合逻辑电路时，仅仅从电路的逻辑功能角度来看电路的输入与输出变量之间的关系，而没有考虑信号在门电路中传输的时间。实际电路中，信号从输入端流经多级门电路到达输出端是需要消耗一定时间的，因此信号经过不同的路径到达某一会合点就会有先有后，这先后的时间差对于电路的稳定工作是有影响和风险的。

(1) 竞争的概念。在数字电路中，信号经由不同的途径到达某一会合点的时间有先有后，这种现象称为竞争。

(2) 冒险的概念。由于竞争而引起电路输出发生瞬间错误的现象称为冒险。表现为输出端出现了原设计中没有的窄脉冲，常称其为毛刺。

竞争与冒险的关系是，有竞争不一定会产生冒险，但有冒险就一定存在竞争。

2. 成因分析

下面进一步分析组合电路产生竞争和冒险的原因。图 2-12 (a) 所示的组合逻辑电路的输出逻辑代数式为 $Y=AC+B\overline{C}$。由此式可知，当 A、B 都为 1 时，表达式简化成两个互补信号相加，即 $Y=C+\overline{C}$。从图 2-11 (b) 所示的波形图可以看出，在 C 由 1 变 0 时，$\overline{C}$ 由 0 变到 1 有一段延迟时间，AC 和 $B\overline{C}$ 相对于 C 和 $\overline{C}$ 又有延迟，AC 和 $B\overline{C}$ 再经过 $G4$ 的延迟后输出产生一个负跳变的窄脉冲。

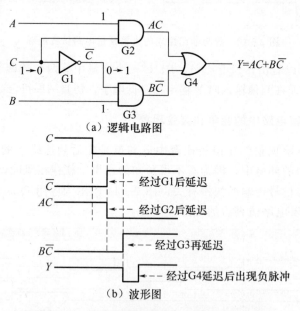

图 2-12 组合逻辑电路竞争和冒险成因分析

值得注意的是，有竞争现象时不一定都会产生冒险，冒险现象的存在对组合逻辑电路的功能会造成不可预见的影响。特别是在一些复杂的逻辑电路中，由于信号的传输路径不同，或者各个信号延迟时间的差异、信号变化的互补性等一些因素，很容易产生竞争和冒险现象。

3. 消除竞争和冒险的方法

针对组合逻辑电路中竞争和冒险现象产生的原因,可以采取相应的措施消除竞争和冒险。

1) 增加乘积项以避免互补乘积项相加

例如,图 2-12 所示的电路 $Y=AC+B\overline{C}$,在 A、B 都为 1 时,$Y=C+\overline{C}$,就容易产生负跳变的脉冲。依据逻辑代数的运算规则,在表达式中增加乘积项 AB,即 $Y=AC+B\overline{C}+AB$,此时当 $A=B=1$ 时,$Y=1$,就不会再出现负跳变的窄脉冲。

2) 消去表达式中隐藏的互补乘积项

例如,逻辑函数 $Y=(A+C)(B+\overline{C})$,当 $A=B=0$ 时,就会出现 $Y=C\overline{C}$,若直接根据这个表达式来设计电路,就可能产生竞争和冒险现象。将表达式变换成 $Y=AB+A\overline{C}+BC$,消去隐藏的 $C\overline{C}$ 这个乘积项后,再用与、或逻辑门来组合电路,就不会产生竞争和冒险现象了。

3) 在电路的输出端并联电容器

电容器具有滤波的作用,如果逻辑电路在较慢速度下工作,为了消除因电路竞争和冒险而产生的窄脉冲,可以在电路的末级输出端并联一个 4~20pF 之间的电容。

2.2 编 码 器

按照常用的逻辑功能需要,可将一些常用的组合逻辑电路制作成集成化的、标准化的数字逻辑器件,如编码器、译码器、数据选择器、数据比较器、奇偶校验器等。从本节开始将为大家介绍这几种常用的数字逻辑器件。

数字电路中存储或处理的信息(类似某一事件或某一个人档案)都是用二进制数表示的,用一位二进制数或多位二进制数代表特定含义的做法称为编码。编码器(Encoder)就是将信号(如电脉冲)或数据进行编制、转换为可用以通信、传输和存储的信号形式的器件。

经常用到的编码器有普通编码器和优先编码器两类。普通编码器任何时刻只能允许输入一个信号,否则将发生混乱。优先编码器中允许两个以上的信号输入,每个输入的信号都有预先设定的优先顺序,优先编码器只对其中优先权最高的信号进行编码。

2.2.1 普通编码器

图 2-13 所示是由 4 个与非门组成的一个普通编码器,输入有 $X_1 \sim X_9$ 共 9 个变量,输出有 $Y_0 \sim Y_3$ 共 4 个变量。每一个信号输入都对应一组 4 位二进制数的编码值。

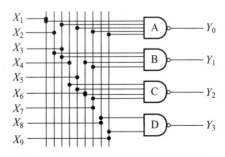

图 2-13 4 位二进制数的普通编码器

1. 功能描述

本电路的功能是应用 4 位二进制数对 $X_1 \sim X_9$ 中 9 个输入信号进行编码，信号以低电平输入有效。例如，当 $X_1=0$ 时，输出 $Y_3Y_2Y_1Y_0=0001$。电路每次只允许一个输入信号为低电平，否则输出的编码值就会出错。例如，当 $X_2=0$、$X_4=0$ 时，输出的 $Y_3Y_2Y_1Y_0=0110$，既不能代表 X_2 信号，也不能代表 X_4 信号的编码。普通编码器的逻辑功能真值表如表 2-4 所示。

表 2-4 普通编码器的逻辑功能真值表

输入									输出			
X_9	X_8	X_7	X_6	X_5	X_4	X_3	X_2	X_1	Y_3	Y_2	Y_1	Y_0
1	1	1	1	1	1	1	1	0	0	0	0	1
1	1	1	1	1	1	1	0	1	0	0	1	0
1	1	1	1	1	1	0	1	1	0	0	1	1
1	1	1	1	1	0	1	1	1	0	1	0	0
1	1	1	1	0	1	1	1	1	0	1	0	1
1	1	1	0	1	1	1	1	1	0	1	1	0
1	1	0	1	1	1	1	1	1	0	1	1	1
1	0	1	1	1	1	1	1	1	1	0	0	0
0	1	1	1	1	1	1	1	1	1	0	0	1

电路的输入（X）、输出（Y）变量之间的函数关系可以用以下表达式来表示。

$$Y_0 = \overline{X_1} + \overline{X_3} + \overline{X_5} + \overline{X_7} + \overline{X_9} \tag{2-8}$$

$$Y_1 = \overline{X_2} + \overline{X_3} + \overline{X_6} + \overline{X_7} \tag{2-9}$$

$$Y_2 = \overline{X_4} + \overline{X_5} + \overline{X_6} + \overline{X_7} \tag{2-10}$$

$$Y_3 = \overline{X_8} + \overline{X_9} \tag{2-11}$$

2. 原理说明

电路利用与非门"见 0 即得 1，全 1 才是 0"的逻辑运算规则，对 $X_1 \sim X_9$ 的输入低电平信号进行编码。例如，X_1 输入低电平，则与之相连的与非门 A 对应的引脚也变成低电平，即与非门 A 有低电平 0 输入，则与非门 A 此时输出为高电平 1，即 $Y_0=1$。而另外 3 个与非门（B、C、D）的输入此时全为 1，所以它们的输出是 0，因此，X_1 信号对应的编码值是 0001。再如，X_5 输入低电平，那么与 X_5 信号有连接关系的与非门 A 和与非门 C 输出即为 1，即 $Y_0=1$，$Y_2=1$，而另外两个与非门（B、D）的输入全为 1，所以 $Y_1=0$，$Y_3=0$，因此 X_5 信号对应的编码值 $Y_3Y_2Y_1Y_0=0101$。同样可以分析其他信号输入低电平时，电路会输出的不同的 4 位编码值。

当 $X_1 \sim X_9$ 输入全为高电平时，所有与非门的引脚输入都为高电平 1，则输出为 $Y_3Y_2Y_1Y_1=0000$。

3. 软件仿真

下面应用 Quartus Ⅱ 13.0 软件对图 2-13 的电路进行功能仿真，验证电路的正确性。具体操作步骤如下。

(1) 启动 Quartus Ⅱ 13.0 软件，选择"File"→"New Project Wizard"命令，弹出新建项目工程对话框，新建一个项目工程，工程名称和顶层设计实体名称都命名为"encoder_1"。保存路径可以自己选择，但其中不能含有中文。

(2) 选择"File"→"New"命令，在弹出的"New"对话框中选择"Block Diagram/Schematic File"选项，单击"OK"按钮，新建一个原理图输入设计文件。设计如图 2-14 所示的原理图。

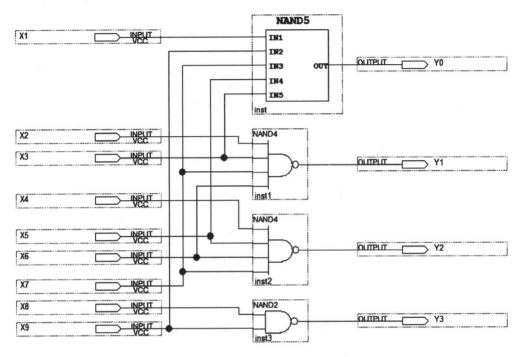

图 2-14 普通编码器电路原理图

(3) 保存原理图后单击工具栏中的"Start Compilation"按钮，进行编译。

(4) 编译通过后，选择"File"→"New"命令，选择"University Program VWF"选项，打开波形编辑器。进行相关信号节点的加入、仿真时间和网格宽度设置、输入信号赋值后，界面如图 2-15 所示。

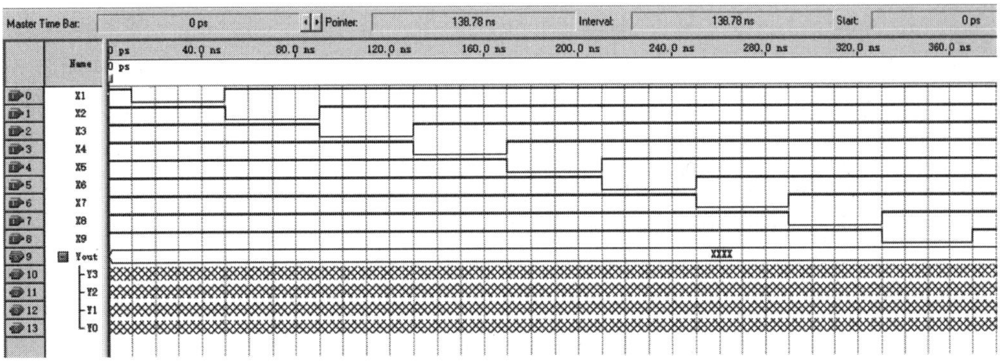

图 2-15 仿真输入波形

(5) 保存波形文件（与工程名称和设计文件名称一致）。选择"Simulation"→"Options"命令，选择仿真工具 Quartus Ⅱ simulation 后，单击工具栏中的功能仿真按钮进行仿真，结果如图 2-16 所示。

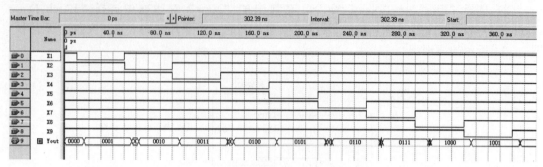

图 2-16 普通编码器电路仿真波形

从仿真波形图中可以看出，X_1 为低电平时，输出结果是 $Y_{out}=0001$；X_2 为低电平时，输出结果是 $Y_{out}=0010$；X_3 为低电平时，输出结果是 $Y_{out}=0011$；X_4 为低电平时，输出结果是 $Y_{out}=0100$；X_5 为低电平时，输出结果是 $Y_{out}=0101$；X_6 为低电平时，输出结果是 $Y_{out}=0110$；X_7 为低电平时，输出结果是 $Y_{out}=0111$；X_8 为低电平时，输出结果是 $Y_{out}=1000$；X_9 为低电平时，输出结果是 $Y_{out}=1001$。验证结果符合表 2-4 所示的电路逻辑功能。

2.2.2 优先编码器

常用的优先编码器根据输入信号个数的不同，可以分为 8 线—3 线优先编码器和 10 线—4 线优先编码器。

在数字集成电路系列中，CD4532（输入、输出高电平有效）和 74148（输入、输出低电平有效）都是 8 线—3 线的优先编码器，而 74147 和 CD40147 是 10 线—4 线优先编码器。

下面分别介绍这两种优先编码器的电路结构和逻辑功能。

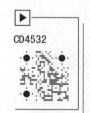

1. 8 线—3 线优先编码器

CD4532 和 74148 优先编码器的外部引脚排列如图 2-17（a）和（b）所示。CD4532 集成电路共有 16 个引脚，其中第 16 引脚为电源，第 8 引脚为地线，第 10、11、12、13、1、2、3、4 引脚为信号输入端，分别为 I_0、I_1、I_2、I_3、I_4、I_5、I_6、I_7，第 5 引脚为控制信号使能输入端 EI，第 9、7、6 引脚为编码信号输出端，分别为 Y_0、Y_1、Y_2，第 14 引脚为状态信号输出端 GS，第 15 引脚为控制信号使能输出端 EO。

74148 与 CD4532 的引脚功能实际上是一致的，只是命名方式不一样，这里不再赘述。

1) 功能描述

CD4532 的逻辑功能真值表如表 2-5 所示。CD4532 的使能输入端 EI 为低电平 L 时，信号输入端 $I_0 \sim I_7$ 无论输入是高电平或是低电平，$Y_2 \sim Y_0$ 的输出都为低电平，即

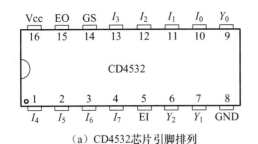
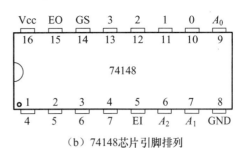

（a）CD4532芯片引脚排列　　　　　　（b）74148芯片引脚排列

图 2-17　8 线—3 线优先编码器芯片外部引脚排列

$Y_2Y_1Y_0=000$，此时 GS 和 EO 输出端也为低电平，这说明 CD4532 优先编码器是否能正常实现编码功能的关键因素是第 5 引脚 EI 的电平信号。可以理解为，当 EI=0 时，编码器不工作，即处于关闭状态；当 EI=1 时，编码器开启，具有编码的功能。

当 EI=1 时，输入端 $I_0 \sim I_7$ 有高电平信号输入时，输出端 $Y_2 \sim Y_0$ 有一个编码值与之对应，并且从表 2-5 中的输入、输出逻辑关系，可以分析得到输入端中 I_7 的优先权最高，也就是说只要 I_7 输入是高电平，其他输入端无论是低电平还是高电平，输出都无变化。I_0 输入端的优先权最低，8 个输入端的优先级从 I_0 到 I_7 依次递增。

表 2-5　CD4532 逻辑功能真值表

	输入								输出				
EI	I_0	I_1	I_2	I_3	I_4	I_5	I_6	I_7	Y_2	Y_1	Y_0	GS	EO
L	×	×	×	×	×	×	×	×	L	L	L	L	L
H	L	L	L	L	L	L	L	L	L	L	L	L	H
H	×	×	×	×	×	×	×	H	H	H	H	H	L
H	×	×	×	×	×	×	H	L	H	H	L	H	L
H	×	×	×	×	×	H	L	L	H	L	H	H	L
H	×	×	×	×	H	L	L	L	H	L	L	H	L
H	×	×	×	H	L	L	L	L	L	H	H	H	L
H	×	×	H	L	L	L	L	L	L	H	L	H	L
H	×	H	L	L	L	L	L	L	L	L	H	H	L
H	H	L	L	L	L	L	L	L	L	L	L	H	L

说明："H"表示高电平 1，"L"表示低电平 0，"×"表示无效状态。

再看另外两个输出端 GS 和 EO 的功能。从表 2-5 中可以看到，当 EI=1，且 $I_0 \sim I_7$ 输入端全为低电平时，GS=0，EO=1；GS 用于表示编码器的工作状态，只有当输入端 $I_0 \sim I_7$ 的高电平信号有效时，GS 才为 1，即表示编码器处于工作状态；实际应用中可以将 GS 端连接一个发光二极管，通过控制发光二极管的亮灭来指示编码器的工作状态。EO 输出端是在多片 CD4532 芯片级联使用时，用低位芯片去控制高位芯片的一个使能信号，假如在一个电路系统中，需要编码的信号多于 8 个，甚至有 16 个或 24 个等，就可以用两个 CD4532 优先编码器进行级联，并由低位 CD4532 的 EO 输出接入高位 CD4532 的 EI 输入端，实现 2 个或 3 个 CD4532 之间的优先级。

2) 电路分析

这里给出 CD4532 芯片内部电路原理图,如图 2-18 所示。

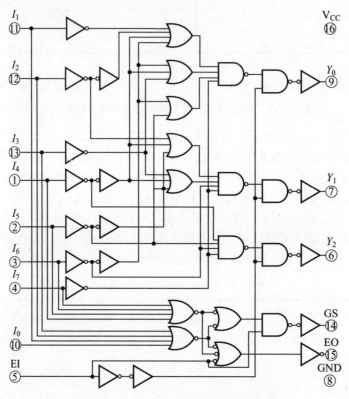

图 2-18 CD4532 编码器内部电路原理图

CD4532 集成电路内部由若干个非门、或门、或非门和与非门等电路组成,输入、输出变量之间满足以下逻辑表达式。

$$Y_2 = \text{EI} \cdot \overline{\overline{I_7} \cdot \overline{I_6} \cdot \overline{I_5} \cdot \overline{I_4}} \tag{2-12}$$

$$Y_1 = \text{EI} \cdot \overline{\overline{I_7} \cdot \overline{I_6}(I_5 + I_4 + \overline{I_3})(I_5 + I_4 + \overline{I_2})} \tag{2-13}$$

$$Y_0 = \text{EI} \cdot \overline{I_7(I_6 + \overline{I_5})(I_6 + I_4 + \overline{I_3})(I_6 + I_4 + I_2 + \overline{I_1})} \tag{2-14}$$

$$\text{EO} = \text{EI} \cdot (\overline{I_7} \cdot \overline{I_6} \cdot \overline{I_5} \cdot \overline{I_4} \cdot \overline{I_3} \cdot \overline{I_2} \cdot \overline{I_1} \cdot \overline{I_0}) \tag{2-15}$$

$$\text{GS} = \text{EI} \cdot \overline{\overline{I_7} \cdot \overline{I_6} \cdot \overline{I_5} \cdot \overline{I_4} \cdot \overline{I_3} \cdot \overline{I_2} \cdot \overline{I_1} \cdot \overline{I_0}} \tag{2-16}$$

3) 应用举例

例 2-1:用两个 CD4532 芯片组成 16 线—4 线优先编码器电路。

一个 CD4532 优先编码器芯片可以对 8 路信号(或 8 个事件)进行编码,但有时需要进行编码的信号大于 8 个时,一个 CD4532 就无法满足了。这种情况下需要用两个甚至更多的优先编码器来搭建一个多路信号的编码电路。用两个 CD4532 芯片组成 16 线—4 线优先编码器电路完整的电路设计图如图 2-19 所示。读者可以通过实验的方法进行测试图 2-19 所示电路的逻辑功能,并写出其逻辑功能真值表。

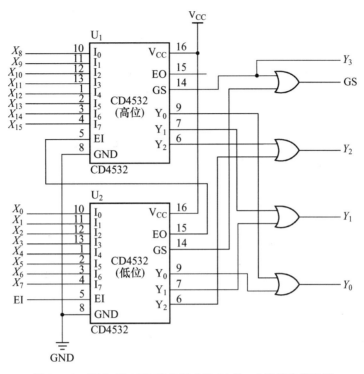

图 2－19　两个 CD4532 芯片组成的 16 线—4 线优先编码器

2．10 线—4 线优先编码器

74147 和 CD40147 都是 10 线—4 线的优先编码器，电路的外部引脚排列如图 2－20（a）和（b）所示。

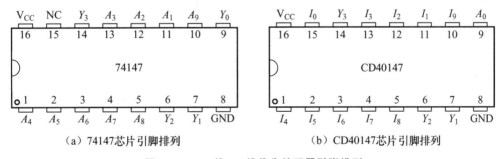

（a）74147芯片引脚排列　　　　　（b）CD40147芯片引脚排列

图 2－20　10 线—4 线优先编码器引脚排列

1）功能描述

74147 优先编码器是低电平输入有效，当其输入端 $A_1 \sim A_9$ 有低电平信号时，输出端 $Y_0 \sim Y_3$ 有对应的 4 位二进制编码（BCD 码）输出，输入端 A_9 的优先级最高，输入端 A_1 的优先级最低，从 A_1 到 A_9 其优先权依次递增。74147 的逻辑功能真值表如表 2－6 所示，其内部电路如图 2－21 所示。CD40147 的逻辑功能与 74147 类似，读者可以自己查看相关数据手册学习。

表 2-6 74147 的逻辑功能真值表

输入									输出			
A_1	A_2	A_3	A_4	A_5	A_6	A_7	A_8	A_9	Y_3	Y_2	Y_1	Y_0
H	H	H	H	H	H	H	H	H	H	H	H	H
×	×	×	×	×	×	×	×	L	L	H	H	L
×	×	×	×	×	×	×	L	H	L	H	H	H
×	×	×	×	×	×	L	H	H	H	L	L	L
×	×	×	×	×	L	H	H	H	H	L	L	H
×	×	×	×	L	H	H	H	H	H	L	H	L
×	×	×	L	H	H	H	H	H	H	L	H	H
×	×	L	H	H	H	H	H	H	H	H	L	L
×	L	H	H	H	H	H	H	H	H	H	L	H
L	H	H	H	H	H	H	H	H	H	H	H	L

说明:"H"表示高电平 1,"L"表示低电平 0,"×"表示无效状态。

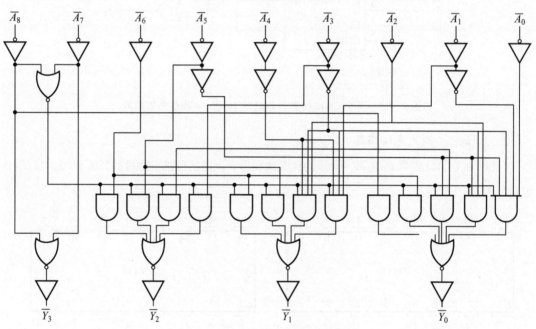

图 2-21 74147 编码器内部电路

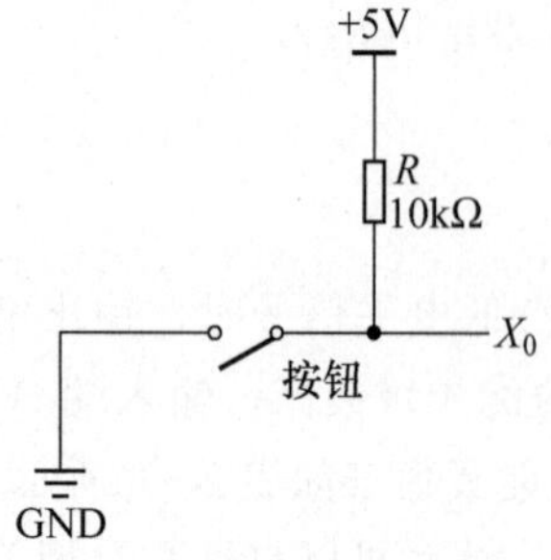

2) 应用举例

例 2-2:应用 74147 对计算器的数字键盘进行编码。

74147 优先编码器可以满足 9 路信号的编码,其产生的编码值符合 BCD 码的编码规则。因此应用 74147 可以对一个计算器的数字键盘进行编码,数字键盘的每个数字键都可以用一个按键开关和上拉电阻组成低电平信号产生电路。如图 2-22 所示,当按钮没按下时,X_0 通过上拉电阻 R 连接到 +5V 电源,

图 2-22 按钮信号产生电路

此时输出为高电平1，若按钮被按下，则X_0通过按钮与地（GND）连接，X_0输出为低电平0。选择这样的10个按钮电路组成计算器的数字键盘，然后应用74147编码器进行编码，就可以使不同的按钮按下时，产生不同的4位二进制编码值。

如图2-23所示，用74147芯片实现对1～9这9个数字键的BCD编码，用LED发光二极管来显示4位二进制编码值。在电路中，发光二极管的阴极连接到74147的编码输出端（Y_0～Y_3），发光二极管的阳极通过330Ω的限流电阻连接到+5V电源。当$\overline{Y}_0$～$\overline{Y}_3$输出端有低电平0时，相应的发光二极管就会点亮，因此只要按下数字键盘的按钮后，观察LED发光二极管的亮灭状态，就可以知道74147输出是什么码值。但要记住此电路是LED灯亮表示输出0，而LED灯不亮才表示输出1。例如，按下"5"这个数字键时，根据74147的逻辑功能真值表，输出的编码是1010（这是"负逻辑"编码值），此时对应的LED灯情况为D_3灭、D_2亮、D_1灭、D_0亮。若LED灯亮表示1，灭表示0，则在$D_3D_2D_1D_0$这组LED灯上显示的编码值是0101（这是"正逻辑"编码值），在BCD编码中，0101正好代表十进制数的5。

大家可以自己动手搭建如图2-23所示的电路，并验证74147编码器的逻辑功能。需要注意的是，74147只有A_1～A_9共9路输入，也就是可以对9个按键进行编码，而数字键盘中有0～9共10个按键，其中0这个数字键，没有经过74147编码，其实74147在没有任何低电平信号输入时，其输出的4位编码是1111，转换成正逻辑就是0000，而0000这个BCD编码正是数字0的码值。所以在图2-23所示的电路中对于数字键"0"可以不用验证。若换成CD40147这种芯片，就可以实现对0～9这10个数字键的编码功能，这一差别请读者自行进一步学习和研究。

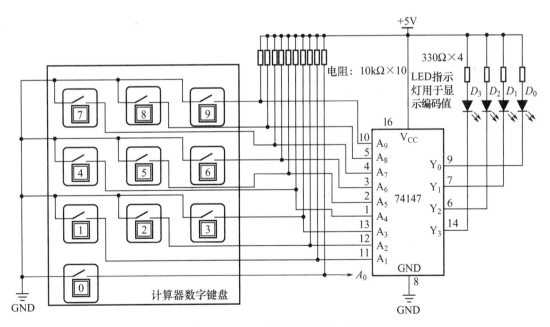

图2-23　1～9数字键盘编码电路

2.3 译 码 器

译码就是将某种代码（如二进制编码、BCD 码）转换成某一信息输出的过程，译码是编码的逆过程。译码是把具有特定含义的这组代码"翻译"出来，用另一个信号来表示二进制代码的原意。实现译码功能的电路称为译码器。译码器主要有两种类型：一种是将一系列代码转换成与之一一对应的有效信号，这种译码器可称为唯一地址译码器，如计算机系统中的地址译码器；另一种是将一种代码转换成另一种代码，这种译码器称为代码转换器，如 LED 数码管和 LCD 的译码器。

常用的译码器有 74138（3 线—8 线译码器）、74139（双 2 线—4 线译码器）、7442（二—十进制译码器）、7448（7 段共阴显示译码器）、74247（7 段共阳显示译码器）等。

2.3.1 基本译码器

1. 2 线—4 线译码器

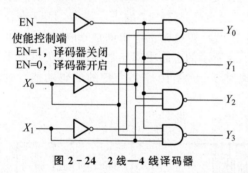

图 2-24 2 线—4 线译码器

图 2-24 所示是由 4 个与非门和 3 个非门组成的一个 2 线—4 线译码器，输入有 X_0、X_1 和 EN 共 3 个变量，输出有 $Y_0 \sim Y_3$ 共 4 个变量。每一组二进制代码输入都对应一位有效的二进制数输出。74139 译码器中的其中一个译码器就是如图 2-24 所示的 2 线—4 线译码器。

1）功能描述

2 线—4 线译码器逻辑功能真值表如表 2-7 所示。2 线—4 线译码器的功能是将 X_1、X_0 输入的二进制代码转译成一位二进制信号输出，不同的代码对应不同的输出端 $Y_3 \sim Y_0$ 的低电平信号。例如，当 $X_1X_0=01$ 时，对应 $Y_1=0$；当 $X_1X_0=11$ 时，对应 $Y_3=0$。另外，电路还设置了使能端 EN，当 EN 为 1 时，无论 X_1X_0 为何种状态，输出全为 1，译码器为关闭状态；而当 EN 为 0 时，对应于 X_1X_0 的某个代码，其中只有一个输出变量为 0，其余各输出变量均为 1。因此 EN 变量是译码器的一个控制信号。

表 2-7 2 线—4 线译码器逻辑功能真值表

输入			输出			
EN	X_1	X_0	Y_3	Y_2	Y_1	Y_0
1	×	×	1	1	1	1
0	0	0	1	1	1	0
0	0	1	1	1	0	1
0	1	0	1	0	1	1
0	1	1	0	1	1	1

根据图 2-24 所示的电路结构和表 2-7 所示的真值表可写出各输出端的逻辑表达式。

$$Y_0 = \overline{\overline{EN} \cdot \overline{X_1} \cdot \overline{X_0}} \tag{2-17}$$

$$Y_1 = \overline{\overline{EN} \cdot \overline{X_1} X_0} \tag{2-18}$$

$$Y_2 = \overline{\overline{EN} X_1 \overline{X_0}} \tag{2-19}$$

$$Y_3 = \overline{\overline{EN} X_1 X_0} \tag{2-20}$$

2) 软件仿真

下面应用 Quartus Ⅱ 13.0 软件对图 2-24 所示的电路进行功能仿真，验证电路的正确性。具体操作步骤如下。

（1）启动 Quartus Ⅱ 13.0 软件，选择"File"→"New Project Wizard"命令，弹出新建项目工程对话框，新建一个项目工程，工程名称和顶层设计实体名称都命名为"decoder_1"，根据软件的向导完成工程项目的建立。

（2）选择"File"→"New"命令，在弹出的"New"对话框中选择"Block Diagram/Schematic File"选项，单击"OK"按钮，新建一个原理图输入设计文件。设计如图 2-25 所示的原理图。

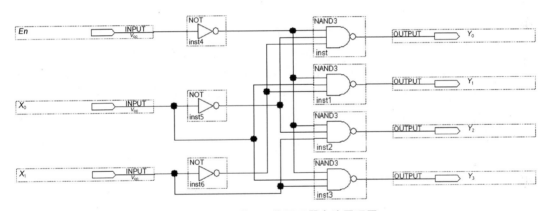

图 2-25 2 线—4 线译码器电路原理图

（3）保存原理图后单击工具栏中的"Start Compilation"按钮，进行编译。

（4）编译通过后，选择"File"→"New"命令，选择"University Program VWF"选项，打开波形编辑器。进行相关信号节点的加入、仿真时间和网格宽度设置、输入信号赋值后，界面如图 2-26 所示。

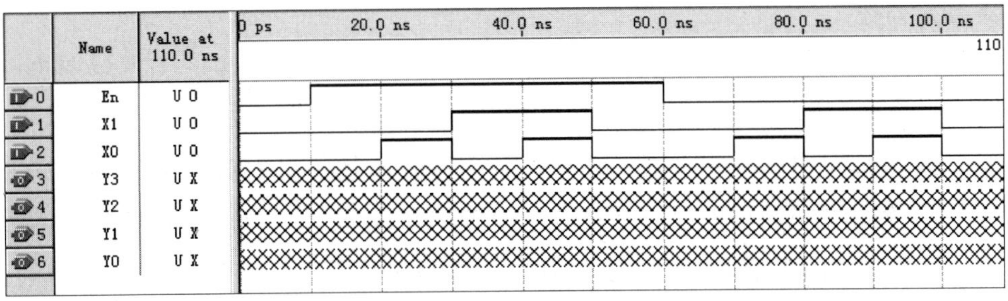

图 2-26 仿真输入波形

(5) 保存波形文件（与工程名称和设计文件名称一致）。选择"Simulation"→"Options"命令，选择仿真工具 Quartus Ⅱ simulation 后，单击工具栏中的功能仿真按钮进行仿真，结果如图 2-27 所示。

图 2-27 2线—4线译码器电路仿真波形

从仿真波形图中可以看出，EN 为高电平时（时间轴的 10.0～60.0ns 期间），输出全为 1；EN 为低电平时（时间轴的 60.0～100.0ns 期间），输出结果跟随 X_1X_0 的状态变化，$X_1X_0=00$ 时，只有 $Y_0=0$，$X_1X_0=01$ 时，只有 $Y_1=0$，$X_1X_0=10$ 时，只有 $Y_2=0$，$X_1X_0=11$ 时，只有 $Y_3=0$。验证结果符合表 2-7 所示的电路逻辑功能。

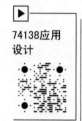

74138应用设计

2. 3 线—8 线译码器

74138 是 3 线—8 线译码器，其芯片的引脚排列如图 2-28 所示。该译码器的第 1、2、3 引脚是 3 位二进制代码输入端 A_0、A_1、A_2，第 4、5、6 引脚是使能控制输入端 $\overline{E_1}$、$\overline{E_2}$、E_3，输出端有 8 个，分别是第 15、14、13、12、11、10、9、7 引脚的 $\overline{Y_0}$、$\overline{Y_1}$、$\overline{Y_2}$、$\overline{Y_3}$、$\overline{Y_4}$、$\overline{Y_5}$、$\overline{Y_6}$、$\overline{Y_7}$。因为有 3 位二进制代码输入，8 路信号输出，所以称之为 3 线—8 线译码器。

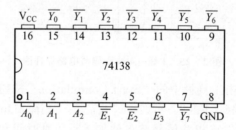

图 2-28 74138 译码器引脚排列

1) 功能描述

74138 译码器的逻辑功能真值表如表 2-8 所示。根据分析可知，当使能端 $E_3=0$、$\overline{E_2}=1$、$\overline{E_1}=1$ 时，无论 A_0、A_1、A_2 输入何值，译码器输出端全为高电平，即译码器为非工作状态。当 $E_3=1$、$\overline{E_2}=0$、$\overline{E_1}=0$ 时，译码器的 8 个输出端随着 $A_2A_1A_0$ 值的变化，有唯一的一个输出端输出低电平与之对应。例如，当 $A_2A_1A_0=000$ 时，只有 $\overline{Y_0}=0$，且随着 $A_2A_1A_0$ 二进制编码值的递增，依次在 $\overline{Y_0}$～$\overline{Y_7}$ 输出端输出低电平，这实现了 3 位二进制代码的 8 个状态的译码功能。

表 2-8　74138 译码器的逻辑功能真值表

输入						输出							
E_3	$\overline{E_2}$	$\overline{E_1}$	A_2	A_1	A_0	$\overline{Y_0}$	$\overline{Y_1}$	$\overline{Y_2}$	$\overline{Y_3}$	$\overline{Y_4}$	$\overline{Y_5}$	$\overline{Y_6}$	$\overline{Y_7}$
L	×	×	×	×	×	H	H	H	H	H	H	H	H
×	H	×	×	×	×	H	H	H	H	H	H	H	H
×	×	H	×	×	×	H	H	H	H	H	H	H	H
H	L	L	L	L	L	L	H	H	H	H	H	H	H
H	L	L	L	L	H	H	L	H	H	H	H	H	H
H	L	L	L	H	L	H	H	L	H	H	H	H	H
H	L	L	L	H	H	H	H	H	L	H	H	H	H
H	L	L	H	L	L	H	H	H	H	L	H	H	H
H	L	L	H	L	H	H	H	H	H	H	L	H	H
H	L	L	H	H	L	H	H	H	H	H	H	L	H
H	L	L	H	H	H	H	H	H	H	H	H	H	L

说明:"H"表示高电平 1,"L"表示低电平 0,"×"表示无效状态。

74138 是应用非常广泛的译码器,与其他译码电路组合后可以构成 4 线—16 线、5 线—32 线或 6 线—64 线的译码器;与门电路组合后可以实现不同的逻辑函数功能;若利用 3 个使能端作为数据输入端,还可以作为数据分配器使用。

2) 应用举例

例 2-3:用一个 74138 译码器实现函数 $L=AB+\overline{A}\cdot\overline{C}$ 的逻辑功能。

在应用 74138 构建电路之前先对上述逻辑函数进行以下变换。

$$L=AB+\overline{A}\cdot\overline{C}$$
$$=ABC+AB\overline{C}+\overline{A}B\overline{C}+\overline{A}\cdot\overline{B}\cdot\overline{C}$$
$$=\overline{(\overline{ABC})(\overline{AB\overline{C}})(\overline{\overline{A}B\overline{C}})(\overline{\overline{A}\cdot\overline{B}\cdot\overline{C}})}$$

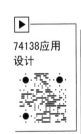

74138 应用设计

令 $A_2=A$、$A_1=B$、$A_0=C$,根据 74138 的逻辑功能真值表分析可知,该式中 $\overline{ABC}$、$\overline{AB\overline{C}}$、$\overline{\overline{A}B\overline{C}}$、$\overline{\overline{A}\cdot\overline{B}\cdot\overline{C}}$ 对应输出端的 $\overline{Y_7}$、$\overline{Y_6}$、$\overline{Y_2}$、$\overline{Y_0}$,通过四输入的与非门将上述四路输出信号组合而成一路输出,就得到变量 L。因此函数 $L=AB+\overline{A}\cdot\overline{C}$ 可以用如图 2-29 所示的电路来实现。

例 2-4:用 74138 作为数据分配器。

依据 74138 使能端 E_3 的作用,E_3 输入为高电平时,A_0、A_1、A_2 若有输入,则会在 $\overline{Y_0}\sim\overline{Y_7}$ 输出端中有一路输出为低电平,至于是哪一路输出为低电平,则取决于 $A_2A_1A_0$ 的二进制编码值。

当 E_3 输入低电平时,$\overline{Y_0}\sim\overline{Y_7}$ 输出全为高电平。因此假如有一个连续的脉冲信号(高、低电平按一定频率交替变换的信号)接入 E_3 端,并希望能按一定的地址去控制这个脉冲信号分配到不同的 8 路输出端中,就可以实现一个数据分配器的功能。具体电路如图 2-30 所示。

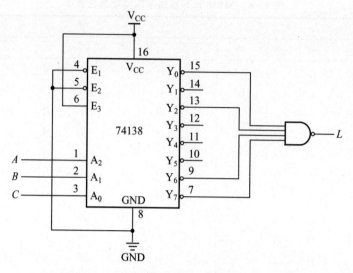

图 2-29 74138 实现函数 $L=AB+\bar{A}\cdot\bar{C}$ 的电路

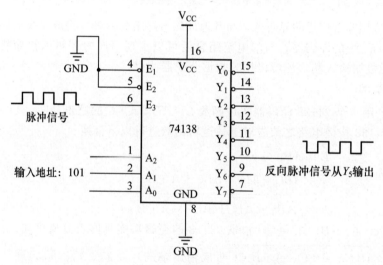

图 2-30 74138 实现数据分配器功能

脉冲经过 74138 后，在输出端得到的为什么是反向的脉冲信号，假如脉冲从 $\overline{E_1}$ 或 $\overline{E_2}$ 使能端接入，那么在输出端得到的脉冲信号是不是反向的呢？请读者自行进一步分析。

问题思考

试设计一个全加器电路，设被加数为 A，加数为 B，来自低位的进位为 C_{i-1}，和为 S，向高位的进位为 C_i。有以下几个要求。

（1）列出真值表。

（2）写出输出逻辑函数表达式。

（3）使用 74138 和必要的门电路画出连接电路图。

3. 二—十进制译码器

二—十进制的转换是译码器的重要应用之一。在8421BCD码中,十进制数的0~9共10个数字对应的4位二进制数是0000~1001,由于人们不习惯直接识别二进制数,所以采用二—十进制译码器来解决。

7442是一个简单实用的二—十进制译码器。译码器的输入端是 A、B、C、D,组成了4位二进制BCD码,输出端有10个,分别是 Y_0~Y_9,具体引脚排列如图2-31所示。

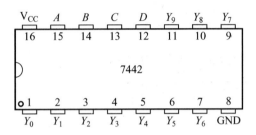

图2-31　7442译码器引脚排列

7442译码器的逻辑功能真值表如表2-9所示。输入、输出变量之间的对应关系请读者自行分析,这里不再赘述。

表2-9　7442译码器的逻辑功能真值表

数值	输入				输出									
	D	C	B	A	Y_0	Y_1	Y_2	Y_3	Y_4	Y_5	Y_6	Y_7	Y_8	Y_9
0	L	L	L	L	L	H	H	H	H	H	H	H	H	H
1	L	L	L	H	H	L	H	H	H	H	H	H	H	H
2	L	L	H	L	H	H	L	H	H	H	H	H	H	H
3	L	L	H	H	H	H	H	L	H	H	H	H	H	H
4	L	H	L	L	H	H	H	H	L	H	H	H	H	H
5	L	H	L	H	H	H	H	H	H	L	H	H	H	H
6	L	H	H	L	H	H	H	H	H	H	L	H	H	H
7	L	H	H	H	H	H	H	H	H	H	H	L	H	H
8	H	L	L	L	H	H	H	H	H	H	H	H	L	H
9	H	L	L	H	H	H	H	H	H	H	H	H	H	L

说明:"H"表示高电平1,"L"表示低电平0。

2.3.2　显示译码器

在数字系统中经常要将数字量显示出来,如数字手表、计算器、手机等,都使用了数码显示器。数码显示器就是用来显示数字、文字或符号的器件。7段数码显示器是目前常用的显示方式,它能直观地显示0~9等阿拉伯数字。

7段数码显示器需要使用专门的译码器,把二进制数据转换成分段式显示代码,然后驱动显示器。7段数码显示器中的发光器件有发光二极管和液晶显示器,这里主要介绍由7个发光二极管组成的数码管及其驱动译码器。

1. 数码管

数码管

数码管是一种常用的电子器件。元器件生产企业为了用户使用方便，生产了各种封装的数码管，有单个封装的，也有2个、3个、4个甚至6个放在一起封装的，部分实物如图2-32所示。单个封装的数码管有10个引脚，a、b、c、d、e、f、g为驱动端，com为公共端，其引脚排列如图2-33所示。

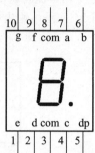

图2-32 数码管实物　　　　　　　图2-33 数码管引脚排列

1）数码管的结构

数码管的内部是由7个发光二极管按照8字形组装而成，带小数点的数码管多一个发光二极管，如图2-34（a）所示。数码管有共阴极、共阳极两种类型。若是共阴极的数码管，则其内部的发光二极管的阴极端全部连在一起作为公共端（com），阳极则全部作为驱动端，如图2-34（b）所示。若是共阳极的数码管，则其内部所有发光二极管的阳极全部连接在一起作为公共端，而阴极全部作为驱动端，如图2-34（c）所示。

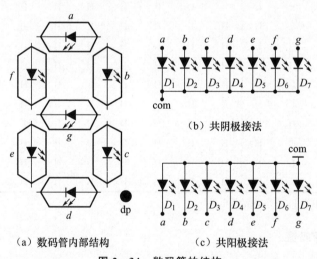

(a) 数码管内部结构　　　(c) 共阳极接法

图2-34 数码管的结构

2）数码管驱动原理

根据发光二极管的单向导电性，发光二极管若要点亮，则需要在其阳极端接高电平，而阴极端加低电平。二极管的亮度与流过的电流有关，电流越大，亮度越强。为了保护发光二极管不被烧毁，在实际使用中，需要串联一个限流电阻，电阻值在330～680Ω，如图2-35（a）所示。

对于共阴极接法的数码管来说，若要显示"3"这个数字，要将数码管的 a、b、c、d、g 这 5 个驱动端加高电平，e、f 端加低电平，并且 com 端加低电平。这样 a、b、c、d、g 对应的 5 个发光二极管全部点亮，而 e、f 对应的发光二极管不亮，这样在视觉上就可以看到一个"3"的字形，如图 2-35（b）所示。

对于共阳极接法的数码管来说，若要显示"2"这个数字，就要将数码管的 a、b、d、e、g 这 5 个驱动端加低电平，c、f 端加高电平，并且 com 端也要加高电平。这样 a、b、d、e、g 对应的 5 个发光二极管就会点亮，而 c、f 对应的发光二极管不亮，这样在视觉上就可以看到一个"2"的字形，如图 2-35（c）所示。

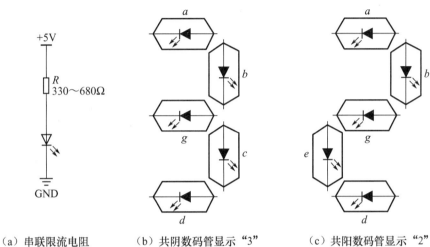

图 2-35　数码管显示驱动原理

2. 共阴极数码管显示译码器

共阴极数码管需要用高电平驱动，CD4511 和 7448 集成电路都是 7 段共阴极数码管的显示译码驱动电路，这两个芯片的引脚排列如图 2-36（a）、图 2-36（b）所示。下面重点介绍 CD4511 的逻辑功能和其应用，7448 的逻辑功能与 CD4511 类似，请读者自行查阅资料学习。

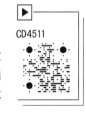

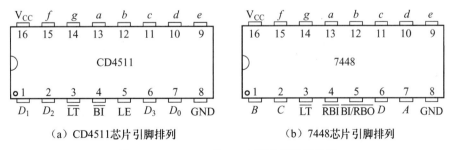

图 2-36　CD4511 和 7448 译码器引脚排列

1) 功能描述

CD4511 具有译码、锁存、消隐和测试灯等功能，能对 0～9 这 10 个数字的 BCD 码译码，其逻辑功能真值表如表 2-10 所示。CD4511 芯片各引脚的功能说明如下。

$\overline{LT}$：第 3 引脚，测试灯控制信号输入端。当 $\overline{LT}=0$ 时，无论其他引脚输入为何状态，译码器输出全为 1，7 段均发亮，显示"8"，主要用来检测数码管是否有字段损坏。

$\overline{BI}$：第 4 引脚，消隐控制信号输入端。当 $\overline{BI}=0$（$\overline{LT}=1$）时，不管其余输入端状态如何，译码器输出全为 0，7 段数码管均处于熄灭（消隐）状态，不显示数字。

LE：第 5 引脚，锁存控制信号输入端。当 LE=0 时，允许译码输出；当 LE=1 时译码器处于锁定保持状态，译码器的输出保持在 LE=0 时的数值。

D_0、D_1、D_2、D_3 为 8421BCD 码输入引脚，a、b、c、d、e、f、g 为译码输出引脚，输出为高电平有效。各十进制数字显示的码值如表 2-10 所示。

表 2-10 CD4511 逻辑功能真值表

显示数或功能	输入							输出						
	$\overline{LT}$	$\overline{BI}$	LE	D_3	D_2	D_1	D_0	a	b	c	d	e	f	g
0	1	1	0	0	0	0	0	1	1	1	1	1	1	0
1	1	1	0	0	0	0	1	0	1	1	0	0	0	0
2	1	1	0	0	0	1	0	1	1	0	1	1	0	1
3	1	1	0	0	0	1	1	1	1	1	1	0	0	1
4	1	1	0	0	1	0	0	0	1	1	0	0	1	1
5	1	1	0	0	1	0	1	1	0	1	1	0	1	1
6	1	1	0	0	1	1	0	0	0	1	1	1	1	1
7	1	1	0	0	1	1	1	1	1	1	0	0	0	0
8	1	1	0	1	0	0	0	1	1	1	1	1	1	1
9	1	1	0	1	0	0	1	1	1	1	0	0	1	1
测试灯	0	×	×	×	×	×	×	输出全部为 1，7 段发光二极管全亮						
消隐	1	0	×	×	×	×	×	输出全部为 0，7 段发光二极管全灭						
锁存	1	1	1	×	×	×	×	输出保持前一次 LE=0 时的结果						

2）应用举例

例 2-5：结合之前学过的 74147 优先编码器，应用 CD4511 和共阴极数码管，设计一个计算器数字键盘编码、译码和数显电路，并测试 CD4511 的测试灯、消隐和锁存等功能。

设计的电路如图 2-37 所示。电路的工作原理请读者结合所学的知识自行分析。

3. 共阳极数码管显示译码器

共阳极数码管要用低电平驱动，7 段共阳极数码管显示译码器有 74247 和 7447 等芯片，这两个芯片的引脚排列如图 2-38（a）和（b）所示。

74247

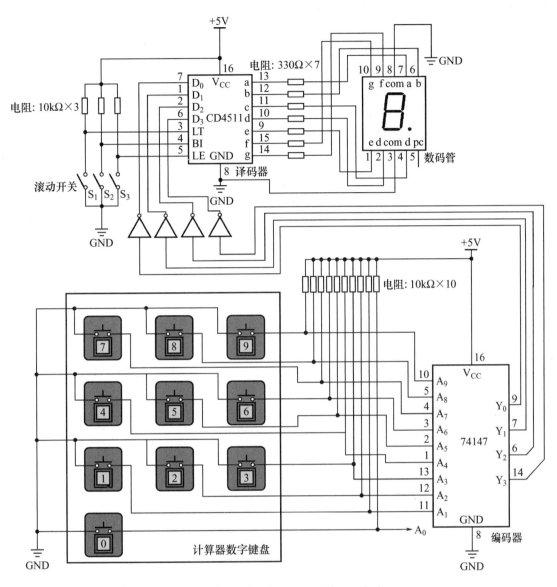

图 2-37 编码、译码和数码管显示电路

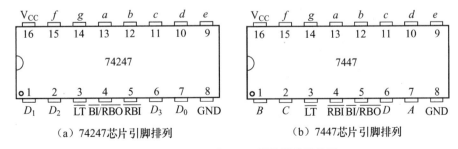

(a) 74247芯片引脚排列　　(b) 7447芯片引脚排列

图 2-38　74247 和 7447 译码器引脚排列

1) 功能描述

74247译码器具有译码、消隐和测试灯等功能，与CD4511和7448所不同的是输出低电平的有效码值，并具有"0消隐"的功能，还能对10～14这5个数字的BCD码译码，显示出特定的字形。其逻辑功能真值表如表2-11所示。

表2-11 74247译码器逻辑功能真值表

显示数或功能	输入							输出						
	$\overline{LT}$	$\overline{RBI}$	$\overline{BI}/\overline{RBO}$	D_3	D_2	D_1	D_0	a	b	c	d	e	f	g
0	1	1	1	0	0	0	0	0	0	0	0	0	0	1
1	1	×	1	0	0	0	1	1	0	0	1	1	1	1
2	1	×	1	0	0	1	0	0	0	1	0	0	1	0
3	1	×	1	0	0	1	1	0	0	0	0	1	1	0
4	1	×	1	0	1	0	0	1	0	0	1	1	0	0
5	1	×	1	0	1	0	1	0	1	0	0	1	0	0
6	1	×	1	0	1	1	0	1	1	0	0	0	0	0
7	1	×	1	0	1	1	1	0	0	0	1	1	1	1
8	1	×	1	1	0	0	0	0	0	0	0	0	0	0
9	1	×	1	1	0	0	1	0	0	0	0	1	0	0
10	1	×	1	1	0	1	0	1	1	1	0	0	1	0
11	1	×	1	1	0	1	1	1	1	0	0	1	1	0
12	1	×	1	1	1	0	0	1	0	1	1	1	0	0
13	1	×	1	1	1	0	1	0	1	1	0	1	0	0
14	1	×	1	1	1	1	0	1	1	1	0	0	0	0
15	1	×	1	1	1	1	1	1	1	1	1	1	1	1
测试灯	0	×	1	×	×	×	×	全部输出低电平，字段全亮						
消隐	×	×	0	×	×	×	×	全部输出高电平，字段全灭						
"0"消隐	1	0	0	0	0	0	0	输入BCD码为0000时，消隐						

74247芯片各引脚的功能说明如下。

$\overline{LT}$：第3引脚，测试灯控制信号输入端。当$\overline{LT}=0$，第4引脚$\overline{BI}/\overline{PBO}$为高电平时，其余引脚输入无论为何状态，译码器输出全为0，7段均发亮，显示"8"，用于测试数码管中每个字段的发光二极管是否正常。

$\overline{BI}/\overline{RBO}$：第4引脚，消隐控制信号输入端，同时也是脉冲消隐的输出端。当$\overline{BI}/\overline{RBO}=0$时，不管其他输入端状态如何，a～g输出端为截止状态，均为高电平，数码管的全部字段全熄灭。

$\overline{RBI}$：第5引脚，"0"消隐控制信号输入端。当D_0～D_3输入为0000，并且$\overline{RBI}=0$、

$\overline{LT}=1$ 时，译码器输出全为 1，数码管处于熄灭（消隐）状态，不显示数字"0"，第 4 引脚脉冲消隐输出端（$\overline{BI}/\overline{RBO}$）此时为低电平。

$D_0 \sim D_3$ 为 8421BCD 码输入端，a、b、c、d、e、f、g 为译码输出端，输出为低电平有效。各十进制数字显示的码值如表 2-11 所示。

2) 软件仿真

为了进一步熟悉和掌握 74247 译码器的功能，下面用 Quartus Ⅱ 13.0 软件对其进行功能仿真。具体操作步骤如下。

(1) 启动 Quartus Ⅱ 13.0 软件，选择"File"→"New Project Wizard"命令，弹出新建项目工程对话框，新建一个项目工程，工程名称和顶层设计实体文件名称都命名为"YM74247"，根据软件的向导完成工程项目的建立。

(2) 选择"File"→"New"命令，在弹出的"New"对话框中选择"Block Diagram/Schematic File"选项，单击"OK"按钮，新建一个原理图输入设计文件。设计如图 2-39 所示的电路原理图。

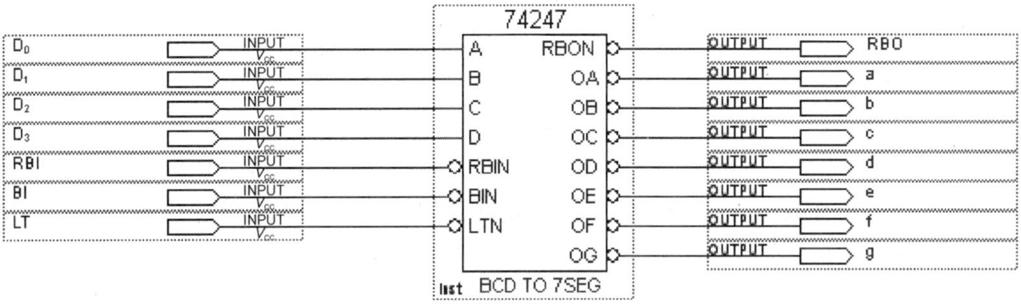

图 2-39 74247 译码器电路原理图

(3) 保存原理图后，单击工具栏中的"Start Compilation"按钮，进行编译。

(4) 编译通过后，选择"File"→"New"命令，选择"University Program VWF"选项，打开波形编辑器。进行相关信号节点的加入、仿真时间和网格宽度设置、输入信号赋值后，界面如图 2-40 所示。

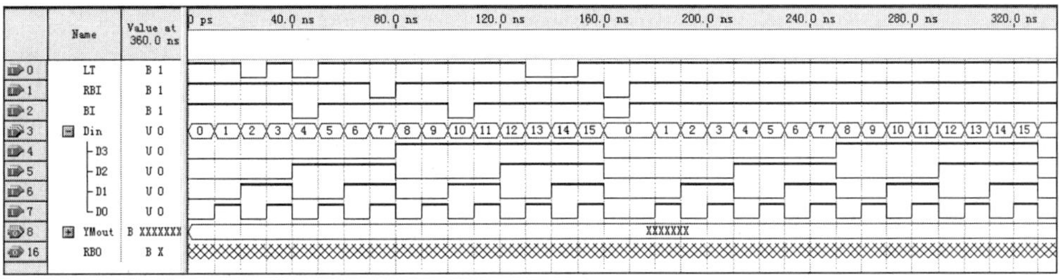

图 2-40 仿真输入波形

(5) 保存波形文件（与工程名称和设计文件名称一致）。选择"Simulation"→"Options"命令，选择仿真工具 Quartus Ⅱ simulation 后，单击工具栏中的功能仿真按钮 进行仿真，结果如图 2-41 所示。仿真结果与表 2-11 真值表对应。

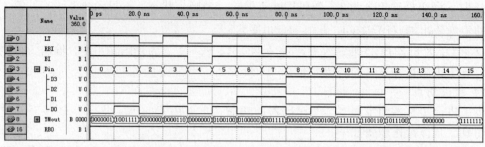

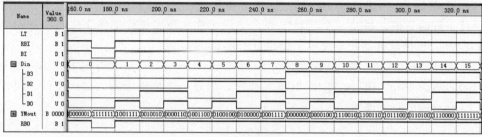

图 2-41 74247 译码器电路仿真波形

2.4 数据选择器

数据选择器也称数据多路器,是一个把多路数据中的某一路数据按照地址编号传送到公共数据端输出的组合逻辑电路。

数据选择器就像一把单刀多掷开关,如图 2-42 所示。在一些高速信号处理应用中,数据选择要用电子电路来控制,而不用机械开关来控制。

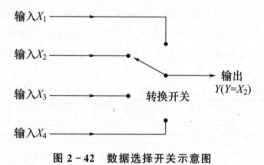

图 2-42 数据选择开关示意图

2.4.1 基本数据选择器

图 2-43 所示为由与门、或门和非门组合而成的基本的 4 选 1 数据选择器。该电路外部的 4 路数字信号分别连接到 $X_1 \sim X_4$ 这 4 个数据端,$S_0 \sim S_1$ 为地址选择信号输入端,$X_1 \sim X_4$ 的 4 路数字信号究竟哪一路能从 Y 端输出,决定于当前 $S_0 \sim S_1$ 的控制信号。当 $S_1 S_0 = 00$ 时,X_1 端的信号被选中,并从 Y 端输出;当 $S_1 S_0 = 01$ 时,X_2 端的信号被选中,并从 Y 端输出;当 $S_1 S_0 = 10$ 时,X_3 端的信号被选中,并从 Y 端输出;当 $S_1 S_0 = 11$

时，X_4 端的信号被选中，并从 Y 端输出。

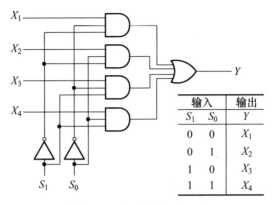

图 2-43 基本数据选择器

电路的工作原理请读者自行分析。

2.4.2 8选1数据选择器

74151集成电路是一个8选1的数据选择器，芯片引脚排列如图2-44所示。

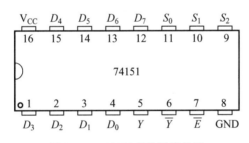

图 2-44 74151芯片引脚排列

74151芯片各引脚的功能说明如下。

数据输入端为 $D_0 \sim D_7$；地址输入端为 $S_0 \sim S_2$；使能输入端为 $\overline{E}$；数据输出端为 Y 和 $\overline{Y}$。

1）功能描述

74151的逻辑功能真值表如表2-12所示。由真值表可知，当使能端 $\overline{E}=1$ 时，数据选择器的输出端为0，即芯片为非工作状态。当 $\overline{E}=0$ 时，若数据选择器的3个地址输入端 $S_0 \sim S_2$ 有地址码输入，则 Y 输出端就有对应的数据输出。而 Y 端究竟输出什么信号，是由 $S_0 \sim S_2$ 的地址码决定的。当 $S_2 S_1 S_0 = 000$ 时，Y 端输出的是 D_0 端的信号，即 $Y = D_0$，若 $D_0 = 1$，则 $Y = 1$，若 $D_0 = 0$，则 $Y = 0$，若 D_0 端连接的是一个连续变化的脉冲信号，则 Y 输出的也是与 D_0 端相同的脉冲信号；同样的，当 $S_2 S_1 S_0 = 001$ 时，Y 端输出的是 D_1 端的信号，即 $Y = D_1$；以此类推，当 $S_2 S_1 S_0 = 111$ 时，Y 端输出的则是 D_7 端的信号，即 $Y = D_7$。

表 2-12 74151 逻辑功能真值表

输入				输出
S_2	S_1	S_0	$\overline{E}$	Y
×	×	×	1	0
0	0	0	0	D_0
0	0	1	0	D_1
0	1	0	0	D_2
0	1	1	0	D_3
1	0	0	0	D_4
1	0	1	0	D_5
1	1	0	0	D_6
1	1	1	0	D_7

所以当 $\overline{E}=0$ 时，输出 $Y=\overline{S_2}\cdot\overline{S_1}\cdot\overline{S_0}D_0+\overline{S_2}\cdot\overline{S_1}S_0D_1+\overline{S_2}S_1\overline{S_0}D_2+\overline{S_2}S_1S_0D_3+S_2\overline{S_1}\cdot\overline{S_0}D_4+S_2\overline{S_1}S_0D_5+S_2S_1\overline{S_0}D_6+S_2S_1S_0D_7$。因此在判断 74151 的数据输出端 Y 到底是高电平、低电平还是其他的连续变化的信号时，首先要看 $S_0\sim S_2$ 输入的是什么地址码，然后再看被选中的数据端（$D_0\sim D_7$）当前是什么状态或连接的是什么信号。

2）应用举例

例 2-6：用一个 74151 芯片实现函数 $Y=\overline{A}BC+A\overline{B}C+AB$ 的逻辑功能。

在应用 74151 设计电路之前先把所给的函数变换成最小项表达式。

$$Y=\overline{A}BC+A\overline{B}C+AB\overline{C}+ABC \tag{2-21}$$

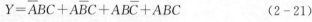

74151应用设计

用 S_2、S_1、S_0 去替换 A、B、C 后，得到：

$$Y=\overline{S_2}S_1S_0+S_2\overline{S_1}S_0+S_2S_1\overline{S_0}+S_2S_1S_0 \tag{2-22}$$

对照 74151 的真值表可知，当 $S_2S_1S_0$ 取 011 时，$Y=D_3$；当 $S_2S_1S_0$ 取 101 时，$Y=D_5$；当 $S_2S_1S_0$ 取 110 时，$Y=D_6$；当 $S_2S_1S_0$ 取 111 时，$Y=D_7$，所以能得到：

$$Y=D_3+D_5+D_6+D_7 \tag{2-23}$$

那么，假如将 74151 的 D_3、D_5、D_6、D_7 都置为高电平 1，而同时将 D_0、D_1、D_2、D_4 都置为低电平 0，也就是把 74151 的 D_3、D_5、D_6、D_7 这 4 个数据输入端接 +5V 电源，而且同时把 D_0、D_1、D_2、D_4 这 4 个数据输入端接地，然后用 74151 的地址码输入端 $S_0\sim S_2$ 作为上述函数的输入变量，那么 74151 就实现了函数的逻辑功能。具体电路的实现如图 2-45 所示。

例 2-7：用两个 74151 芯片实现 16 选 1 的数据选择器。

74151 的第 7 引脚是一个使能端，当 $\overline{E}=1$ 时，无论地址码输入端 $S_0\sim S_2$ 输入何值，输出端 Y 都是 0，而只有当 $\overline{E}=0$ 时，数据选择器才会正常工作。利用 $\overline{E}$ 这个引脚的特殊功能，可以将芯片的 $\overline{E}$ 端作为第 4 个地址码的输入位，即把 $\overline{E}$ 当成 S_3 使用。$S_0\sim S_3$ 就组成了 4 位地址码的输入端，每个 74151 芯片都有 8 个数据输入端，两个 74151 连接在一起就有 16 个数据输入端，两个 74151 的输出端可以通过一个二输入的或门，将两路输出合并成一路输出。

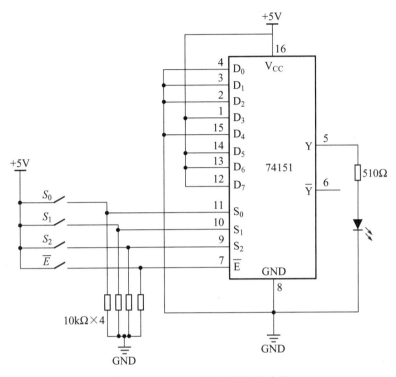

图 2-45　74151 实现逻辑函数电路

下面通过软件仿真的方法来设计并验证 16 选 1 数据选择器的电路功能。具体操作步骤如下。

（1）启动 Quartus Ⅱ 13.0 软件，新建一个项目工程（名称为"MUX16_1"），保存工程的相关设置。注意，保存的文件名称和路径不能含有中文。

（2）新建一个原理图输入文件，从软件自带的元件库中找到 74151，并在图形编辑界面中放置两个 74151，用一个非门将两个 74151 的使能端连接在一起，输出端 Y 用二输入或门并联，Y 非端用二输入与门并联。完成的电路原理图如图 2-46 所示。

（3）编译原理图文件，查看是否有错误。

（4）编译通过后，选择"File"→"New"命令，选择"University Program VWF"选项，打开波形编辑器。进行相关信号节点的加入、仿真时间和网格宽度设置、输入信号赋值，$D_0 \sim D_{15}$ 输入端要分时段给出一个高电平，而且查看 $S_0 \sim S_3$ 当前的码值是否对应。仿真输入波形如图 2-47 所示。

（5）保存波形文件（与工程名称和设计文件名称一致）。选择"Simulation"→"Options"命令，选择仿真工具 Quartus Ⅱ simulation 后，单击工具栏中的功能仿真按钮进行仿真，结果如图 2-48 所示。

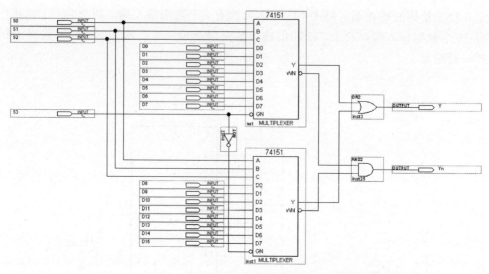

图 2-46　两片 74151 实现 16 选 1 数据选择器电路原理图

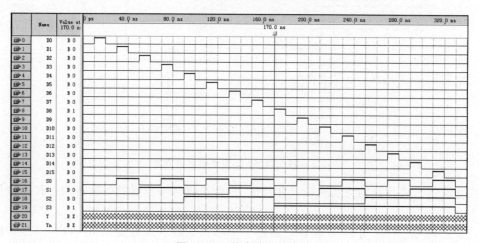

图 2-47　仿真输入波形

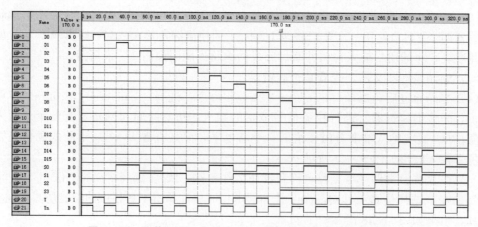

图 2-48　两片 74151 实现 16 选 1 数据选择器电路仿真波形

2.5 数据比较器

在数字系统中,特别是在计算机中常需要对两个数字的大小进行逻辑判断,数据比较器就是一个对两组二进制数进行比较以判断其是否相等的电路。比较结果有 $A>B$、$A<B$ 和 $A=B$ 三种情况。

2.5.1 1位数据比较器

1位数据比较器是多位比较器的基础。图 2-49 所示为由非门、与门和或非门组成的 1 位数据比较器逻辑电路。该电路对 A 和 B 两个 1 位二进制数进行比较,电路有三种输出状态:$Y_{A>B}$、$Y_{A=B}$ 和 $Y_{A<B}$。当 $A>B$ 时,$Y_{A>B}$ 输出为高电平;当 $A=B$ 时,$Y_{A=B}$ 输出高电平;当 $A<B$ 时,$Y_{A<B}$ 输出高电平。

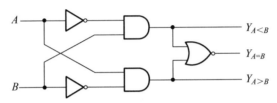

图 2-49 1位数据比较器逻辑电路

根据以上逻辑电路,可以得到以下逻辑表达式。

$$\begin{cases} Y_{A<B} = \overline{A}B \\ Y_{A=B} = \overline{\overline{A}B + A\overline{B}} \\ Y_{A>B} = A\overline{B} \end{cases} \tag{2-24}$$

根据逻辑表达式可以得到电路的逻辑功能真值表,如表 2-13 所示。

表 2-13 1位数据比较器的逻辑功能真值表

输入		输出		
A	B	$Y_{A<B}$	$Y_{A=B}$	$Y_{A>B}$
0	0	0	1	0
1	0	0	0	1
0	1	1	0	0
1	1	0	1	0

2.5.2 4位数据比较器

7485 是一个 4 位数据比较器,其引脚排列如图 2-50 所示。输入端包括 $A_0 \sim A_3$ 和 $B_0 \sim B_3$,以及扩展输入端 $I_{A<B}$、$I_{A=B}$ 和 $I_{A>B}$,比较结果输出端为 $F_{A<B}$、$F_{A=B}$ 和 $F_{A>B}$。扩展输入端用于与其他数据比较器的输出连接,以便组成位数更多的比较器。

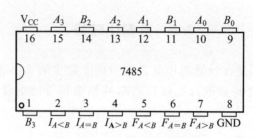

图 2-50 7485 芯片引脚排列

1) 功能描述

7485 的逻辑功能真值表如表 2-14 所示。该比较器的比较原理是两个 4 位数从 A 的最高位 A_3 和 B 的最高位 B_3 开始比较,如果它们不相等,则该位的比较结果可以作为两数的比较结果;若最高位 $A_3=B_3$,则再比较次高位 A_2 和 B_2,以此类推。显然,如果两数相等,那么必须将比较进行到最低位才能得到结果。若仅对当前 4 位数进行比较,则应对扩展比较的输入端 $I_{A<B}$、$I_{A=B}$ 和 $I_{A>B}$ 进行适当的处理,即令 $I_{A<B}=0$、$I_{A=B}=1$ 和 $I_{A>B}=0$。

表 2-14 7485 逻辑功能真值表

输入							输出		
A_3, B_3	A_2, B_2	A_1, B_1	A_0, B_0	$I_{A>B}$	$I_{A<B}$	$I_{A=B}$	$F_{A>B}$	$F_{A<B}$	$F_{A=B}$
$A_3>B_3$	×	×	×	×	×	×	1	0	0
$A_3<B_3$	×	×	×	×	×	×	0	1	0
$A_3=B_3$	$A_2>B_2$	×	×	×	×	×	1	0	0
$A_3=B_3$	$A_2<B_2$	×	×	×	×	×	0	1	0
$A_3=B_3$	$A_2=B_2$	$A_1>B_1$	×	×	×	×	1	0	0
$A_3=B_3$	$A_2=B_2$	$A_1<B_1$	×	×	×	×	0	1	0
$A_3=B_3$	$A_2=B_2$	$A_1=B_1$	$A_0>B_0$	×	×	×	1	0	0
$A_3=B_3$	$A_2=B_2$	$A_1=B_1$	$A_0<B_0$	×	×	×	0	1	0
$A_3=B_3$	$A_2=B_2$	$A_1=B_1$	$A_0=B_0$	1	0	0	1	0	0
$A_3=B_3$	$A_2=B_2$	$A_1=B_1$	$A_0=B_0$	0	1	0	0	1	0
$A_3=B_3$	$A_2=B_2$	$A_1=B_1$	$A_0=B_0$	×	×	1	0	0	1
$A_3=B_3$	$A_2=B_2$	$A_1=B_1$	$A_0=B_0$	1	1	0	1	1	0
$A_3=B_3$	$A_2=B_2$	$A_1=B_1$	$A_0=B_0$	0	0	0	1	1	0

2) 应用举例

例 2-8:应用 7485 数据比较器搭建一个简单的复印机工作时的复印数量控制电路。

当使用复印机时,事先将需要复印的纸张数设置好,并存储到复印机的控制电路中,复印机在工作时,内部电路会自动计数,会有一个已经复印的纸张数存储在复印机的控制电路中。现在需要设计一个控制电路,比较预存的数据和已经复印的数据的大小,当两者相等时,产生一个控制信号使复印机自动停止复印。具体电路如图 2-51 所示。

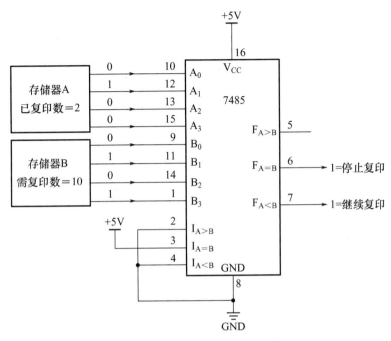

图 2-51 使用 7485 数据比较器实现复印机控制电路

存储器 A 保存 4 位数 0010(十进制数 2),表示当前已经复印的数量,存储器 B 保存 4 位数 1010(十进制数 10),表示需要复印的数量。7485 比较这两个数据产生 3 位输出控制信号,如果 4 位数 A 小于数据 B,则 7485 的第 7 引脚输出高电平,表示复印机还需继续复印;如果 A 等于 B 则 7485 的第 6 引脚输出高电平,表示已经完成所需的复印数量,停止复印。

2.6 加法器与减法器

在对图 2-2 和图 2-5 逻辑电路的分析中,我们了解了半加器和半减器的常用电路、真值表、逻辑表达式和功能描述等。下面就常见的 1 位全加器、1 位全减器和常见的集成 4 位超前进位加法器 74LS283 及其应用设计进行必要的介绍。

2.6.1 全加器

半加器因为没有考虑来自低位的进位信号,无法实现多位数的加法运算。全加器实现加数、被加数和低位来的进位加法运算,并根据结果给出"本位和"与本位向高位的进位信号。

设 A、B 为加数和被加数,CI 是来自低位的进位,S、CO 是"本位和"及本位向高位的进位,其真值表如表 2-15 所示。

表 2-15 全加器真值表

A	B	CI	S	CO
0	0	0	0	0
0	0	1	1	0
0	1	0	1	0
0	1	1	0	1
1	0	0	1	0
1	0	1	0	1
1	1	0	0	1
1	1	1	1	1

由真值表可写出全加器对应的 S 和 CO 的简化逻辑表达式。

$$S=\overline{A}\cdot\overline{B}\cdot CI+\overline{A}B\,\overline{CI}+A\overline{B}\cdot\overline{CI}+AB\cdot CI=A\oplus B\oplus CI \tag{2-25}$$

$$CO=\overline{A}B\cdot CI+A\overline{B}\cdot CI+AB\,\overline{CI}+AB\cdot CI=AB+B\cdot CI+A\cdot CI \tag{2-26}$$

全加器的逻辑符号如图 2-52 所示。

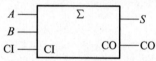

图 2-52 全加器的逻辑符号

2.6.2 全减器

全减器实现减数、被减数和低位来的借位进行减法运算，并根据结果给出"本位差"与本位向高位的借位信号。

设被减数为 A，减数为 B，来自低位的借位为 V_{i-1}，差为 D，向高位的借位为 V_i。可以写出真值表如表 2-16 所示。

表 2-16 全减器真值表

A	B	V_{i-1}	D	V_i
0	0	0	0	0
0	0	1	1	1
0	1	0	1	1
0	1	1	0	1
1	0	0	1	0
1	0	1	0	0
1	1	0	0	0
1	1	1	1	1

由真值表可写出全减器的逻辑表达式。

$$D=\overline{A}\cdot\overline{B}V_{i-1}+\overline{A}B\,\overline{V_{i-1}}+A\overline{B}\cdot\overline{V_{i-1}}+ABV_{i-1} \tag{2-27}$$

$$V_i=\overline{A}\cdot\overline{B}V_{i-1}+\overline{A}B\,\overline{V_{i-1}}+\overline{A}BV_{i-1}+ABV_{i-1} \tag{2-28}$$

2.6.3 串行进位加法器

串行进位加法器在构成上，是把 n 位全加器串联起来，低位全加器的进位输出连接到相邻的高位全加器的进位输入。4 位串行加法器的原理图如图 2-53 所示，它是由 4 个 1 位全加器连接而成，进位信号是由最低有效位向最高有效位逐级传递的。综合考虑门电路延迟时间等因素，这种实现办法的运算速度是不高的。

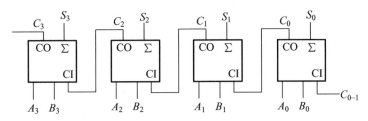

图 2-53　4 位串行加法器的原理图

2.6.4　超前进位加法器

74LS283 是一个 4 位超前进位加法器，其逻辑符号和引脚排列分别如图 2-54 和图 2-55 所示。图中 $A_3A_2A_1A_0$ 和 $B_3B_2B_1B_0$ 是两个二进制待加数，和为 $S_3S_2S_1S_0$，CI 是来自低位的进位，CO 是向高位的进位。

超前进位加法器及应用

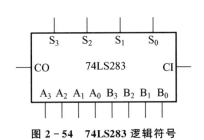
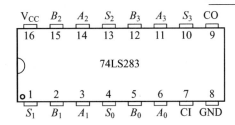

图 2-54　74LS283 逻辑符号　　　　图 2-55　74LS283 芯片引脚排列

例 2-9：试用 74LS283 实现 8421BCD 码至余 3 码的转换。

8421BCD 码与余 3 码之间有简单的转换关系，即余 3 码＝8421BCD 码＋0011，因此实现起来较为简便。将 8421BCD 码 $DCBA$ 从加法器 $A_3 \sim A_0$ 输入，$B_3 \sim B_0$ 端置为 0011，则从输出端 $S_3 \sim S_0$ 就可得到余 3 码 $Y_3Y_2Y_1Y_0$，电路连接如图 2-56 所示。

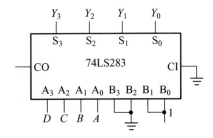

图 2-56　8421BCD 码转换成余 3 码电路图

问题思考

1. 如何用 74LS283 的级联实现 8 位或 16 位加法？
2. 如何应用 74LS283 和必要的门电路实现"二进制并行加/减法"功能？
3. 应用 74LS283 和必要的门电路实现"二—十进制加法器"功能。

本 章 小 结

1. 逻辑代数是分析和设计逻辑电路的工具。
2. 分析组合逻辑电路的目的是确定已知电路的逻辑功能,其步骤大致如下。
   写出各输出端的逻辑表达式→化简和变换逻辑表达式→列出真值表→确定功能
3. 应用逻辑门电路设计组合逻辑电路的步骤大致如下。
   列出真值表→写出逻辑表达式→逻辑化简和变换→画出逻辑图
4. 常用的中规模组合逻辑器件包括编码器、译码器、数据选择器、数值比较器等。这些组合逻辑器件除了具有其基本功能外,通常还具有输入使能、输出使能、输入扩展、输出扩展功能,使其功能更加灵活,便于构成较复杂的逻辑系统。
5. 应用组合逻辑器件进行组合逻辑电路设计时,所应用的原理和步骤与使用门电路是基本一致的,但也有其特殊之处,包括以下几点。

(1) 对逻辑表达式的变换与化简的目的是使其尽可能与组合逻辑器件的形式一致,而不是尽量简化。

(2) 设计时应考虑合理充分应用组合器件的功能。同种类的组合器件有不同的型号,应尽量选用较少的器件数和较简单的器件满足设计要求。

(3) 可能出现只需一个组合器件的部分功能即可满足要求,这时需要对有关输入、输出信号做适当的处理。也可能会出现一个组合器件不能满足设计要求的情况,这就需要对组合器件进行扩展,直接将若干个器件组合或者由适当的逻辑门将若干器件组合起来。

习 题

一、分析题

1. 分析图2-57所示组合逻辑电路的功能,要求写出其逻辑表达式,列出其逻辑功能真值表,并说明电路的逻辑功能。

2. 由与非门构成的某表决电路如图2-58所示,其中A、B、C、D代表4个人,Z为1时表示议案通过。

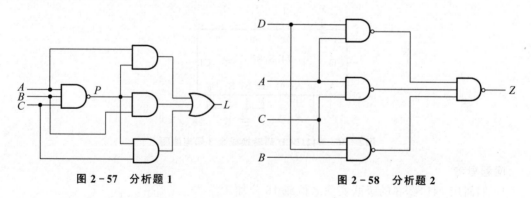

图2-57 分析题1   图2-58 分析题2

(1) 试分析电路,说明议案通过情况共有几种。
(2) 分析A、B、C、D中谁权力最大。

3. 写出图 2-59 所示电路中 S_0、C_0、S_1、C_1 的逻辑表达式。

4. 分析图 2-60 所示组合逻辑电路的功能,要求写出其逻辑表达式,列出其逻辑功能真值表,并说明电路的逻辑功能。

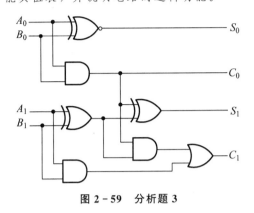

图 2-59 分析题 3

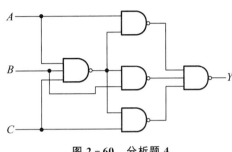

图 2-60 分析题 4

5. 试分析图 2-61 所示组合逻辑电路的功能,写出其逻辑表达式和逻辑功能真值表。

6. 图 2-62 所示电路的输入为余 3 码,要求写出其逻辑表达式,列出其逻辑功能真值表,并说明电路的逻辑功能。

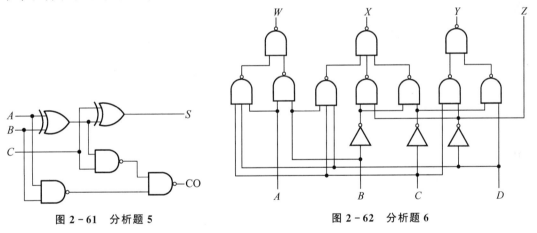

图 2-61 分析题 5   图 2-62 分析题 6

7. 组合逻辑电路及输入波形如图 2-63 所示,要求写出 L_1、L_2、L_3 的逻辑表达式,分析电路功能,并画出 L_2 的波形。

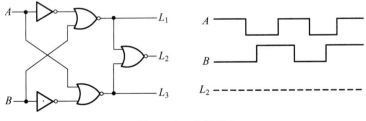

图 2-63 分析题 7

8. 分析图 2-64 所示电路的逻辑功能，写出 Y_1、Y_2 的逻辑表达式，列出其逻辑功能真值表，说明电路的逻辑功能。

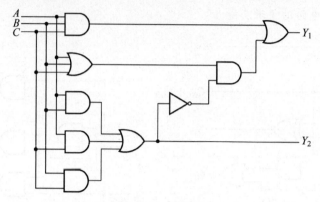

图 2-64　分析题 8

9. 分析图 2-65 所示电路的逻辑功能。要求：
(1) 写出各输出端的逻辑表达式并化简。
(2) 列出其逻辑功能真值表。
(3) 总结电路的逻辑功能。

10. 分析图 2-66 所示电路，写出 Z 的最简"与-或"表达式。

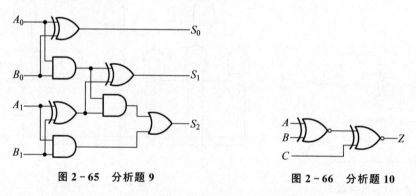

图 2-65　分析题 9　　　　　图 2-66　分析题 10

11. 分析图 2-67 所示组合逻辑电路，写出 L 的逻辑表达式，列出其逻辑功能真值表，并说明电路的逻辑功能。

12. 试分析图 2-68 所示由 1 位全加器及与或门组成的电路，写出 F 的逻辑表达式，并说明电路的逻辑功能。

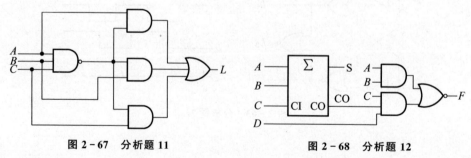

图 2-67　分析题 11　　　　　图 2-68　分析题 12

13. 表 2-17 是 4 选 1 数据选择器的功能表，图 2-69 是用 4 选 1 数据选择器设计的一个逻辑电路，试写出输出逻辑函数 Z 的最简"与-或"表达式。

表 2-17　4 选 1 数据选择器功能表

A_1	A_0	$\overline{E}$	W
×	×	1	0
0	0	0	D_0
0	1	0	D_1
1	0	0	D_2
1	1	0	D_3

14. 分析图 2-70 所示的组合逻辑电路，其中 74LS151 为 8 选 1 数据选择器，要求写出输出函数 Z 的最简"与-或"表达式。

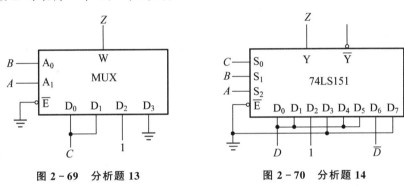

图 2-69　分析题 13　　　　图 2-70　分析题 14

15. 写出图 2-71 所示电路中 F_1、F_2 的逻辑表达式。

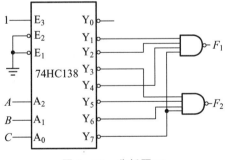

图 2-71　分析题 15

16. 某电路如图 2-72 所示，分别写出图 2-72（a）4 选 1 数据选择器 74LS153 的输出函数表达式和图 2-72（b）的 74LS138 译码器的输出函数表达式。

17. 分析图 2-73 所示组合逻辑电路的功能，要求写出 Z_1、Z_2 的逻辑表达式，列出其逻辑功能真值表，并说明电路的逻辑功能。

18. 已知 74LS00 的引脚排列如图 2-74 所示，试在图中做适当连接，以实现逻辑函数 $Y=\overline{A}C+B$。

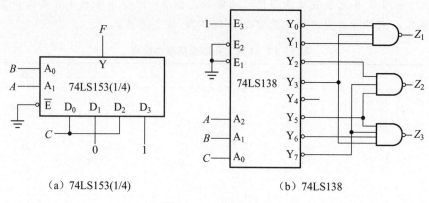

(a) 74LS153(1/4)　　　　(b) 74LS138

图 2-72　分析题 16

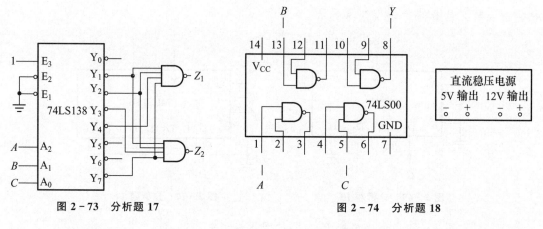

图 2-73　分析题 17　　　　图 2-74　分析题 18

二、设计题

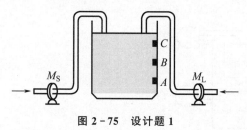

图 2-75　设计题 1

1. 有一水箱由大、小两台水泵（M_L 和 M_S）供水，如图 2-75 所示。水箱中设置了 3 个水位检测元件 A、B、C。水面低于检测元件时，检测元件给出高电平；水面高于检测元件时，检测元件给出低电平。现要求当水位超过 C 点时水泵停止工作；水位低于 C 点而高于 B 点时 M_S 单独工作；水位低于 B 点而高于 A 点时 M_L 单独工作；水位低于 A 点时 M_L 和 M_S 同时工作。试用门电路设计一个控制两台水泵的逻辑电路，要求电路尽量简单。

2. 设计一个检测交通信号灯工作状态的逻辑电路，每组信号灯由红、黄、绿 3 盏灯组成。正常工作情况下，任何时刻必须有一盏灯亮，而且只允许有一盏灯亮，其他情况出现时说明电路发生故障。试设计一个故障检测电路，提醒维护人员修理。要求使用与非门实现逻辑电路。

3. 试用门电路设计一个水位报警电路，水位高度用 4 位二进制数 $ABCD$ 表示，二进制数的值即为水位高度，单位为 m。当水位高于或等于 7m 时，白色指示灯 W 点亮，否则白色指示灯熄灭；当水位高于或等于 9m 时，黄色指示灯 Y 开始亮，否则黄色指示灯熄灭；当水位高于或等于 11m 时，红色指示灯 R 开始亮，否则红色指示灯熄灭。另外，水位不可能上升至 14m。要求：

(1) 列出真值表；
(2) 写出化简后的 "与-或" 表达式；
(3) 画出逻辑电路图。

4. 某建筑物的自动电梯系统有 5 个电梯，其中 3 个是主电梯，2 个是备用电梯。当上下人员拥挤，主电梯全被占用时，才允许使用备用电梯。现设计一个监控主电梯的逻辑电路，当任何 2 个主电梯运行时，产生一个信号（L_1），通知备用电梯准备运行；当 3 个主电梯都在运行时，则产生另一个信号（L_2），使备用电梯主电源接通，处于可运行状态。（提示：可以用数据选择器、译码器或全加器实现）

5. 某工厂有 3 个用电量相同的车间和一大、一小两台发电机。大发电机的供电量是小发电机的两倍，若只有一个车间开工，小发电机便可以满足供电要求；若两个车间同时开工，大发电机便可以满足供电要求；若 3 个车间同时开工，需要大、小发电机同时启动才能满足供电要求。试设计一个控制器，实现对两个发电机启动的控制，具体芯片不限。

6. 某学校有 3 个实验室，每个实验室各需 2kW 电力。这 3 个实验室由两台发电机组供电，一台是 2kW，另一台是 4kW。3 个实验室有时可能不同时工作，试设计一个逻辑电路，使资源合理分配。

7. 设计一个能被 2 或 3 整除的逻辑电路，其中被除数 ABCD 使用 8421BCD 编码。当能整除时，输出 L 为高电平，否则输出 L 为低电平。要求用最少的与非门实现（设 0 能被任何数整除）。

8. 设计表决电路，要求 A、B、C 三人中只要有半数以上同意，决议就能通过。但同时 A 还具有否决权，即只要 A 不同意，即使多数人同意也不能通过。要求用与非门实现。

9. 有 3 个温度探测器，当探测的温度超过 60℃ 时，输出控制信号为 1；当探测的温度低于 60℃ 时，输出控制信号为 0；当有两个或两个以上的温度探测器输出 1 信号时，总控制器输出 1 信号，自动控制调控设备，使温度降低到 60℃ 以下。试设计一个组合逻辑电路实现上述功能。

10. 设计一个电话机信号控制电路。电路有 I_0（火警）、I_1（盗警）和 I_2（日常业务）3 种输入信号，通过排队电路分别从 L_0、L_1、L_2 输出，在同一时间只能有一个信号通过。当同时有两个以上信号出现时，应首先接通火警信号，其次为盗警信号，最后是日常业务信号。试按照上述轻重缓急设计该信号控制电路，要求用二输入端与非门来实现。

11. 图 2-76 所示为一个工业用水容器示意图，图 2-76 中虚线表示水位，A、B、C 电极被水浸没时会有信号输出。试用与非门构成的电路来实现下述控制作用：水位在 A、B 之间，为正常状态，点亮绿灯 G；水位在 B、C 之间或在 A 以上为异常状态，点亮黄灯 Y；水位在 C 以下为危险状态，点亮红灯 R。要求写出设计过程。

12. 人的血型有 A、B、AB、O 四种。输血时输血者的血型与受血者血型必须符合如图2-77所示用箭头指示的关系。试设计一个逻辑电路，判断输血者与受血者的血型是否符合上述规定。要求列出逻辑功能真值表。

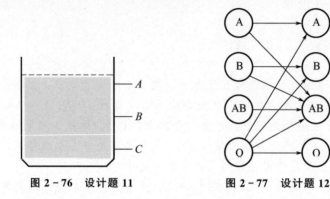

图2-76 设计题11　　　图2-77 设计题12

13. 用与非门设计一个组合逻辑电路，其输入为3位二进制数，当输入能被2或3整除时，输出$F=1$，其余情况$F=0$（设0能被任何数整除）。

14. 阿宝和紫霞夫妇有两个孩子小秦和小林，全家外出吃饭一般要么去水帘店，要么去盘丝店。每次出去吃饭前，全家要表决以决定去哪家餐厅。表决的规则为：如果阿宝和紫霞两人都同意，或4人中多数同意去水帘店，则他们去水帘店，否则就去盘丝店。试设计一个组合逻辑电路实现上述表决电路（输出约定为$F=1$表示去水帘店，$F=0$表示去盘丝店）。

15. 用一个3线—8线译码器74LS138和与非门设计下列逻辑函数，要求画出连线图。

$$\begin{cases} F_1(A,B,C)=AC+A\overline{B}C+\overline{A}\cdot\overline{B}C \\ F_2(A,B,C)=\overline{A}\cdot\overline{B}C+A\overline{B}\cdot\overline{C}+BC \end{cases}$$

16. 试用8选1数据选择器74LS151实现逻辑函数$Z(A,B,C)=A\overline{B}\cdot\overline{C}+A\overline{B}C+\overline{A}\cdot\overline{B}C$。

17. 试设计一个全减器电路，并用74138集成块画出电路图（设被减数为A，减数为B，来自低位的借位为V_{i-1}，差为D，向高位的借位为V_i）。要求：

(1) 列出其逻辑功能真值表；

(2) 写出输出逻辑表达式；

(3) 画出电路图。

18. 用一个8选1数据选择器74LS151设计一个多路表决电路，要求A、B、C三人中，只有两人以上同意，决议才能通过；否则决议不通过。要求：

(1) 分析设计要求，列出其逻辑功能真值表；

(2) 写出逻辑表达式；

(3) 将表达式转化为74LS151的标准形式，并画出电路图。

第 3 章 时序逻辑电路

教学目标

本章内容主要是在锁存器和触发器的基础上结合时序逻辑电路来展开的,涉及数字系统应用中"时序控制"部分的内容,尤其是数字系统应用中计数、分频、排序和存储等方面的内容。另外,触发器和锁存器在键盘或按钮消抖、分频、功能转换等方面也有一定的应用。

通过本章的学习,使学生理解锁存器和触发器的区别,熟悉不同电路结构锁存器、触发器的工作特点和典型芯片;理解不同触发器的逻辑功能,掌握触发器逻辑功能的常用表示方法,理解常用触发器的逻辑符号,能分析简单的触发器电路的功能;掌握触发器功能转换的方法,理解触发器中直接置位端和直接复位端的作用;熟悉时序逻辑电路的模型与分类,理解时序逻辑功能的表示方法;掌握同步时序电路的分析与设计方法,理解时序电路各方程组(输出方程组、驱动方程组、状态方程组)、状态转换表、状态转换图及时序图在分析和设计时序电路中的重要作用;熟悉异步时序电路的分析方法;熟悉典型时序逻辑集成电路,尤其是寄存器和移位寄存器、计数器等的组成及工作原理,熟悉典型时序逻辑集成电路的应用情况;掌握应用集成计数器芯片构成 N 进制计数器的设计方法。

第3章思维导图

教学要求

知识要点	能力要求	相关知识
锁存器	(1) 理解锁存器消抖原理 (2) 熟悉集成锁存器 (3) 熟悉使用 Quartus Ⅱ 13.0 进行仿真分析	(1) RS 锁存器 (2) D 锁存器

续表

知识要点	能力要求	相关知识
触发器	（1）理解锁存器和触发器的区别 （2）掌握各种触发器的逻辑功能 （3）掌握触发器功能转换的方法 （4）熟悉使用 Quartus Ⅱ 13.0 进行仿真分析	（1）触发器的逻辑功能 （2）触发器的电路功能 （3）触发器之间的转换
时序逻辑电路	（1）理解同步和异步 （2）熟悉米利型和穆尔型时序逻辑电路 （3）理解时序电路的表示方法	（1）同步、异步时序电路 （2）状态机 （3）逻辑方程组、状态转换图、时序图
同步时序电路分析	（1）掌握手工同步时序分析过程 （2）熟悉使用 Quartus Ⅱ 13.0 进行仿真分析	（1）时钟方程、激励方程组、状态方程组和输出方程组 （2）状态转换图（表）、逻辑功能描述
同步时序电路设计	（1）熟悉状态编码（状态分配） （2）理解时序状态机 （3）熟悉使用 Quartus Ⅱ 13.0 进行设计验证	（1）状态编码 （2）设计过程
典型时序集成芯片及其应用	（1）熟悉时序集成芯片 （2）理解寄存器的功能实现 （3）掌握集成计数器的应用分析 （4）掌握 N 进制计数器的设计方法	（1）寄存器与移位寄存器 （2）计数器 （3）集成计数器的应用

引言

　　锁存器和触发器是构成时序逻辑电路的基本逻辑单元。锁存器与触发器的共同点是，具有 0 和 1 两个稳定状态，一旦状态被确定，就能自行保持；一个锁存器或触发器能存储一位二进制码。它们的不同点是，锁存器是对脉冲电平敏感的存储电路，在特定输入脉冲电平作用下改变状态；触发器是对脉冲边沿敏感的存储电路，在时钟脉冲的上升沿或下降沿的变化瞬间改变状态。

　　作为存储器的锁存器和触发器是构成时序逻辑电路的基本模块，可以完成存储、排序和计数等功能。为了定义时序逻辑电路，要将它与组合逻辑电路进行比较。组合逻辑电路完成译码、编码和比较等功能，组合逻辑电路的输出与当前的输入状态有关；时序逻辑电路由于具有记忆功能，所以其输出不仅与当前的输入状态有关，而且与输入的前一个状态也有关系。

时序逻辑电路就是输出由输入状态、逻辑电路引起的时延、离散时间间隔的存在以及逻辑电路的前一个输出共同决定的逻辑电路。如图 3-1 所示，从总体上来看整个时序逻辑电路由进行逻辑运算的组合逻辑电路和起记忆作用的存储电路两部分构成。存储电路可以是触发器或锁存器。

在图 3-1 中，I 表示时序逻辑电路的输入信号；O 表示时序逻辑电路的输出信号；S 表示存储电路的状态信号，它表示时序逻辑电路当前的状态（简称现态）。

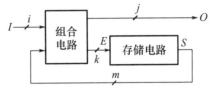

图 3-1 时序逻辑电路的一般化模型

具体地，状态变量 S 被反馈到组合逻辑电路的输入端，与输入信号 I 一起决定时序逻辑电路的输出 O，并产生对时序逻辑电路的激励信号 E，从而确定其下一个状态（简称次态）。

本章主要学习锁存器、触发器的电路结构和工作原理，重点放在常用触发器（如 JK 触发器、D 触发器及 T 触发器）的逻辑功能和它们之间的功能相互转换；时序逻辑电路的分析和设计方法，同时在此基础上深入学习典型时序集成芯片的应用分析和设计实现。时序逻辑电路有很多，但在数字系统中主要使用寄存器和计数器两种电路。这也是在后面集成时序芯片应用分析和设计实践中的重点。

3.1 锁 存 器

3.1.1 RS 锁存器

1. 基本 RS 锁存器

RS 锁存器是一种数据存储电路，由前面所介绍的基本逻辑门电路组成，将两个或非门交叉耦合，实现基本 RS 锁存器。其逻辑电路和逻辑符号如图 3-2（a）、图 3-2（b）所示。

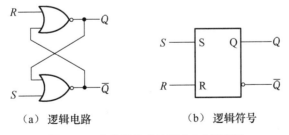

(a) 逻辑电路　　　　　　(b) 逻辑符号

图 3-2 或非门构成的基本 RS 锁存器

1) 功能描述

或非门构成的基本 RS 锁存器的逻辑功能如表 3-1 所示。

表 3-1　或非门构成的基本 RS 锁存器逻辑功能

S R	Q^{n+1}	功能
0　0	Q^n	保持
0　1	0	置 0
1　0	1	置 1
1　1	×	不定

2) 原理说明

当 S 和 R 都为低电平时，输出 Q 的逻辑电平不变，即如果 Q 原来是高电平，则现在仍然是高电平，如果 Q 原来是低电平，则现在仍然是低电平；当 R 为高电平，S 为低电平时，输出 Q 被置 0；当 S 为高电平，R 为低电平时，输出 Q 被置 1；当 S 和 R 都为高电平时，电路将处于振荡状态，Q 输出不定。若 S 和 R 同时回到 0，由于两个或非门的延迟时间无法确定，使得无法预先确定锁存器将回到 1 状态还是 0 状态，因此在正常工作时，输入信号应遵守 $SR=0$ 的约束条件，即不允许 $S=R=1$。

可见，基本 RS 锁存器具有保持、置 0 和置 1 的功能，是一个存储单元应具备的最基本的功能。基本 RS 锁存器的典型工作波形如图 3-3 所示。

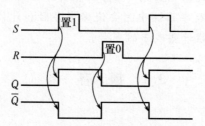

图 3-3　基本 RS 锁存器的典型工作波形

3) 软件仿真

下面应用 Quartus Ⅱ 13.0 软件对利用 7402（4 个二输入或非门）构成的基本 RS 锁存器进行仿真、验证。

按照第 1.7 节介绍的软件仿真步骤，得到 RS 锁存器仿真电路图、仿真输入波形和仿真波形，如图 3-4～图 3-6 所示。

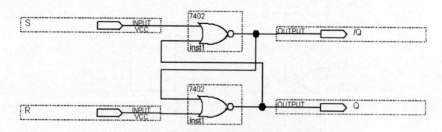

图 3-4　基本 RS 锁存器仿真电路图

从图 3-6 所示的仿真波形可以看出，当 R 为高电平、S 为低电平，S 和 R 都为低电平，S 为高电平、R 为低电平时，输出 Q 有相应的变化，结果与表 3-1 所示的逻辑功能相符。

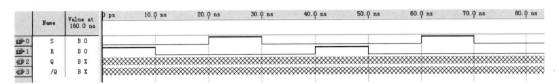

图 3-5　仿真输入波形

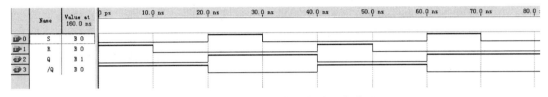

图 3-6　基本 RS 锁存器电路仿真波形

基本 RS 锁存器也可以利用两个与非门组成。其逻辑电路和逻辑符号如图 3-7（a）、图 3-7（b）所示。

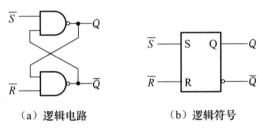

（a）逻辑电路　　　　　（b）逻辑符号

图 3-7　与非门构成的基本 RS 锁存器

与非门构成的基本 RS 锁存器电路的逻辑功能如表 3-2 所示。该电路的工作原理请读者自行分析。

表 3-2　与非门构成的基本 RS 锁存器电路的逻辑功能

$\overline{R}$	$\overline{S}$	Q^{n+1}	功能
1	1	Q^n	保持
1	0	1	置1
0	1	0	置0
0	0	×	不定

4）应用举例

例 3-1：运用基本 RS 锁存器消除机械开关触点抖动引起的脉冲输出。

机械开关（如按键、拨动开关、继电器等）常常用作数字系统的逻辑电平输入装置。在机械开关接通或断开的瞬间，触点由于机械的弹性震颤，会出现如图 3-8 所示的"抖动"现象，即电路在短时间内多次接通和断开，使 v_0 的逻辑电平多次在 0 和 1 之间跳变，导致错误的逻辑输入。

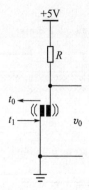 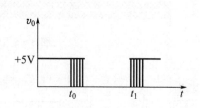

(a) 开关在 t_0 时断开，t_1 时接通　　　　(b) 实际输出波形

图 3-8　机械开关的"抖动"现象

机械开关触点震颤的延续时间在数毫秒到上百毫秒不等，这取决于开关结构、几何形状以及材料等因素。在数字系统设计中，通常采用硬件方法或软件方法来克服其不良影响。硬件方法是加入基本 RS 锁存器，也可以加入具有延迟时间的相关门电路。软件方法通常是通过增加延时来达到目的。

采用基本 RS 锁存器来解决机械开关"抖动"现象的一种硬件解决方案，如图 3-9 所示。它主要是利用基本 RS 锁存器的记忆作用消除开关触点所产生的影响，称为去"抖动"电路。这种电路特别适用于需要对机械开关状态进行计数的场合，它可以消除开关触点抖动造成的误计数。

图 3-9 中电路对应的工作波形如图 3-10 所示，图 3-10 中虚线上部是开关 S 由 B 拨向 A，然后又拨回 B 过程中 $\overline{S}$ 和 $\overline{R}$ 端的波形。

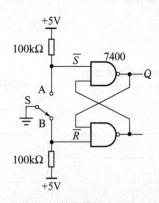 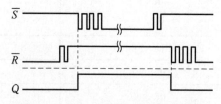

图 3-9　用基本 RS 锁存器解决开关"抖动"现象　　图 3-10　去"抖动"电路对应波形

在开关 S 由 B 拨向 A 的过渡阶段中，触点脱离 B 瞬间的抖动，并不影响 Q 的 0 态。在触点悬空的瞬间，$\overline{S}$ 和 $\overline{R}$ 均为 1，Q 仍然维持为 0。

当触点第一次碰到 A 点时，便使 $\overline{S}=0$，此时开关已经彻底脱离了 B 触点，使得 $\overline{R}=1$，所以这时 Q 的状态立即翻转为 1。此后即使触电抖动使 $\overline{S}$ 再次出现高、低电平的跳变也不会改变 Q 端的状态。与此同理，开关反向拨动时情况也是一样的。

下面应用 Quartus Ⅱ 13.0 软件对图 3-9 所示的电路进行仿真，验证电路的正确性。按照第 1.7 节介绍的仿真步骤，结果如图 3-11～图 3-13 所示。

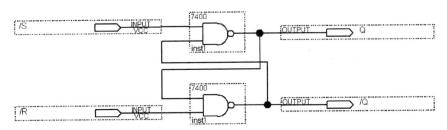

图 3-11 去"抖动"电路图

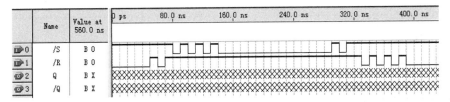

图 3-12 仿真输入波形

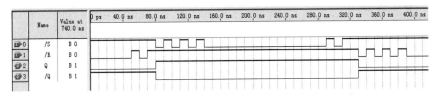

图 3-13 去"抖动"电路仿真波形

从图 3-13 所示的仿真波形可以看出，仿真结果可以消除开关带来的"抖动"影响。

2. 门控 RS 锁存器

前面讨论的基本 RS 锁存器的输出状态是由输入信号 S 或 R 直接控制的。若在原来基本 RS 锁存器的基础上增加相应的逻辑门电路，用锁存使能信号 E 来控制根据 S、R 输入信号确定的输出状态，这种锁存器称为门控 RS 锁存器。其逻辑电路和逻辑符号如图 3-14（a）、图 3-14（b）所示。

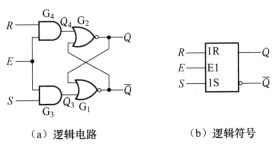

（a）逻辑电路　　　　　　（b）逻辑符号

图 3-14 门控 RS 锁存器

对照图 3-14（a）所示的逻辑电路进行分析：当 $E=0$ 时，电路保持原来状态不变；当 $E=1$ 时，其功能如同用或非门构成的基本 RS 锁存器。其逻辑功能如表 3-3 所示。

表 3-3 门控 RS 锁存器逻辑功能

E	S	R	Q	功能
0	0	0	Q	保持
0	0	1	Q	保持
0	1	0	Q	保持
0	1	1	Q	保持
1	0	0	Q	保持
1	0	1	0	置 0
1	1	0	1	置 1
1	1	1	×	不定

这里的基本约束条件仍然是 $SR=0$。由于约束条件 $SR=0$ 的限制,因此实际中很少直接应用这种逻辑门控 RS 锁存器,但是许多集成锁存器和触发器都是由这种锁存器构成的,所以它仍是重要的基本逻辑单元电路。

3.1.2 D 锁存器

1. 门控 D 锁存器

门控 D 锁存器是在门控 RS 锁存器的基础上加上反相器构成的,将 S 和 R 端合并为单一输入端 D。其逻辑电路和逻辑符号如图 3-15(a)、图 3-15(b)所示。

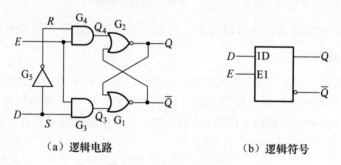

(a) 逻辑电路   (b) 逻辑符号

图 3-15 门控 D 锁存器

对照图 3-15(a)所示的逻辑电路进行分析:当 $E=0$ 时,电路保持原来状态不变;当 $E=1$ 时,Q 端与 D 端信号相同。其逻辑功能如表 3-4 所示。

表 3-4 门控 D 锁存器逻辑功能

E	D	Q	功能
0	×	Q	保持
1	0	0	置 0
1	1	1	置 1

2. 集成 D 锁存器

7475 是一种典型的集成 D 锁存器。它包括 4 个 D 锁存器，电路的外部引脚排列如图 3-16 所示。7475 芯片共有 16 个引脚，第 13 引脚为锁存器 1 和 2 共用的使能端，第 4 引脚为锁存器 3 和 4 共用的使能端。

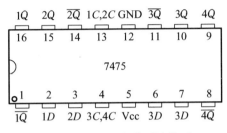

图 3-16　7475 芯片引脚排列

1) 功能描述

如表 3-5 所示，当使能端 C 为高电平时，输出端 Q 将跟随 D 端变化；当使能端 C 为低电平时，输出端 Q 将锁存 D 端的前一状态值。

表 3-5　7475 的逻辑功能

工作模式	输入		输出	
	C	D	Q	$\overline{Q}$
数据使能	H	L	L	H
	H	H	H	L
数据锁存	L	×	Q_0	$\overline{Q_0}$

说明："H"表示高电平 1；"L"表示低电平 0；"×"表示无效状态。Q_0 表示使能端 C 由高变低之前瞬间 Q 的状态。

2) 应用举例

例 3-2：可封锁的十进制计数单元电路。

利用异步双二—十进制加法计数器 74390 和 D 锁存器 7475 实现可封锁的十进制计数单元电路，如图 3-17 所示。7475 的两个使能端连接在一起由 C 控制，当 C 为高电平时，芯片工作在数据使能状态，7475 的 4 个 D 锁存器均打开，74390 的 BCD 码送至 7475；当 C 为低电平时，芯片工作在数据锁存状态，不管 D 输入端的 BCD 码如何变化，之前的 BCD 码仍然保留在输出端，即封锁了 74390 的计数输出。

计数器74390应用

应用 Quartus Ⅱ 13.0 软件对可封锁的十进制计数单元电路进行仿真，验证电路的正确性，如图 3-18 和图 3-19 所示。

从图 3-19 的仿真波形可以看出，当 C 为高电平时，每到达 1 个时钟脉冲，计数器都加 1，7475 的 4 个 D 锁存器均打开，输出结果反映 74390 的输出值；当 C 为低电平时，不管 74390 的输出如何变化，之前的 BCD 码仍然保留在输出端，封锁了 74390 的计数输出。验证结果符合电路的逻辑功能。

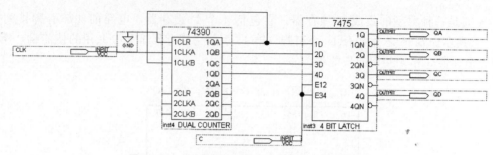

图 3-17　可封锁的十进制计数单元仿真电路图

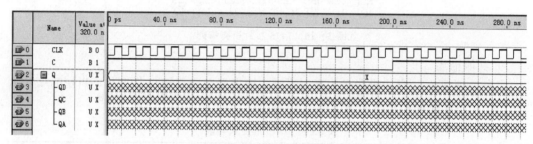

图 3-18　仿真输入波形

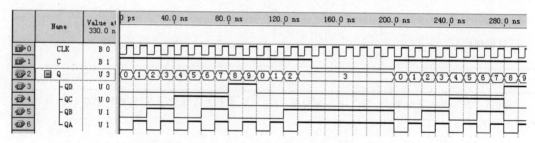

图 3-19　可封锁的十进制计数单元电路仿真波形

3.2　触　发　器

　　触发器是构成时序电路的基本单元电路。它具有记忆功能，能存储一位二进制数码。

　　触发器有以下 3 个基本特性：有两个稳态，可分别表示二进制数码 0 和 1，无外触发时可维持稳态；外触发下，两个稳态可相互转换（或称翻转）；有两个互补输出端。

　　根据触发器状态转换的规则不同，通常可以分为 D 触发器、JK 触发器、T 触发器和 RS 触发器等几种逻辑功能类型。触发器在每次时钟脉冲触发沿到来之前的状态称为现态，而在此之后的状态称为次态。触发器的逻辑功能是指次态与现态、输入信号之间的逻辑关系，这种关系可以用特性表、特性方程或状态图来描述。

　　根据电路结构的不同，目前应用的触发器主要有 3 种：主从触发器、维持阻塞触发器和利用传输延迟的触发器。主从触发器由于在内部构成的触发器中，从触发器在工作中总是跟随主触发器的状态变化,因此,此类触发器被命名为"主从";而在工作中具有维持、阻塞特性的触发器则称为维持阻塞触发器;利用传输延迟的触发器的状态转换发生在时钟脉冲"由1变0"或"由0变1"的瞬间,即"下降沿"或"上升沿",通常用$\overline{CP}$来表示下降沿,用CP来表示上升沿。

这里需要指出的是,逻辑功能和电路结构是两个不同的概念。同一逻辑功能的触发器可以用不同的电路结构来实现,而同一基本电路结构也可以构成不同逻辑功能的触发器。

3.2.1 触发器的逻辑功能

1. RS触发器

RS触发器具有保持、置0和置1功能,它的逻辑符号如图3-20所示。

RS触发器的特性表如表3-6所示。所谓的特性表是以触发器的现态和输入信号为变量,以次态为函数,描述它们之间逻辑关系的真值表。在RS触发器的特性表中,S和R为输入信号,Q^n为现态,Q^{n+1}为次态,可以看出RS触发器具有保持、置0和置1功能,而它的约束条件是$RS=0$,其功能上与RS锁存器类似。

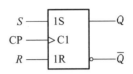

图3-20 RS触发器的逻辑符号

表3-6 RS触发器的特性表

S	R	Q^n	Q^{n+1}
0	0	0	0
0	0	1	1
0	1	0	0
0	1	1	0
1	0	0	1
1	0	1	1
1	1	0	不确定
1	1	1	不确定

触发器的逻辑功能也可以用逻辑表达式来描述,称为触发器的特性方程。RS触发器的特性方程为

$$\begin{cases} Q^{n+1}=S+\overline{R}Q^n \\ RS=0(约束条件) \end{cases} \quad (3-1)$$

触发器的逻辑功能还可以用状态图来表示。所谓状态图,是指用圈内标的0或1表示触发器的状态,用方向线表示状态转换的方向,用箭头表示指向相应的次态Q^{n+1},方向线旁边标出状态转换的条件。RS触发器的状态图如图3-21所示。

2. D触发器

D触发器具有置0和置1的功能,它的逻辑符号如图3-22所示。

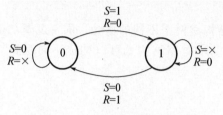

图3-21 RS触发器的状态图

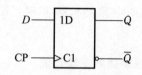

图3-22 D触发器的逻辑符号

1) 功能描述

D触发器的特性表如表3-7所示,可以看出,它具有置0和置1的功能。

表3-7 D触发器的特性表

D	Q^n	Q^{n+1}
0	0	0
0	1	0
1	0	1
1	1	1

D触发器的特性方程为

$$Q^{n+1} = D \tag{3-2}$$

D触发器的状态图如图3-23所示。

2) 集成D触发器

74175是集成D触发器,它包括4个D触发器,电路的外部引脚排列如图3-24所示。74175芯片共有16个引脚,第1引脚为清零端$\overline{CR}$,第9引脚为时钟CP。

集成D触发器74175

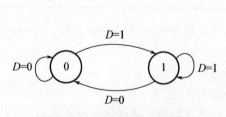

图3-23 D触发器的状态图

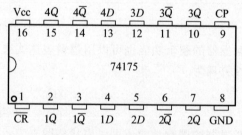

图3-24 74175芯片引脚排列

如表3-8所示,当清零端$\overline{CR}$为低电平时,输出端被清零;当清零端$\overline{CR}$为高电平时,若时钟CP为上升沿时触发Q变化,若CP为高低电平时,输出保持不变。

表 3-8 74175 的逻辑功能

输入						输出			
$\overline{CR}$	CP	$1D$	$2D$	$3D$	$4D$	$1Q$	$2Q$	$3Q$	$4Q$
L	×	×	×	×	×	L	L	L	L
H	↑	$1D$	$2D$	$3D$	$4D$	$1D$	$2D$	$3D$	$4D$
H	H	×	×	×	×	保持			
H	L	×	×	×	×	保持			

说明："H"表示高电平 1;"L"表示低电平 0;"×"表示不确定;"↑"表示时钟的上升沿。

3)应用举例

例 3-3:利用集成 D 触发器(4D 触发器 74175)实现简易的四路抢答器。

抢答器可容纳 4 个选手同时参加抢答。在宣布开始前,若有选手抢答则无输出;当宣布抢答开始时,选手们抢答,抢答器会锁定最先抢答的选手的相应编号,而不显示后面抢答选手的编号。

应用 Quartus Ⅱ 13.0 软件对简易的四路抢答器进行仿真,验证电路的正确性,如图 3-25~图 3-27 所示。

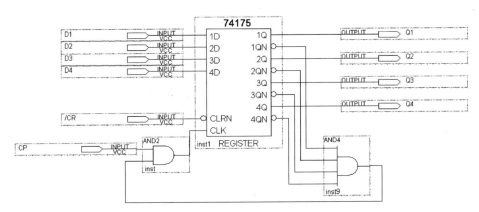

图 3-25 简易的四路抢答器电路图

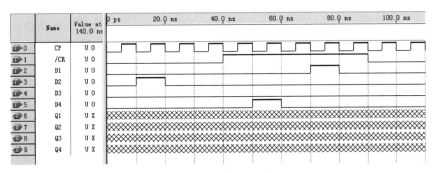

图 3-26 仿真输入波形

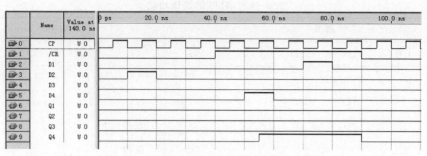

图 3-27 简易的 4 路抢答器电路仿真波形

设定 4 个选手为 D_1、D_2、D_3、D_4，输出端用 Q_1、Q_2、Q_3、Q_4 表示。从图 3-27 的仿真波形可以看出，在宣布开始前（清零端$\overline{CR}$为低电平），选手 D_2 抢答（D_2 为高电平）了，但是输出为低电平；当宣布抢答开始后（清零端$\overline{CR}$为高电平），选手 D_4 最先抢答（D_4 为高电平），相应输出端 Q_4 为高电平；之后再有选手 D_1 抢答，但输出不显示后面抢答结果。

3. JK 触发器

JK触发器

JK 触发器具有保持、置 0、置 1 和翻转功能。它的逻辑符号如图 3-28 所示。

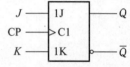

图 3-28 JK 触发器的逻辑符号

1) 功能描述

JK 触发器的特性表如表 3-9 所示，可以看出 J、K 的不同组合取值，它具有保持、置 0、置 1 和翻转功能。

表 3-9 JK 触发器的特性表

J	K	Q^n	Q^{n+1}
0	0	0	0
0	0	1	1
0	1	0	0
0	1	1	0
1	0	0	1
1	0	1	1
1	1	0	1
1	1	1	0

JK 触发器的特性方程为

$$Q^{n+1} = J\overline{Q^n} + \overline{K}Q^n \tag{3-3}$$

JK 触发器的状态图如图 3-29 所示。

2) 集成 JK 触发器

7476 是常用的 JK 触发器，它包括 2 个 JK 触发器，电路的外部引脚排列如图 3-30

所示。7476 芯片共有 16 个引脚。

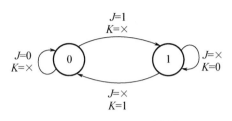

图 3-29　JK 触发器的状态图

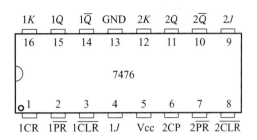

图 3-30　7476 芯片引脚排列

如表 3-10 所示，当异步置位端 $\overline{PR}$ 为低电平，异步清零端 $\overline{CLR}$ 为高电平时，输出端 Q 为高电平；当异步清零端 $\overline{CLR}$ 为低电平，异步置位端 $\overline{PR}$ 为高电平时，输出端 Q 为低电平；当 $\overline{PR}$ 和 $\overline{CLR}$ 均为高电平时，时钟 CP 上升沿时触发 Q 变化，根据 J、K 的不同组合取值，实现保持、置 0、置 1 和翻转功能。

表 3-10　7476 的逻辑功能

输入						输出	
$\overline{RP}$	$\overline{CLR}$	CP	J	K		Q	$\overline{Q}$
L	H	×	×	×		H	L
H	L	×	×	×		L	H
H	H	↑	L	L		Q^*	$\overline{Q^*}$
H	H	↑	H	L		H	L
H	H	↑	L	H		L	H
H	H	↑	H	H		$\overline{Q^*}$	Q^*

说明：H 表示高电平 1；L 表示低电平 0；× 表示不确定；↑ 表示时钟的上升沿；Q^* 表示时钟上升沿前 Q 的状态。

3) 应用举例

例 3-4： 利用集成 JK 触发器（双 JK 触发器 7476）实现二分频电路。

应用 Quartus Ⅱ 13.0 软件实现上述电路，并进行仿真，验证电路的正确性，如图 3-31～图 3-33 所示。

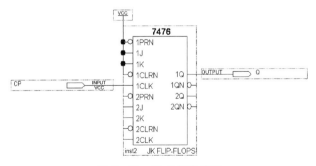

图 3-31　二分频电路图

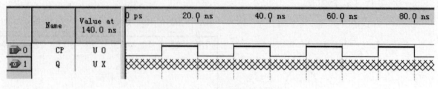

图 3-32 仿真输入波形

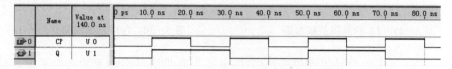

图 3-33 二分频电路仿真波形

从图 3-33 所示的仿真波形可以看出，时钟每输入两个周期，在输出端产生一个周期，电路实现对输入时钟的二分频。当然，按照这样的原理，实现四分频电路也很容易。

4. T 触发器

T 触发器具有保持和翻转功能。它的逻辑符号如图 3-34 所示。

T 触发器的特性表如表 3-11 所示，可以看出当 $T=0$ 时，具有保持功能；当 $T=1$ 时，具有翻转功能。

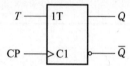

图 3-34 T 触发器的逻辑符号

表 3-11 T 触发器的特性表

T	Q^n	Q^{n+1}
0	0	0
0	1	1
1	0	1
1	1	0

T 触发器的特性方程为

$$Q^{n+1}=T\overline{Q^n}+\overline{T}Q^n \tag{3-4}$$

T 触发器的状态图如图 3-35 所示。

对照 T 触发器的特性方程，若 $T=1$，则有 $Q^{n+1}=\overline{Q^n}$，这就是 T' 触发器的特性方程，它的逻辑符号如图 3-36 所示。

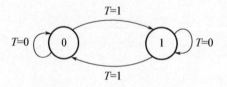

图 3-35 T 触发器的状态图

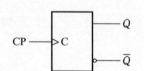

图 3-36 T' 触发器的逻辑符号

T′触发器的逻辑功能是,时钟脉冲每作用一次,触发器翻转一次,利用这个功能可以实现时钟脉冲的二分频。当然,平时应用中可以用其他触发器来转换得到 T′触发器的功能。

3.2.2 触发器的电路结构

根据电路结构的不同,目前应用的触发器主要有主从触发器、维持阻塞触发器和利用传输延迟的触发器。这里主要分析前两种电路结构的触发器,主从触发器以 RS 触发器为例,维持阻塞触发器以 D 触发器为例。

1. 主从触发器

以主从结构 RS 触发器为例,主从 RS 触发器由两个一样的同步 RS 触发器级联组成,但它们的时钟信号是互非的,如图 3-37 所示。其中由与非门 $G_1 \sim G_4$ 组成的 RS 触发器称为从触发器,由与非门 $G_5 \sim G_8$ 组成的 RS 触发器称为主触发器。

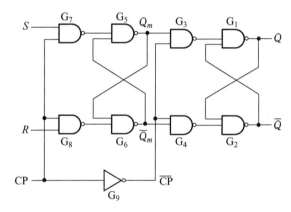

图 3-37 主从 RS 触发器的逻辑电路

主从触发器的工作原理如下。

在主从 RS 触发器中,接收输入信号和输出信号是分两步进行的。

(1) 接收输入信号过程。在 CP=1 期间,$\overline{CP}=0$,主触发器控制门 G_7、G_8 被打开,接收输入信号 R、S,从触发器控制门 G_3、G_4 封锁,其状态保持不变。

(2) 输出信号过程。当 CP 下降沿到来时,主触发器控制门 G_7、G_8 被封锁,在 CP=1 期间接收的信息被存储起来。与此同时,从触发器控制门 G_3、G_4 被打开,主触发器将其接收的内容送入从触发器,输出端随之改变状态。

在 CP=0 期间,由于主触发器保持状态不变,因此,受其控制的从触发器的状态(Q、$\overline{Q}$ 的值)不可能改变,从而解决了"空翻"(在 CP=1 期间,若输入信号 S、R 出现多次变化,就会引起触发器输出 Q 的多次变化)问题。

2. 维持阻塞触发器

维持阻塞触发器是利用直流反馈原理来实现边沿触发的。维持是指在 CP 期间输入发生变化的情况下,使应开启的门保持畅通,从而完成预定的操作;阻塞是指在 CP 期间输入发生变化的情况下,使不应开启的门处于关闭状态,从而阻止产生不应该的操作。

维持阻塞结构的 D 触发器的逻辑电路如图 3-38 所示。

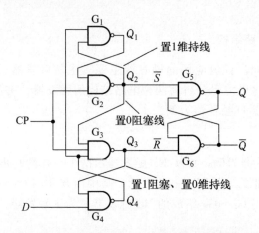

图 3-38 维持阻塞结构的 D 触发器的逻辑电路

该触发器由 3 个用与非门构成的基本 RS 触发器组成,其中 G_1、G_2 和 G_3、G_4 构成的两个基本 RS 触发器响应外部输入信号 D 和时钟信号 CP,它们的输出 Q_2、Q_3 作为 $\overline{S}$、$\overline{R}$ 信号控制由 G_5、G_6 构成的第 3 个基本 RS 触发器的状态,即整个触发器的状态。

维持阻塞触发器的工作原理如下。

(1) 当 CP=0 时,与非门 G_2 和 G_3 被封锁,输出 $Q_2=Q_3=1$,即 $\overline{S}=\overline{R}=1$,使 G_5 和 G_6 构成的 RS 触发器处于保持状态,触发器的输出 Q 和 $\overline{Q}$ 不改变状态。同时,Q_2 和 Q_3 的反馈信号分别将与非门 G_1 和 G_4 打开,使 $Q_4=\overline{D}$,$Q_1=\overline{Q_4}=D$,D 信号进入触发器,为状态刷新做好准备。

(2) 当 CP 由 0 变 1 后的瞬间,G_2 和 G_3 打开,输出 Q_2 和 Q_3 的状态由 G_1 和 G_4 的输出状态决定,即 $\overline{S}=Q_2=\overline{Q_1}=\overline{D}$,$\overline{R}=Q_3=\overline{Q_4}=D$,两者之间的状态永远是互补的,即 $\overline{S}$ 和 $\overline{R}$ 中必有一个为 0,如 $Q^{n+1}=D$,触发器按此前的 D 信号刷新。

(3) 在 CP=1 期间,由 G_1、G_2 和 G_3、G_4 构成的两个基本 RS 触发器可以保证 Q_2 和 Q_3 的状态不变,使触发器状态不受输入信号 D 变化的影响。Q_2 至 G_1 的反馈线使 $Q_1=1$,起维持 $Q_2=0$ 的作用,从而维持了触发器的 1 状态,称为置 1 维持线;而 Q_2 至 G_3 的反馈线使 $Q_3=1$,虽然 D 信号在此期间的变化可能使 Q_4 发生相应改变,但不会改变 Q_3 的状态,从而阻塞了 D 端输入的置 0 信号,称为置 0 阻塞线。在 Q=0 时,$Q_3=0$,则将 G_4 封锁,使 $Q_4=1$,即阻塞了 D=1 信号进入触发器的路径,又与 CP=1、$Q_2=1$ 共同作用,将触发器维持在 0 的状态,故将 Q_3 至 G_4 的反馈线称为置 1 阻塞、置 0 维持线。

3.2.3 触发器之间的转换

在通常应用中,D 触发器和 JK 触发器比较常见,有时候常会用它们来构成其他功能的触发器。

1. JK 触发器转换为其他触发器

JK 触发器转换为其他触发器实现起来相对比较简单，方法是：通过特性方程的对比和观察来得出输入信号间的具体关系。下面分别简要说明 JK 触发器转换为 D 触发器、T 触发器、RS 触发器和 T′触发器的过程。

1) JK 触发器转换为 D 触发器

JK 触发器的特性方程为 $Q^{n+1}=J\overline{Q^n}+\overline{K}Q^n$，而 D 触发器的特性方程为 $Q^{n+1}=D$。为了达到用 JK 触发器来实现 D 触发器的功能的目的，有

$$Q^{n+1}=D=D(\overline{Q^n}+Q^n)=D\overline{Q^n}+DQ^n \tag{3-5}$$

所以，令 $J=D$，$K=\overline{D}$ 即可达到功能转换的目的，如图 3-39 所示。

2) JK 触发器转换为 T 触发器和 T′触发器

JK 触发器的特性方程为 $Q^{n+1}=J\overline{Q^n}+\overline{K}Q^n$，而 T 触发器的特性方程为 $Q^{n+1}=T\overline{Q^n}+\overline{T}Q^n$。通过对比可知，只要令 $J=K=T$ 即可实现 T 触发器的功能，如图 3-40 所示。

而若令 $J=K=1$，即可实现 T′触发器的功能，结果如图 3-41 所示。

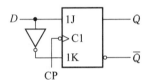
图 3-39 JK 触发器转换为
D 触发器

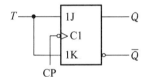
图 3-40 JK 触发器转换为
T 触发器

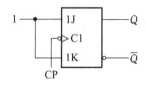
图 3-41 JK 触发器转换为
T′触发器

3) JK 触发器转换为 RS 触发器

RS 触发器的特性方程为

$$\begin{cases} Q^{n+1}=S+\overline{R}Q^n \\ RS=1 \end{cases}$$

变换 RS 触发器的特性方程，使之形式与 JK 触发器的特性方程一致，即

$$\begin{aligned} Q^{n+1} &= S+\overline{R}Q^n = S(\overline{Q^n}+Q^n)+\overline{R}Q^n \\ &= S\overline{Q^n}+SQ^n+\overline{R}Q^n \\ &= S\overline{Q^n}+\overline{R}\,Q^n+SQ^n(\overline{R}+R) \\ &= S\overline{Q^n}+\overline{R}\,Q^n+\overline{R}SQ^n+RSQ^n \\ &= S\overline{Q^n}+\overline{R}Q^n \end{aligned}$$

也就是说，只要令 $J=S$，$K=R$，即可应用 JK 触发器来实现 RS 触发器的功能，如图 3-42 所示。

2. D 触发器转换为其他触发器

1) D 触发器转换为 JK 触发器

JK 触发器的特性方程为 $Q^{n+1}=J\overline{Q^n}+\overline{K}Q^n$，而

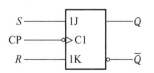
图 3-42 JK 触发器转换为 RS 触发器

D 触发器的特性方程为 $Q^{n+1}=D$。通过对比可知，要实现 JK 触发器的功能，这里需要令

$$D=J\overline{Q^n}+\overline{K}Q^n$$

由此可以得到对应的电路连接图，如图 3-43 所示。实际上这样的转换引入了 3 种不同的逻辑门电路，这是不可取的，通常的做法是把 $D=J\overline{Q^n}+\overline{K}Q^n$ 转化成"与非-与非"式，这样只需要二输入与非门即可解决问题。

2) D 触发器转换为 T 触发器

T 触发器的特性方程为 $Q^{n+1}=T\overline{Q^n}+\overline{T}Q^n$，与 D 触发器的特性方程对比，参照前述经验，若令 $D=T\overline{Q^n}+\overline{T}Q^n$，即可实现 D 触发器到 T 触发器的转换，对应的电路图如图 3-44 所示。

3) D 触发器转换为 T′ 触发器

T′ 触发器的特性方程为 $Q^{n+1}=\overline{Q^n}$，若令 $D=\overline{Q^n}$，即可实现 D 触发器到 T′ 触发器的转换，如图 3-45 所示。

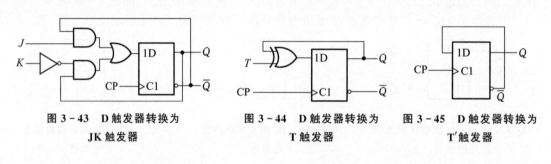

图 3-43　D 触发器转换为
　　　　　JK 触发器

图 3-44　D 触发器转换为
　　　　　T 触发器

图 3-45　D 触发器转换为
　　　　　T′ 触发器

3. 应用举例

例 3-5：利用 JK 触发器实现 4 位二进制计数电路。

根据前面利用 JK 触发器实现二分频电路的原理，利用 4 个 JK 触发器可以实现 4 位二进制计数电路。

应用 Quartus Ⅱ 13.0 软件实现上述电路，并进行仿真，验证电路的正确性。电路图如图 3-46 所示，所有的 JK 触发器都固定为高电平，所以触发器一直工作在翻转状态，注意这里的 CLK 是下降沿有效。仿真输入波形如图 3-47 所示，仿真波形如图 3-48 所示。

从图 3-48 中可以看出，电路可以实现从 0000 到 1111 的 4 位二进制计数，为了便于观察，在仿真波形图中将输出转换为十进制数。因此，验证结果符合电路的逻辑功能。

例 3-6：74LS74 芯片组成的同步单脉冲发生电路和工作波形分别如图 3-49（a）、图 3-49（b）所示。该电路借助于 CP 产生两个起始不一致的脉冲，再由一个与非门来选通，便组成一个同步单脉冲发生电路。

从工作波形可以看出，电路产生的单脉冲与 CP 脉冲严格同步，且脉冲宽度等于 CP 脉冲的一个周期。电路的正常工作与开关 S 的机械触点产生的毛刺无关，因此，可以应用于设备的启动，或系统的调试与检测。

第3章 时序逻辑电路

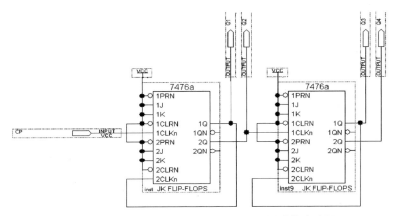

图 3-46 利用 JK 触发器实现 4 位二进制计数电路图

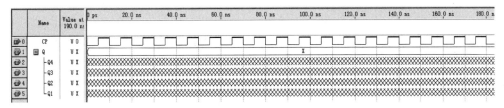

图 3-47 仿真输入波形

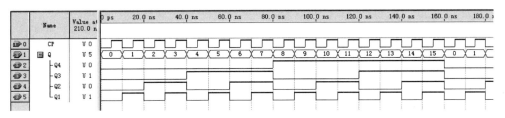

图 3-48 4 位二进制计数电路仿真波形

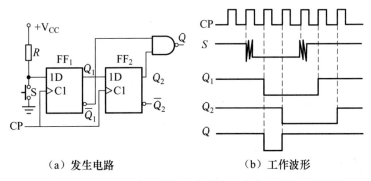

(a) 发生电路   (b) 工作波形

图 3-49 74LS74 芯片组成的同步单脉冲发生电路和工作波形

问题思考

1. 不定项选择题

(1) N 个触发器可以构成能寄存____位二进制数码的寄存器。
A. $N-1$ B. N C. $N+1$ D. 2^N

(2) 一个触发器可记录一位二进制代码，它有____个稳态。
A. 0   B. 1   C. 2   D. 3

(3) 对于 D 触发器，欲使 $Q^{n+1}=Q^n$，应使输入 $D=$____。
A. 0   B. 1   C. Q D. $\bar{Q}$

(4) 存储 8 位二进制信息需要____个触发器。
A. 2   B. 3   C. 4   D. 8

(5) 对于 T 触发器，若原态 $Q^n=0$，欲使新态 $Q^{n+1}=1$，应使输入 $T=$____。
A. 0   B. 1   C. Q D. $\bar{Q}$

(6) 对于 T 触发器，若原态 $Q^n=1$，欲使新态 $Q^{n+1}=1$，应使输入 $T=$____。
A. 0   B. 1   C. Q D. $\bar{Q}$

(7) 在下列触发器中，有约束条件的是____。
A. 主从 JK 触发器   B. 主从 D 触发器
C. 同步 RS 触发器   D. 边沿 D 触发器

(8) 对于 JK 触发器，若 $J=K$，则可完成____触发器的逻辑功能。
A. RS   B. D   C. T   D. T'

(9) 为使 JK 触发器按 $Q^{n+1}=Q^n$ 工作，可使 JK 触发器的输入端____。
A. $J=K=0$ B. $J=Q$，$K=\bar{Q}$
C. $J=\bar{Q}$，$K=Q$ D. $J=Q$，$K=0$

(10) 为使 JK 触发器按 $Q^{n+1}=\bar{Q}^n$ 工作，可使 JK 触发器的输入端____。
A. $J=K=1$ B. $J=Q$，$K=\bar{Q}$
C. $J=\bar{Q}$，$K=Q$ D. $J=1$，$K=Q$

(11) 为使 JK 触发器按 $Q^{n+1}=0$ 工作，可使 JK 触发器的输入端____。
A. $J=K=1$ B. $J=Q$，$K=Q$
C. $J=Q$，$K=1$ D. $J=0$，$K=1$

(12) 为使 JK 触发器按 $Q^{n+1}=1$ 工作，可使 JK 触发器的输入端____。
A. $J=K=1$ B. $J=1$，$K=0$
C. $J=K=\bar{Q}$ D. $J=\bar{Q}$，$K=0$

(13) 为使 D 触发器按 $Q^{n+1}=\bar{Q}^n$ 工作，应使输入 $D=$____。
A. 0   B. 1   C. Q D. $\bar{Q}$

(14) 为实现将 JK 触发器转换为 D 触发器，应使____。
A. $J=D$，$K=\bar{D}$ B. $K=D$，$J=\bar{D}$ C. $J=K=D$ D. $J=K=\bar{D}$

2. 设下降沿触发的 JK 触发器时钟脉冲和 J、K 信号的波形如图 3-50 所示，试画出输出端 Q 的波形（设触发器的初始状态为 0）。

3. 如何有效地实现二分频、四分频？

第3章 时序逻辑电路

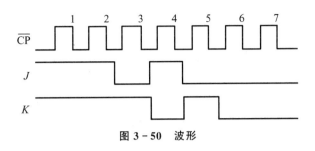

图 3-50 波形

3.3 时序逻辑电路的基本概念

3.3.1 同步和异步

时序逻辑电路可分为同步时序逻辑电路和异步时序逻辑电路两大类。同步时序电路通常是指存储电路中所有触发器有一个统一的时钟源，它们的状态在同一时刻更新。

同步时序逻辑电路的存储电路一般用触发器来实现，所有触发器的时钟输入端都应该接在同一个时钟源上，而且对时钟脉冲的敏感沿也都应一致，具体示例如图 3-51 所示。

异步时序逻辑电路示例如图 3-52 所示。"异步"是指没有统一的时钟脉冲或没有时钟脉冲，电路的状态更新不是同时发生的。

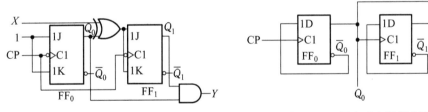

图 3-51 同步时序逻辑电路示例　　　　　图 3-52 异步时序逻辑电路示例

根据电路对电平敏感还是对脉冲边沿敏感，异步时序逻辑电路可分为电平异步时序逻辑电路（由锁存器构成）和脉冲异步时序逻辑电路（由触发器构成）。

3.3.2 米利型和穆尔型时序逻辑电路

在应用状态机进行时序设计的场合往往会涉及米利型或穆尔型的相关知识点，所以本小节对这部分内容做了必要的阐述。

电路的输出是输入变量及触发器输出 Q_1、Q_2 的函数，这类时序逻辑电路也称为米利型电路。它的一般化模型如图 3-53 所示。

与米利型电路不同，电路输出仅仅取决于各触发器的状态，而不受电路当时的输入信号影响或没有输入变量，这类电路称为穆尔型电路。它的模型如图 3-54 所示。

从两者模型的对比也可以看出，区分的关键是电路的输出与输入信号之间的关系。

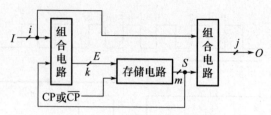

图 3-53 米利型时序逻辑电路

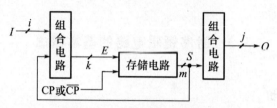

图 3-54 穆尔型时序逻辑电路

3.3.3 时序逻辑功能的表示方法

时序逻辑电路逻辑功能的表示方法主要有逻辑方程组（输出方程、激励方程和状态方程）、状态转换表、状态转换图和时序图等。下面通过具体实例来说明这些表示方法。

1. 实例分析

例 3-7：分析如图 3-55 所示的时序逻辑电路示例图。

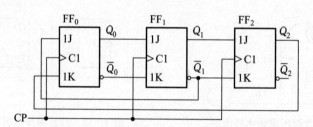

图 3-55 时序逻辑电路示例图

图 3-55 所示电路是由 3 个上升沿触发的 JK 触发器 FF_0、FF_1、FF_2 构成。因为 $CP_0 = CP_1 = CP_2 = CP$，从而可以确定构成的是上升沿触发的同步时序逻辑电路。

(1) 激励方程组（也称驱动方程组）为

$$J_0 = \overline{Q_1^n} \qquad J_1 = Q_0^n \qquad J_2 = Q_1^n$$
$$K_0 = Q_2^n \qquad K_1 = \overline{Q_0^n} \qquad K_2 = \overline{Q_1^n}$$

(2) 状态方程组。把驱动方程代入 JK 触发器特性方程即得，需要留意触发边沿，这里是上升沿触发。

$$Q_0^{n+1} = \overline{Q_1^n}\,\overline{Q_0^n} + \overline{Q_2^n}Q_0^n$$

$$Q_1^{n+1} = Q_0^n\,\overline{Q_1^n} + \overline{Q_0^n}Q_1^n$$

$$Q_2^{n+1} = Q_1^n\,\overline{Q_2^n} + \overline{Q_1^n}Q_2^n$$

（3）状态转换表就是把现态、次态和输入/输出等的关系用表格的形式表示出来，如表 3-12 所示。

表 3-12 状态转换表

现态			次态		
Q_2^n	Q_1^n	Q_0^n	Q_2^{n+1}	Q_1^{n+1}	Q_0^{n+1}
0	0	0	0	0	1
0	0	1	0	1	1
0	1	0	1	0	0
0	1	1	1	1	1
1	0	0	0	0	0
1	0	1	0	1	0
1	1	0	1	0	0
1	1	1	1	1	0

（4）状态转换图。在具体表示的时候所有状态均须列写，并标注输入/输出信号情况，如图 3-56 所示。

（5）时序图。在 CP 脉冲作用下，各个触发器的输出状态和电路输出信号的时序关系如图 3-57 所示。

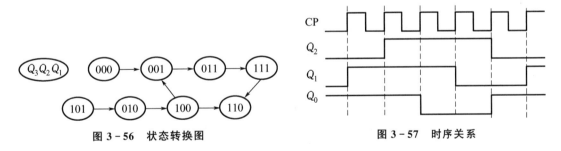

图 3-56 状态转换图　　　　图 3-57 时序关系

（6）逻辑功能描述。该电路是具有自启动能力的同步五进制计数器。

这里需要指出的是，对于电路是否具有自启动能力的判断。通常的自启动是指电路的所有状态都能直接或间接地进入有效状态，如果能，那么这个电路就称为能够自启动，否则就是不能自启动。

2．软件仿真

应用 Quartus Ⅱ 13.0 软件实现图 3-55 所示的时序电路。仿真时序电路图如图 3-58 所示，其中 7473 为对应的 JK 触发器。

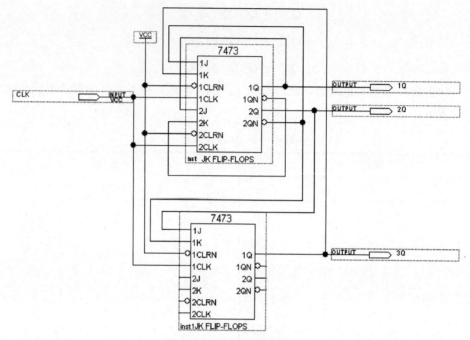

图 3-58 仿真时序电路图

时序仿真波形如图 3-59 所示,这与图 3-57 所示的时序分析结果一致。

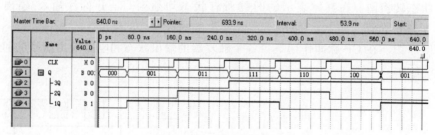

图 3-59 时序仿真波形

问题思考

1. 时序逻辑电路由哪几部分组成?它和组合逻辑电路在逻辑功能和电路结构上有什么区别?
2. 异步时序逻辑电路与同步时序逻辑电路有哪些不同的特性?
3. 表达时序逻辑电路逻辑功能的方法有哪几种?归纳其中一种有效的方法。

3.4 同步时序逻辑电路的分析

时序逻辑电路分析

时序逻辑电路分析的任务是,对给定的时序逻辑电路,分析其状态和输出信号在输入变量和时钟脉冲作用下的转换规律,进而确定电路的逻辑功能和工作特性。

时序逻辑电路的逻辑功能是由其状态和输出信号的变化的规律呈现出来的,如状态转换表、状态转换图和时序图等。

考虑到当前实际应用情况,在此主要对同步时序逻辑电路进行分析说明。下面以具体实例来说明分析的一般步骤。

1. 实例分析

例 3-8:分析如图 3-60 所示的时序逻辑电路,要求写出它的激励方程组、状态方程组和输出方程,并画出状态图,说明其功能。

可以看出,本电路是由 FF_0、FF_1 两个下降沿触发的 JK 触发器构成的时序电路。CP_0 和 CP_1 连接在同一个 CP 脉冲上,可以确定是同步时序逻辑电路。

(1) 激励方程组为

$$J_0 = Q_1^n \quad K_0 = 1$$
$$J_1 = \overline{Q_0^n} \quad K_1 = 1$$

(2) 把激励方程组代入 JK 触发器(下降沿触发)的特性方程后,即可得次态方程组

$$Q_0^{n+1} = Q_1^n \, \overline{Q_0^n} \downarrow$$
$$Q_1^{n+1} = \overline{Q_0^n} \, \overline{Q_1^n} \downarrow$$

(3) 输出方程为

$$Z = Q_0^n \, \overline{Q_1^n}$$

(4) 根据次态方程组可以画出状态转换图,如图 3-61 所示。

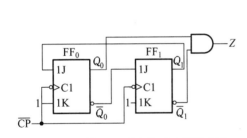

图 3-60 例 3-8 对应的时序逻辑电路

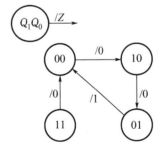

图 3-61 例 3-8 时序逻辑电路的状态转换图

在列写状态转换表、画出状态转换图和时序图的过程中,为了方便,可以先设定具体某一个状态组合为现态,然后把它代入状态方程和输出方程后得到次态和对应的输出,最后再标写,这样的操作步骤在手工推算中还是比较有效的。

(5) 此时序逻辑电路实现的功能为,具有自启动能力的同步三进制减法计数器。

例 3-9:分析如图 3-62 所示的时序逻辑电路。

可以看出此电路是由 3 个下降沿触发的 JK 触发器 FF_0、FF_1、FF_2 构成的时序电路。时钟方程为 $CP_0 = CP_1 = CP_2 = CP$,可以看出是同步时序逻辑电路。

(1) 输出方程

$$Y = \overline{Q_1^n} Q_2^n$$

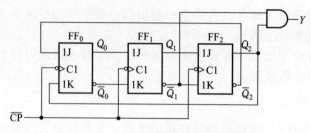

图 3-62 例 3-9 对应的时序逻辑电路

(2) 激励方程组为

$$\begin{cases} J_0 = \overline{Q_2^n},\ K_0 = Q_2^n \\ J_1 = Q_0^n,\ K_1 = \overline{Q_0^n} \\ J_2 = Q_1^n,\ K_2 = \overline{Q_1^n} \end{cases}$$

(3) 将各触发器的驱动方程代入 JK 触发器的特性方程 $Q^{n+1} = J\overline{Q^n} + \overline{K}Q^n$（下降沿有效）中，即得电路的状态方程为

$$\begin{cases} Q_0^{n+1} = J_0 \overline{Q_0^n} + \overline{K_0} Q_0^n = \overline{Q_2^n}\,\overline{Q_0^n} + \overline{Q_2^n} Q_0^n = \overline{Q_2^n} \\ Q_1^{n+1} = J_1 \overline{Q_1^n} + \overline{K_1} Q_1^n = Q_0^n \overline{Q_1^n} + Q_0^n Q_1^n = Q_0^n,\ \text{CP 下降沿有效} \\ Q_2^{n+1} = J_2 \overline{Q_2^n} + \overline{K_2} Q_2^n = Q_1^n \overline{Q_2^n} + Q_1^n Q_2^n = Q_1^n \end{cases}$$

(4) 对照状态方程和输出方程，通过状态的代入可得时序图，如图 3-63 所示。

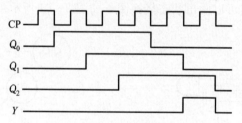

图 3-63 例 3-9 对应的时序图

同样也可得到状态转换表，如表 3-13 所示。

表 3-13 例 3-9 对应的状态转换表

现态			次态			输出
Q_2^n	Q_1^n	Q_0^n	Q_2^{n+1}	Q_1^{n+1}	Q_0^{n+1}	Y
0	0	0	0	0	1	0
0	0	1	0	1	1	0
0	1	0	1	0	1	0
0	1	1	1	1	1	0
1	0	0	0	0	0	1
1	0	1	0	1	0	1
1	1	0	1	0	0	0
1	1	1	1	1	0	0

(5) 描述此逻辑电路实现的功能。从状态转换表和时序图中可以看出，有效循环的 6 个状态分别是 0~5 这 6 个十进制数字的格雷码，并且在时钟脉冲 CP 的作用下，这 6 个状态是按递增规律变化的，即 000→001→011→111→110→100→000→⋯。

所以这是一个用格雷码表示的六进制同步加法计数器，当对第 6 个脉冲计数时，计数器又重新从 000 开始计数，并输出 Y=1。

2．方法归纳

结合上述两个实例的分析过程可以归纳出分析同步时序逻辑电路的一般步骤。
(1) 了解电路的组成，包括电路的输入、输出信号、触发器的类型等。
(2) 根据给定的时序逻辑电路图，写出各逻辑方程式，包括输出方程、各触发器的激励方程、状态方程（将每个驱动方程代入其特性方程即可得到状态方程）。
(3) 列出状态转换表或画出状态转换图和波形图。
(4) 确定电路的逻辑功能。

问题思考

1．在分析同步时序逻辑电路时，输出方程组、激励方程组和状态方程组是怎样导出的？
2．怎样通过输出方程组和状态方程组得到状态转换表、状态转换图和时序图？
3．试用 Quartus Ⅱ 13.0 来实现对图 3-60 和图 3-62 的仿真分析，并与手工分析做比较。

3.5 同步时序逻辑电路的设计

同步时序逻辑电路的设计是第 3.4 节分析的逆过程，其基本任务是根据实际逻辑问题的要求，设计出能实现给定逻辑功能的电路。这里只介绍手工推算的设计方法。

同步时序逻辑电路的设计过程如图 3-64 所示。

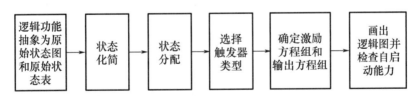

图 3-64 同步时序逻辑电路的设计过程

需要特别指出的是，图 3-64 中的"状态分配（状态编码）"，实际上就是给每个状态都赋以二进制代码的过程。

根据状态数确定触发器的个数，$2^{n-1} < M \leq 2^n$（M 为状态数，n 为触发器的个数）。

1．实例设计

例 3-10：设计一个按自然态序变化的七进制同步加法计数器，有进位输出。

所谓"自然态序变化加法"是指日常习惯的逐一递增的加法规律，所以可以确定原始状态图如图 3-65 所示,这里是以二进制形式表示。

因为是七进制加法计数,所以需用 3 位二进制代码,选用 3 个 CP 上升沿触发的 JK 触发器,分别用 FF_0、FF_1、FF_2 表示。

(1) 由于要求采用同步方案,故时钟方程为 $CP_0 = CP_1 = CP_2 = CP$。

(2) 根据输出关系表述,即计数规则为"逢七进一",因为要求产生一个进位输出,则可画出输出 Y 对应的卡诺图,如图 3-66 所示。

由此可以写出输出方程为 $Y = Q_1^n Q_2^n$。

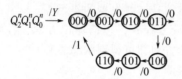

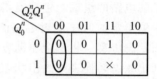

图 3-65 根据例 3-10 确定的原始状态图　　图 3-66 输出 Y 对应的卡诺图

(3) 各相关状态对应的卡诺图分别如图 3-67 (a)、图 3-67 (b)、图 3-67 (c) 所示。

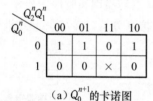 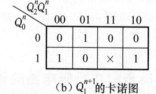 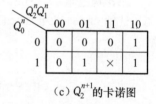

(a) Q_0^{n+1} 的卡诺图　　(b) Q_1^{n+1} 的卡诺图　　(c) Q_2^{n+1} 的卡诺图

图 3-67 各相关状态对应的卡诺图

根据图 3-67 所示可以写出状态方程组为

$$\begin{cases} Q_0^{n+1} = \overline{Q_2^n} \cdot \overline{Q_0^n} + \overline{Q_1^n} \cdot \overline{Q_0^n} \\ \quad\quad\;\, = \overline{Q_2^n Q_1^n} \cdot \overline{Q_0^n} + \overline{1} Q_0^n \\ Q_1^{n+1} = Q_0^n \overline{Q_1^n} + \overline{Q_2^n} \cdot \overline{Q_0^n} Q_1^n \\ Q_2^{n+1} = Q_1^n Q_0^n \overline{Q_2^n} + \overline{Q_1^n} Q_2^n \end{cases}$$

此处表达式直接写出来后通常不化简,以便使之与 JK 触发器的特性方程的形式一致。

(4) 状态方程组与特性方程 $Q^{n+1} = J\overline{Q^n} + \overline{K} Q^n$ 比较后得到激励方程组为

$$\begin{cases} J_0 = \overline{Q_2^n Q_1^n}, \; K_0 = 1 \\ J_1 = Q_0^n, \; K_1 = \overline{\overline{Q_2^n} \cdot \overline{Q_0^n}} \\ J_2 = Q_1^n Q_0^n, \; K_2 = Q_1^n \end{cases}$$

(5) 在上述激励方程组和确定的触发器类型等的基础上,通常是手工画出对应的时序电路图,此处略去这一步骤,具体详见"软件仿真"。

(6) 通常时序逻辑电路设计中还需要检查一下自己设计的电路是否能自启动,即所有的状态表示能否直接或间接进入有效循环中去。

在此电路中,把无效状态 111 代入状态方程组,可得

$$\begin{cases} Q_0^{n+1} = \overline{Q_2^n Q_1^n} \cdot \overline{Q_0^n} + \overline{1} Q_0^n = 0 \\ Q_1^{n+1} = Q_0^n \overline{Q_1^n} + \overline{Q_2^n} \cdot \overline{Q_0^n} Q_1^n = 0 \\ Q_2^{n+1} = Q_1^n Q_0^n \overline{Q_2^n} + \overline{Q_1^n} Q_2^n = 0 \end{cases}$$

也就是说,111 的次态为有效状态 000,所以可以判断电路能够自启动。

上述即为手工设计简单时序逻辑电路的过程和方法,从过程来看相对较为复杂,且状态数多时实现起来非常不容易。

2. 软件仿真

这里直接用 Quartus Ⅱ 13.0 画出上述设计中步骤(5)对应的时序仿真电路图,如图 3-68 所示。在此基础上可以得到时序仿真波形,如图 3-69 所示。

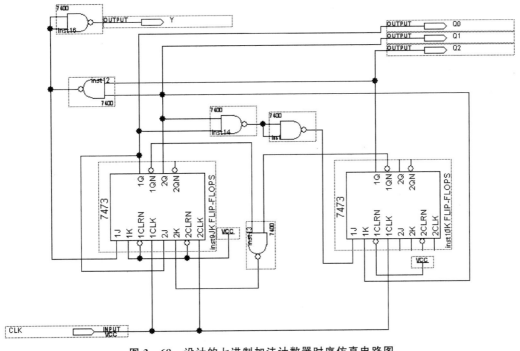

图 3-68　设计的七进制加法计数器时序仿真电路图

从图 3-69 中的时序仿真波形来看,有效循环中是 7 个状态,分别为 000、001、010、011、100、101、110 依次变化,最后再回到 000,另外当状态为 110 时有进位 $Y=1$。这个仿真结果与题目设计要求相符合。

在现实应用中,手工设计方法和触发器应用设计等已逐步被集成时序逻辑芯片或 FPGA 所替代,后者的实现过程和方法等将在后续内容中讲解。

问题思考

1. 同步时序逻辑电路的设计过程可以分为哪几个步骤?

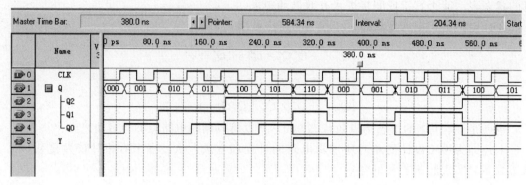

图 3-69 时序仿真波形

2. 同步时序逻辑电路中触发器的数目与状态数目有何关系？与状态分配又有何关系？

3.6 典型时序集成芯片及其应用

寄存器和计数器为数字系统中广泛应用的典型时序逻辑电路，它们与各种组合电路一起，可以构成逻辑功能相对比较复杂的数字系统。

由于 FPGA 应用技术的发展，较为复杂的时序逻辑电路通常使用它们来实现。这里介绍的是能直接应用于一些较为简单的数字系统设计的寄存器和计数器。

3.6.1 寄存器与移位寄存器

在数字电路中，用来存放二进制数据或代码的电路称为寄存器。寄存器是由具有存储功能的触发器组合起来构成的。一个触发器可以存储 1 位二进制代码，存放 n 位二进制代码的寄存器需用 n 个触发器来构成。

按照功能的不同，可将寄存器分为基本寄存器和移位寄存器两大类。

基本寄存器只能并行送入数据，需要时也只能并行输出。

移位寄存器中的数据可以在移位脉冲作用下依次逐位右移或左移，数据既可以并行输入、并行输出，也可以串行输入、串行输出或还可以并行输入、串行输出或串行输入、并行输出，十分灵活，用途也很广泛。

寄存器的主要功能是数据存储和数据转换。

1. 基本寄存器

基本寄存器的工作方式可以分为单拍工作方式和双拍工作方式两种，这里的"拍"通常指的是某个 CP 和控制端作用下的动作。基本寄存器通常只有寄存数据或代码的功能。

单拍工作方式基本寄存器逻辑电路如图 3-70 所示，随着 CP 的作用，其输出为

$$Q_3^{n+1} Q_2^{n+1} Q_1^{n+1} Q_0^{n+1} = D_3 D_2 D_1 D_0$$

即每来一个 CP 脉冲，动作一次。

双拍工作方式基本寄存器逻辑电路如图 3-71 所示。

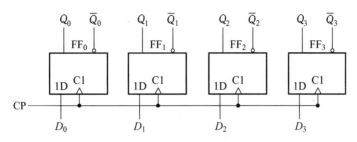

图 3-70 单拍工作方式基本寄存器逻辑电路

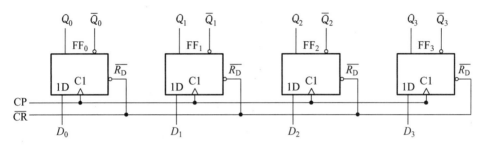

图 3-71 双拍工作方式基本寄存器逻辑电路

对照图 3-71,双拍工作方式基本寄存器的基本功能如下。

(1) 当 $\overline{CR}=0$ 时异步清零,即有 $Q_3^n Q_2^n Q_1^n Q_0^n = 0000$。

(2) 当 $\overline{CR}=1$ 时,CP 上升沿送数,即有 $Q_3^{n+1} Q_2^{n+1} Q_1^{n+1} Q_0^{n+1} = D_3 D_2 D_1 D_0$。

(3) 在 $\overline{CR}=1$、CP 上升沿以外时间为"保持"。

常见的寄存器有 8 位 CMOS 寄存器 74HC374(脉冲边沿敏感的寄存器)。

一般来说,寄存器比锁存器具有更好的同步性和抗干扰性。

2. 移位寄存器

移位寄存器是既能寄存数码,又能在时钟脉冲的作用下使数码向高位或向低位移动的逻辑功能部件。

移位寄存器按移动方式可以分为单向移位寄存器(左移和右移)和双向移位寄存器。

1) 基本移位寄存器

(1) 工作原理。

由 D 触发器构成的 4 位基本移位寄存器逻辑电路如图 3-72 所示,其中 D_{SI} 表示串行数据输入端,D_{SO} 表示串行数据输出端,$Q_3 Q_2 Q_1 Q_0$ 表示并行数据输出端。

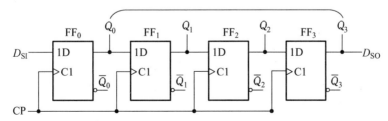

图 3-72 基本移位寄存器逻辑电路

对照图 3-72，若将串行数据 $D_3D_2D_1D_0$ 从高位 D_3 到低位 D_0 按 CP 脉冲序列依次送到 D_{SI} 端，在经过 4 个 CP 脉冲后就有 $Q_3Q_2Q_1Q_0=D_3D_2D_1D_0$，也就是说，串行输入数据已经转换成并行输出数据。

典型的 8 位移位寄存器集成电路 74HC/HCT164 芯片引脚排列如图 3-73 所示，对应的逻辑功能如表 3-14 所示。

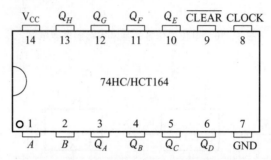

图 3-73 74HC/HCT164 芯片引脚排列

表 3-14 74HC/HCT164 的逻辑功能

输入				输出		功能
CLOCK	$\overline{\text{CLEAR}}$	A	B	Q_A	$Q_B \cdots Q_H$	
×	0	×	×	0	$0 \cdots 0$	清零
0	1	×	×	Q_{A0}	$Q_{B0} \cdots Q_{H0}$	保持
↑	1	1	1	1	$Q_{Bn} \cdots Q_{Hn}$	移位
↑	1	0	×	0	$Q_{Bn} \cdots Q_{Hn}$	移入 0
↑	1	×	0	0	$Q_{Bn} \cdots Q_{Hn}$	移入 0

（2）实例分析和软件仿真。

例 3-11：对照图 3-72 所示电路和图 3-74 所示的部分波形图进行以下分析。

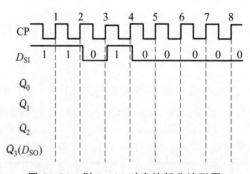

图 3-74 例 3-11 对应的部分波形图

① 如果 $D_{SI}=11010000$，从高位开始输入，试问经过几个 CP 脉冲作用后，从 D_{SI} 端串行输入的数码就可以从 D_{SO} 端串行输出？

② 如果用 74164 来实现，则要经过几个 CP 脉冲作用？

针对这样的问题，可以用手工推算的方式来进行分析，也可以采用相关 EDA（Electronic Design Automation，电子设计自动化）软件辅助分析。这里直接用 Quartus Ⅱ 13.0 来实现。

① 对照图 3-72 绘制出如图 3-75 所示的仿真电路图，编译通过并时序仿真后得到如图 3-76 所示的时序仿真波形。

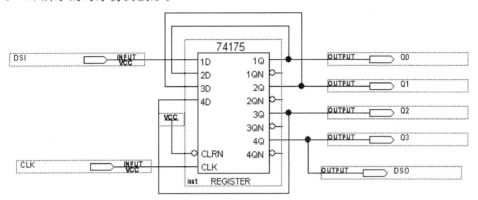

图 3-75　例 3-11 对应的仿真电路图

从图 3-76 中可知，应该是经过 12 个脉冲后，从 D_{SI} 端串行输入的数码就可以从 D_{SO} 端串行输出。大家不妨用手工推算方法推导一下是不是这个结果。

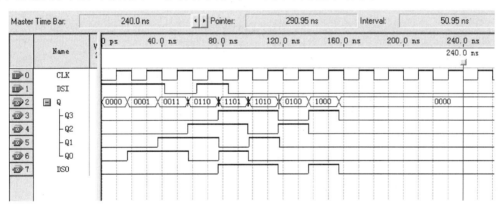

图 3-76　图 3-75 对应的时序仿真波形

② 应用 74164 实现。画出如图 3-77 所示的仿真电路图，编译通过并时序仿真后得到如图 3-78 所示的时序仿真波形。

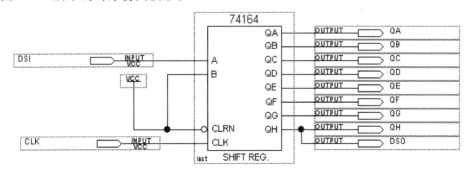

图 3-77　用 74164 实现的仿真电路图

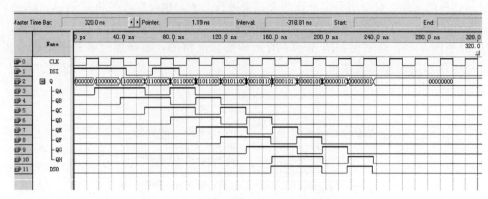

图 3-78 图 3-77 对应的时序仿真波形

可以看出经过了 16 个脉冲后,从 D_{SI} 端串行输入的数码就可以从 D_{SO} 端串行输出。

2) 多功能双向移位寄存器

(1) 工作原理。

多功能双向移位寄存器工作模式简图如图 3-79 所示。高位移向低位即左移,低位移向高位即右移。

图 3-79 多功能双向移位寄存器工作模式简图

对照图 3-79,双向移位寄存器在控制线的逻辑电平下存储的数据可以左移也可以右移。

典型的 4 位双向移位寄存器 74HC/HCT194 对应的逻辑功能如表 3-15 所示,而对应芯片引脚排列如图 3-80 所示。

表 3-15 74HC/HCT194 对应的逻辑功能

清零	模式控制		时钟	串行输入		并行输入				输出				功能描述
CLEAR	S_1	S_0	CLOCK	D_{SL}	D_{SR}	A	B	C	D	Q_A	Q_B	Q_C	Q_D	
0	×	×	×	×	×	×	×	×	×	0	0	0	0	清零
1	×	×	0	×	×	×	×	×	×	Q_{A0}	Q_{B0}	Q_{C0}	Q_{D0}	保持
1	1	1	↑	×	×	A	B	C	D	A	B	C	D	并入
1	0	1	↑	×	0	×	×	×	×	0	Q_{A0}	Q_{B0}	Q_{C0}	右移 0

续表

清零	模式控制		时钟	串行输入		并行输入				输出	功能描述
$\overline{CLEAR}$	S_1	S_0	CLOCK	D_{SL}	D_{SR}	A	B	C	D	$Q_A\ Q_B\ Q_C\ Q_D$	
1	0	1	↑	×	1	×	×	×	×	1 $Q_{A0}\ Q_{B0}\ Q_{C0}$	右移1
1	1	0	↑	0	×	×	×	×	×	$Q_{B0}\ Q_{C0}\ Q_{D0}$ 0	左移0
1	1	0	↑	1	×	×	×	×	×	$Q_{B0}\ Q_{C0}\ Q_{D0}$ 1	左移1
1	0	0	×	×	×	×	×	×	×	$Q_{A0}\ Q_{B0}\ Q_{C0}\ Q_{D0}$	保持

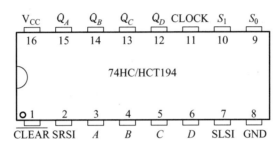

图 3-80　74HC/HCT194 芯片引脚排列

（2）应用设计和软件仿真。

下面通过两个 74HC/HCT194 集成电路构成的 8 位右移时序发生器的工作过程来进一步加深对移位寄存器的工作过程的理解。

给出的 8 位右移时序发生器仿真电路图如图 3-81 所示，时序仿真波形如图 3-82 所示。

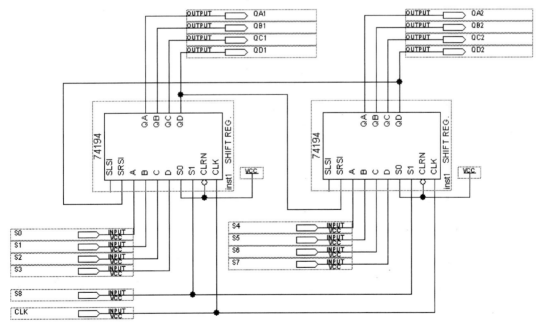

图 3-81　8 位右移时序发生器仿真电路图

在图 3-82 中，$S_0 \sim S_7$ 表示 8 位可输入的开关量。S_8 这样接的目的是：当 S_8 取值为 1 时，$S_1 = 1$，而 S_0 直接接在电源端，即 $S_0 = 1$，所以此时可以把 $S_0 \sim S_7$ 所赋值的数据并行读入寄存器；而当 S_8 取值为 0 时，因为此前的 $S_0 = 1$，所以在此时模式下就可以实现右移。其他的相关连接是为了达到循环右移的目的。

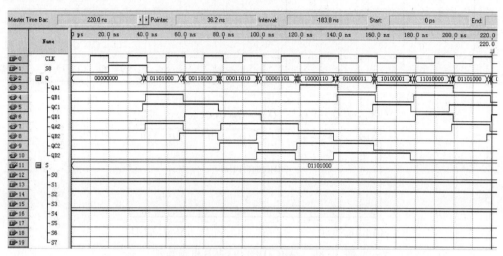

图 3-82　8 位右移时序发生器对应的时序仿真波形

从图 3-82 所示的时序仿真波形也可以看到，这里设置 $S_0 \sim S_7$ 的取值为 11010000，当 $S_8 = 0$ 时，数据没有被并行读入；当 $S_8 = 1$ 时，数据被并行读入，后面是随着 CP 脉冲上升沿的到来依次进行的循环右移。

问题思考

1. 从上述 74164 应用的例子（例 3-11）中可以看出数据的"串行输入"到"并行输出"之间的转换关系了，请思考如何实现数据"并行输入"到"串行输出"的转换。（可以尝试使用 74165）

2. 对照图 3-81，如果要实现 8 位左移，电路该做哪些变动？

3.6.2　计数器

计数器的基本功能是对输入的时钟脉冲进行计数。它也可用于分频、定时、产生节拍脉冲和脉冲序列及进行数字运算等。

计数器按脉冲输入方式，可以分为同步和异步计数器；按进位体制，可以分为二进制、十进制和任意进制计数器；按逻辑功能，可以分为加法、减法和可逆计数器。

1．二进制计数器

1）二进制异步加法计数器

（1）原理说明。

4 位二进制异步加法计数器逻辑电路如图 3-83 所示，可以得到理想状态下的时序图如图 3-84 所示。

由图 3-84 比较可知，$f_{Q_0} = \frac{1}{2} f_{CP}$，$f_{Q_1} = \frac{1}{4} f_{CP}$，$f_{Q_2} = \frac{1}{8} f_{CP}$，$f_{Q_3} = \frac{1}{16} f_{CP}$。也就

是说,计数器不仅可以计数也可作为分频器使用。

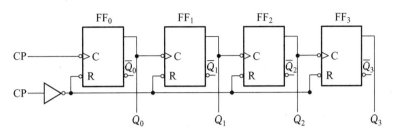

图 3-83 4位二进制异步加法计数器逻辑电路

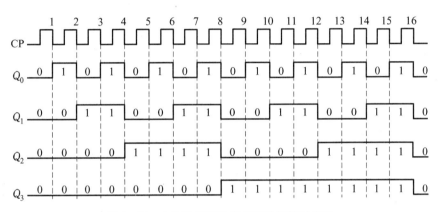

图 3-84 4位二进制异步加法计数器时序图

(2) 集成芯片示例。

中规模集成电路74HC/HCT393芯片引脚排列如图3-85所示,可以看出,它集成了两个4位异步二进制计数器。

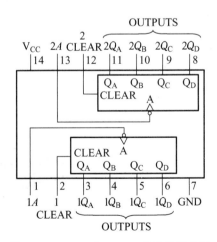

图 3-85 74HC/HCT393芯片引脚排列

通常在5V、25℃工作条件下,74HC/HCT393芯片中每级触发器传输延迟时间的典型值均为6ns。

2) 二进制同步加法计数器

(1) 原理说明。

3 位二进制同步加法计数器的状态转换图如图 3-86 所示，逻辑电路如图 3-87 所示。

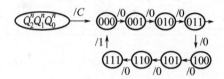

图 3-86　3 位二进制同步加法计数器的状态转换图

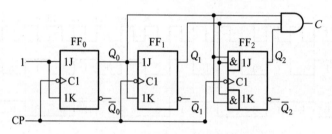

图 3-87　3 位二进制同步加法计数器逻辑电路

由图 3-87 可以写出驱动方程为 $J_0=K_0=1$，$J_1=K_1=Q_0^n$、$J_2=K_2=Q_1^n Q_0^n$。输出方程为 $C=Q_2^n Q_1^n Q_0^n$。

同理推广到 n 位二进制同步加法计数器，对应的驱动方程和输出方程如下。

驱动方程为 $\begin{cases} J_0=K_0=1 \\ J_1=K_1=Q_0^n \\ J_2=K_2=Q_1^n Q_0^n \\ \cdots \\ J_{n-1}=K_{n-1}=Q_{n-2}^n Q_{n-3}^n \cdots Q_1^n Q_0^n \end{cases}$。

输出方程为 $C=Q_{n-1}^n Q_{n-2}^n \cdots Q_1^n Q_0^n$。

(2) 集成芯片示例。

74HC161 芯片是一种典型的 CMOS 4 位二进制同步加法计数器，它的芯片外形如图 3-88 所示，实物样例如图 3-89 所示。

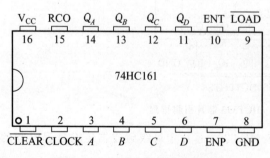

图 3-88　74HC161 的芯片外形

图 3-89　74HC161 芯片实物样例

74HC161 的典型时序图如图 3-90 所示，从典型时序图中可以明显看出在各个使能端的控制下整个芯片的工作时序关系。

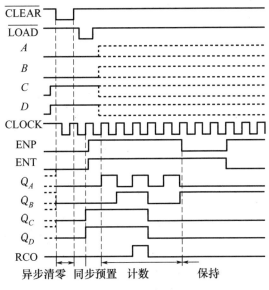

图 3-90 74HC161 的典型时序图

综上所述，得到 74HC161 的逻辑功能如表 3-16 所示。

表 3-16 74HC161 的逻辑功能

输入									输出				
清零	预置	使能		时钟	预置数据输入				计数				进位
$\overline{CLEAR}$	$\overline{LOAD}$	ENP	ENT	CP	D	C	B	A	Q_D	Q_C	Q_B	Q_A	RCO
L	×	×	×	×	×	×	×	×	L	L	L	L	L
H	L	×	×	↑	D	C	B	A	D	C	B	A	*
H	H	L	×	×	×	×	×	×	保持				*
H	H	×	L	×	×	×	×	×	保持				*
H	H	H	H	↑	×	×	×	×	计数				*

74HC161 的具体相关应用将在后面的"任意 N 进制计数器的构成"中讲解。

2. 其他常用集成计数器

1) 双二—五—十进制加法计数器

(1) 原理说明。

74HC390 集成块引脚排列如图 3-91 所示。可以看出它内部有两组计数器，每组计数器由两个计数器组成，一个一位二进制计数器和一个五进制计数器，它们可以单独计数，但清零时同时清零。

B 为时钟脉冲的输入，下降沿触发；Q_A、Q_B、Q_C、Q_D 为计数输出；清零 RD 为异步清零，高电平有效。

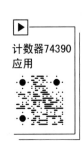

计数器74390应用

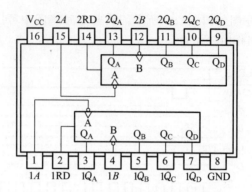

图 3-91　74HC390 集成块引脚排列

（2）实例设计和软件仿真。

例 3-12：试任选 74390 中的一组计数器构成 8421BCD 码十进制计数器。

本例的仿真电路图如图 3-92 所示。

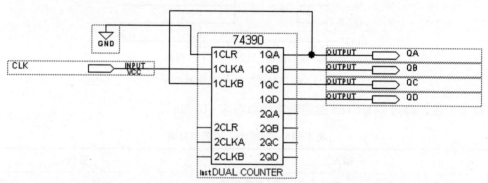

图 3-92　74390 构成的 8421BCD 码十进制计数器仿真电路图

这种情况可以考虑用一个二进制和一个五进制计数器的组合来实现，即 A 接单脉冲时钟，Q_A 作为输出，构成二进制，将 Q_A 接 B，而将 Q_A、Q_B、Q_C、Q_D 作为输出，且 Q_D 是最高位，这样自然就构成了 8421BCD 码十进制计数器。对应的时序仿真波形如图 3-93 所示。

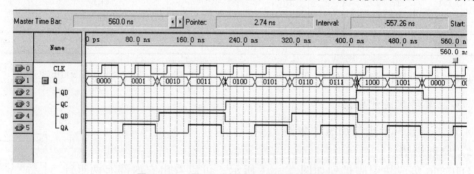

图 3-93　图 3-92 对应的时序仿真波形

从图 3-93 所示的时序仿真波形可见，0000～1001 依次递增，最后在 1001 处转向 0000，很好地验证了 8421BCD 码十进制计数过程。

例 3-13：应用 74390 构成 5421BCD 码十进制计数器。

将 Q_D 接 A，B 为时钟脉冲的输入，Q_B、Q_C、Q_D、Q_A 为输出，Q_A 是最高位，这样则构成 5421BCD 码十进制计数器。本例的仿真电路图如图 3-94 所示，对应的时序仿真波形如图 3-95 所示。

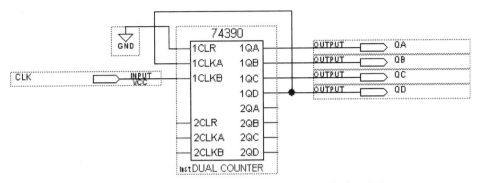

图 3-94 74390 构成的 5421BCD 码十进制计数器仿真电路图

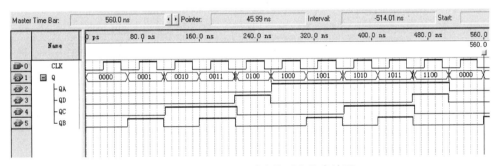

图 3-95 图 3-94 对应的时序仿真波形

需要特别强调的是，这里的 Q_B、Q_C、Q_D、Q_A 为输出，Q_A 是最高位。从图 3-95 所示的时序仿真波形可见，与 5421BCD 码计数规律一致。

2）十进制可逆计数器

（1）原理说明。

十进制可逆计数器 74HC192 是异步可预置计数器，其引脚排列如图 3-96 所示，其逻辑功能如表 3-17 所示，$\overline{L_D}$ 是预置控制端，A、B、C、D 是预置输入端，UP、DOWN 是加法、减法脉冲输入端，$\overline{B_O}$ 为借位输出端，$\overline{C_O}$ 为进位输出端。

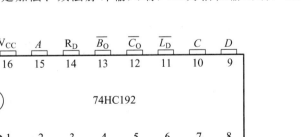

图 3-96 74HC192 集成块引脚排列

表 3-17　74HC192 的逻辑功能

UP	DOWN	$\overline{L_D}$	R_D	Q_D　Q_C　Q_B　Q_A
×	×	L	L	预置数据
×	×	×	H	清零
↑	H	H	L	加法计数器
H	↑	H	L	减法计数器

二十四进制加、减法设计

(2) 应用设计和软件仿真。

例 3-14：用 74192 分别实现二十四进制加、减法计数电路。自行设计电路，给出状态变化结果。

二十四进制加法计数器对应的仿真电路图和时序仿真波形分别如图 3-97 和图 3-98 所示。

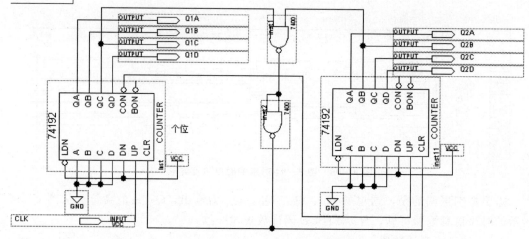

图 3-97　74192 构成的二十四进制加法计数器仿真电路图

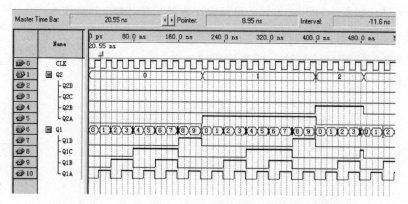

图 3-98　74192 构成的二十四进制加法计数器时序仿真波形

从图 3-98 所示的时序仿真波形可以很清晰地看出，从 00 计数到 23 后又转回到 00，刚好是二十四进制加法计数器的工作规律。

二十四进制减法计数器对应的仿真电路图和时序仿真波形分别如图 3-99 和图 3-100 所示。

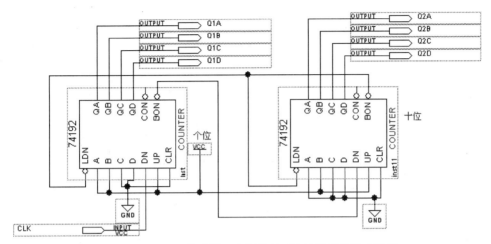

图 3-99　74192 构成的二十四进制减法计数器仿真电路图

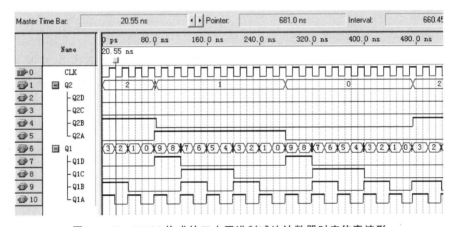

图 3-100　74192 构成的二十四进制减法计数器时序仿真波形

从图 3-100 所示的时序仿真波形可以很清晰地看出，从 23 计数到 00 后又转回到 23，刚好是二十四进制减法计数器的工作规律。

问题思考

总结应用 74HC192 设计一百进制以内加法或减法计数器的方法。

3. 任意 N 进制计数器的构成

利用集成计数器的清零端和置数端实现归零，从而构成按自然态序进行计数的 N 进制计数器的方法。

下面以 74HC161 的不同应用设计为例来学习相关知识点，分别以反馈清零法和反馈置数法这两种不同的实现方法做必要的介绍。

1) 反馈清零法

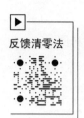
反馈清零法

例 3-15：试用 74HC161 构成九进制加法计数器，要求用反馈清零法实现。九进制加法计数器应有 9 个状态，而 74HC161 在计数过程中有 16 个状态。如果设法跳过多余的 7 个状态，则可实现九进制加法计数器。

得到的逻辑电路如图 3-101 所示，对应的主循环状态转换图如图 3-102 所示。

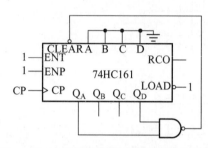

图 3-101　用反馈清零法将 74HC161 构成
九进制加法计数器逻辑电路

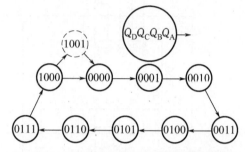

图 3-102　图 101 对应的主循环状态转换图

可以看出，只要采用反馈清零法，所设计的计数器初始状态肯定是 0000，那么对应的末状态应该是什么呢？对照图 3-101 中的 Q_D 和 Q_A 接在二输入与非门的输入端和图 3-102 中虚线圈中的 1001，我们知道当 $Q_D Q_C Q_B Q_A = 1001$ 这个状态出现时，二输入与非门的输出为 0，此时通过清零端直接清零，也就是说 1001 这个状态出现的时间极短，通常称之为"瞬态"，不计入有效循环中，所以反映出来的有效循环应该是 0000～1000，即末状态为 1000。同理，用清零法可以实现十进制加法计数器。

参照图 3-101 绘制的仿真电路图如图 3-103 所示。编译通过并仿真后得到的时序仿真波形如图 3-104 所示。

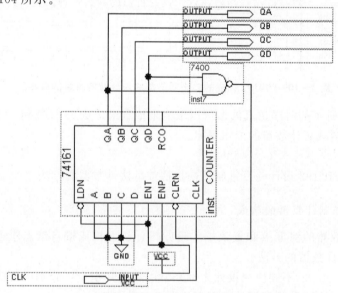

图 3-103　用反馈清零法实现九进制加法计数器电路图

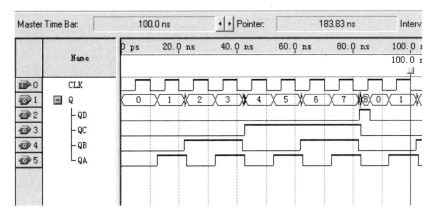

图 3-104　图 3-103 对应的时序仿真波形

对照图 3-104 和图 3-102，仿真结果符合设计要求。

2) 反馈置数法

例 3-16：试用 74HC161 构成九进制加法计数器，要求用反馈置数法实现。

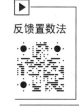

这里采用的反馈置数法是直接把 $DCBA$ 置成 0000，那么在满足计数条件的情况下，末状态应该是 1000，因为反馈置数法中，要实现置数的条件除 $\overline{LOAD}=0$ 外，还必须满足 CP 上升沿到来这一前提，这与前面的反馈清零法不一样，因为反馈清零法中的 $\overline{CLEAR}$ 端是无条件清零端，也就是说它等于零则整个输出马上清零。

得到的逻辑电路如图 3-105 所示，对应的主循环状态转换图如图 3-106 所示。

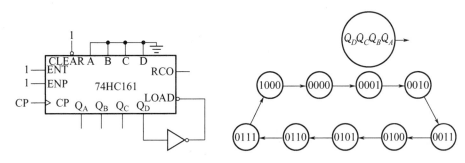

图 3-105　用反馈置数法将 74HC161 构成
九进制加法计数器逻辑电路

图 3-106　图 3-105 对应的主循
环状态转换图

在反馈置数法实现中，所置的初始状态不同，对应的末状态也是不一样的，那么这里的九进制就有好几种实现方法，但实际道理还是一样的。

图 3-105 对应的仿真电路图如图 3-107 所示。编译通过并仿真后得到的时序仿真波形如图 3-108 所示，结果符合设计要求。

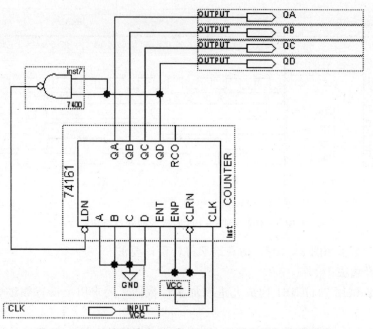

图 3-107 反馈置数法实现九进制加法计数器仿真电路图

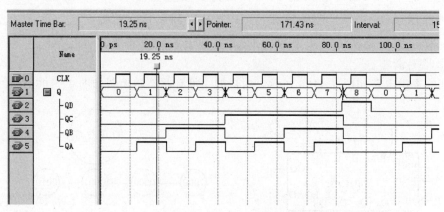

图 3-108 图 3-107 对应的时序仿真波形

3）并行级联的实现

在计数器应用设计中，经常会遇到大于十六进制的计数器设计，这里以加法计数器为例来说明实现的方法和注意事项，实现芯片选择 74HC161。

常见的有关大于十六进制的计数器设计有两种情况：一种通常是要求输出以 8421BCD 码形式显示，如通过共阴极或共阳极数码管显示出来；另一种是输出结果用十六进制表示，以常见指示灯形式来显示每一位。这两种不同的显示方式在具体实现中需要考虑不同的结果输出设置。

例 3-17：设计一个四十九进制加法计数器。

以用反馈置数法实现为例。大于十六进制，需要用两片 74161 芯片来

8421BCD码形式显示

实现,如图 3-109 所示,后面的相关设计都在此基础上进行。若用反馈清零法实现,则其在连接上还有另外的一些要求,但大体思路类同,这里不做一一说明。

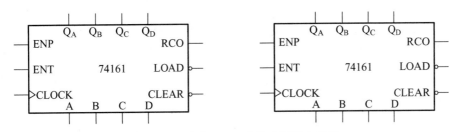

图 3-109 两个 74161 芯片实现基本连接

(1) 8421BCD 码形式输出。

这种方式输出的数据只有十进制数 0~9。在设计中主要是考虑计数过程中如何实现置数控制。

要实现四十九进制计数器,用 8421BCD 码形式输出,则其计数进程状态变化如表 3-18 所示,如果这里设置初始状态为 0,那么它的末状态为 48。

表 3-18 计数进程状态变化

十位		个位	
8421BCD 码	十进制	8421BCD 码	十进制
0000	0	0000	0
0000	0	0001	1
…	…	…	…
0000	0	1001	9
0001	1	0000	0
…	…	…	…
0001	1	1001	9
0010	2	0000	0
…	…	…	…
0010	2	1001	9
0011	3	0000	0
…	…	…	…
0011	3	1001	9
0100	4	0000	0
…	…	…	…
0100	4	1000	8
0000	0	0000	0

也就是说，在芯片连接设置中需要考虑个位有两次使其芯片置数的情形，即计数到 9 时置数 0000，计数到 48 时置数 0000；而十位有一次使其芯片置数的情形，即计数到 48 时置数 0000。

综上考虑设计出的四十九进制加法计数器逻辑电路如图 3-110 所示，其中个位 74HC161 芯片的置数控制端采用"与非-与非"形式主要是为了减少实现芯片。

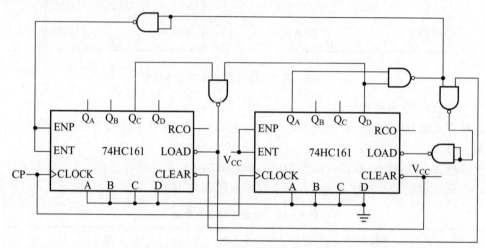

图 3-110　8421BCD 码显示输出的四十九进制加法计数器逻辑电路（用反馈置数法实现）

图 3-110 对应的仿真电路图如图 3-111 所示。编译通过并仿真后得到的时序仿真波形如图 3-112 所示。

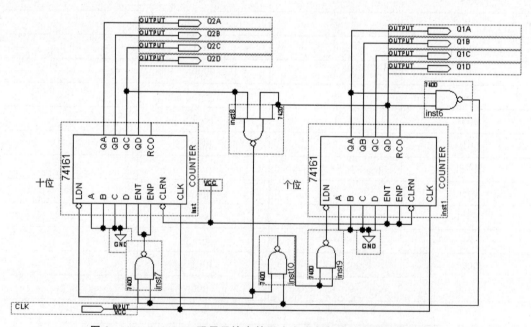

图 3-111　8421BCD 码显示输出的四十九进制加法计数器仿真电路图

从图 3-112 所示的仿真波形来看，结果与表 3-18 完全一致，很好地验证了前面的设计。

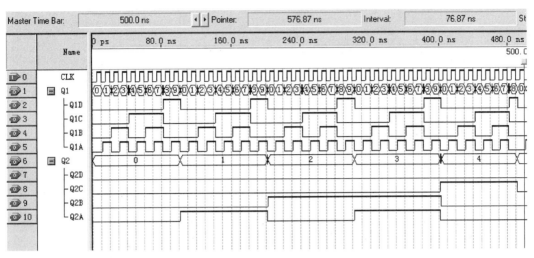

图 3-112 图 3-111 对应的时序仿真波形

(2) 十六进制数形式输出。

这种方法用于实现：初始状态若为 00000000，则低位芯片工作中，每计满 16 向高位进一位，这个进位由输出引脚 RCO 来实现；当计满 48 时高位为 0011，此时由 $\overline{\text{LOAD}}$ 端使计数状态回到 00000000，实现四十九进制计数。计数进程状态变化如表 3-19 所示，其逻辑电路如图 3-113 所示。

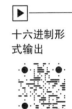

十六进制形式输出

表 3-19　计数进程状态变化

高位		低位	
二进制	十六进制	二进制	十六进制
0000	0	0000	0
0000	0	0001	1
0000	0	…	…
0000	0	1001	9
0000	0	1010	A
…	…	…	…
0000	0	1111	F
0001	1	0000	0
…	…	…	…
0001	1	1111	F
0010	2	0000	0
…	…	…	…
0010	2	1111	F
0011	3	0000	0
0000	0	0000	0

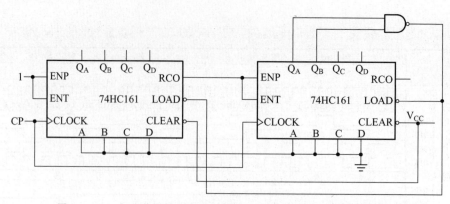

图 3-113 十六进制数形式输出的四十九进制加法计数器逻辑电路

图 3-113 对应的仿真电路图如图 3-114 所示。编译通过并仿真后得到的时序仿真波形如图 3-115 所示。

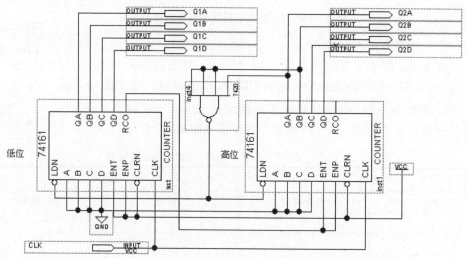

图 3-114 十六进制数形式输出的四十九进制加法计数器仿真电路图

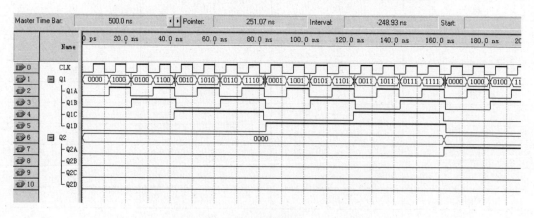

(a) 前半部分

图 3-115 图 3-114 对应的部分时序仿真波形

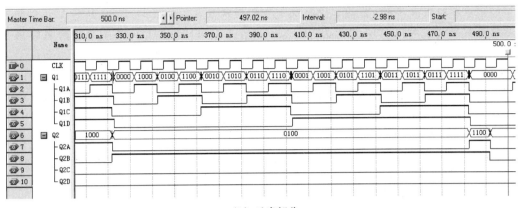

(b) 后半部分

图 3-115　图 3-114 对应的部分时序仿真波形（续）

从图 3-115 所示的仿真波形来看，其状态变化关系与表 3-19 所示完全一致。

问题思考

1. 试用 74HC161 构成十二进制加法计数器，要求分别利用 74HC161 的清零功能和置数功能实现。
2. 试用 74HC161 设计一个六十进制加法计数器。
3. 用两种不同的方法用 74HC161 来构成同步二十四进制加法计数器。
4. 总结归纳 N 进制计数器的实现方法。

本 章 小 结

1. 锁存器和触发器都是具有存储功能的逻辑电路，是构成时序电路的基本逻辑单元。每个锁存器或触发器都能存储 1 位二进制信息。

2. 锁存器是对脉冲电平敏感的电路，它们在一定电平作用下改变状态；触发器是对时钟脉冲边沿敏感的电路，它们在时钟脉冲的上升沿或下降沿作用下改变状态。

3. 触发器的电路结构与逻辑功能没有必然联系。描述触发器逻辑功能的方法有功能表、状态转换表、特性方程、状态转换图和时序图。

4. 按照逻辑电路结构的不同，可以把触发器分为基本 RS 触发器、同步 RS 触发器、主从触发器和边沿触发器。按照触发方式不同，可以把触发器分为异步电平触发器、同步电平触发器、主从触发器、边沿触发器；按照逻辑功能不同，可以把触发器分为 RS 触发器、JK 触发器、D 触发器、T 触发器和 T′ 触发器。

5. 触发器中的逻辑符号："∧"表示边沿触发方式；"┐"表示主从触发方式；"—"表示低电平有效；加小圆圈"○"表示低电平有效触发或下降沿有效触发，不加小圆圈"○"表示高电平有效触发或上升沿有效触发。

6. 触发器的触发方式有以下几种。

（1）基本 RS 触发器：直接电平触发（低电平有效/高电平有效），无 CP。

（2）同步触发：在 CP 的高/低电平期间触发，在整个电平期间接收输入信号 R、S，J、K、D、T，在整个电平期间状态相应更新，所以存在空翻。

(3) 边沿触发：只在 CP 的上升沿或下降沿到来时边沿触发；只在 CP 的上升沿或下降沿到来时接收输入信号 R、S、J、K、D、T；只在 CP 的上升沿或下降沿到来时状态更新，克服了空翻。

(4) 主从触发：有主、从两个触发器，在 CP 的高/低电平期间交替工作、封锁；只在 CP 的高电平期间（或低电平期间）接收输入信号 R、S、J、K、D、T；只在 CP 的上升沿或下降沿到来时总的输出状态更新。

7. RS 触发器具有约束条件；T 触发器和 D 触发器比较简单；T′ 触发器是一种计数型触发器；JK 触发器是多功能触发器，它可以方便地构成 D 触发器、T 触发器和 T′ 触发器。

8. 集成触发器产品通常为 D 触发器和 JK 触发器。在选用集成触发器时，不仅要知道它的逻辑功能，还必须要知道它的触发方式，只有这样才能正确地使用好触发器。

9. 时序逻辑电路一般由组合逻辑电路和存储电路两部分构成。它们在任一时刻的输出不仅与当前输入信号有关，还与电路原来的状态有关。

10. 时序逻辑电路可分为同步和异步两大类。

11. 时序逻辑电路的分析，首先按照给定电路列出各逻辑方程组，然后列出状态转换表、画出状态转换图和时序图，最后分析得到电路的逻辑功能。

12. 时序逻辑电路的设计，首先根据逻辑功能的需求，导出原始状态转换图或原始状态转换表，有必要时需进行状态化简，继而对状态进行编码，然后根据状态转换表导出激励方程组和输出方程组，最后画出逻辑图完成设计任务。

13. 逻辑方程组、状态转换表、状态转换图和时序图从不同方面表达了时序逻辑电路的逻辑功能，是分析和设计时序逻辑电路的主要依据和手段。

14. 任意 N 进制计数器的构成方法有反馈清零法和反馈置数法两种。

15. 典型的集成时序电路芯片有 74HC164、74HC194、74HC390、74HC192、74HC161 等，掌握它们的相关应用设计。遇到其他相关时序集成芯片时，应该会查找相关资料，具体应用方面应该是相通的。

16. 在实际设计应用中，适时运用 Quartus Ⅱ 13.0 软件进行设计、仿真和调试往往会起到很好的效果。

习　题

1. 在图 3-116 (a) 所示的同步 RS 锁存器电路中，若 CP、S、R 的电压波形如图 3-116 (b) 所示，试画出 Q、$\overline{Q}$ 端与之对应的电压波形（假设锁存器的初始状态为 0）。

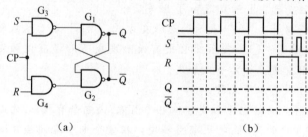

图 3-116　习题 1

2. 将负边沿触发的 JK 触发器转换为 T′触发器时，在不添加任何其他器件的条件下，有几种连接方案？请画出外部连接图。

3. 绘制时序波形。

（1）图 3-117（a）所示触发器的初始状态，均为 0，如果给定 CP、J、K 的波形如图 3-117（b）所示，试画出输出端 Q 的波形。

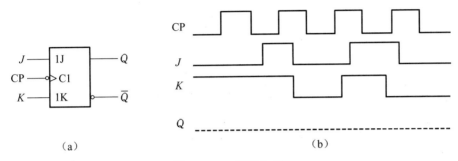

图 3-117 习题 3（1）

（2）图 3-118（a）所示电路触发器的初始状态均为 0，如果给定 CP 的波形如图 3-118（b）所示，试画出 B、C 的波形。

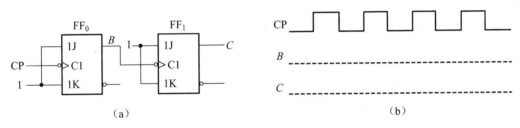

图 3-118 习题 3（2）

4. RS 触发器的逻辑符号如图 3-119（a）所示，设其初始状态为逻辑 0，如果给定 CP、S、R 的波形如图 3-119（b）所示，试画出相应的输出端 Q 的波形。

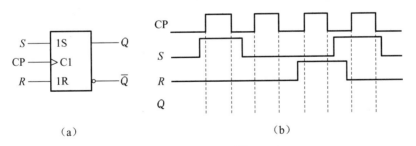

图 3-119 习题 4

5. 设正边沿 D 触发器的初始状态为 0，试画出如图 3-120 所示 CP 和输入信号作用下触发器 Q 端的波形。

6. 当如图 3-121（a）所示 T 触发器脉冲输入 CP 波形以及 T 端输入波形如图 3-121（b）所示时，试画出输出端 Q 的波形（设 Q 端的初始状态为 0）。

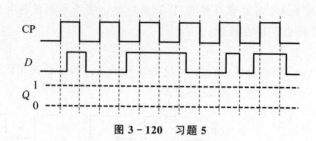

图 3-120 习题 5

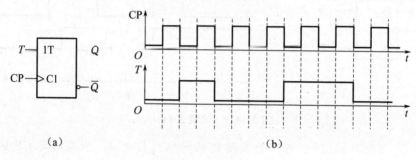

图 3-121 习题 6

7. 电路如图 3-122（a）所示，试画出在图 3-122（b）所示的输入信号作用下，对应的输出端 Q 的波形（设触发器为边沿触发器，且初始状态为 0）。

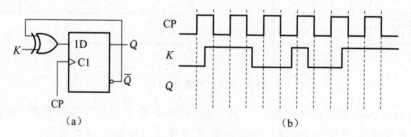

图 3-122 习题 7

8. 电路如图 3-123（a）所示，试画出在图 3-123（b）所示的输入信号作用下，对应的输出端 Q_1、Q_2 的波形（设触发器均为边沿触发器，且初始状态为 0）。

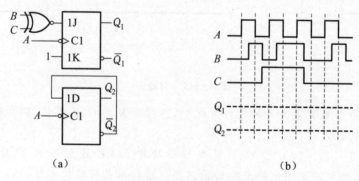

图 3-123 习题 8

第3章 时序逻辑电路

9. 根据图 3-124（a）所示电路和图 3-124（b）所示的输入信号画出输出波形 L（设 L 的初始状态为 0）。

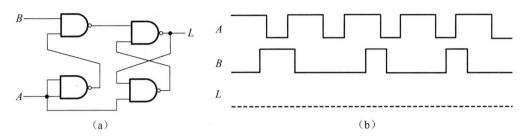

图 3-124　习题 9

10. 电路如图 3-125（a）所示，已知输入端 $\overline{S_D}$、$\overline{R_D}$ 的电压波形如图 3-125（b）所示，试画出与之对应的输出端 Q 和 $\overline{Q}$ 的波形。

11. 有一个简单触发器的电路如图 3-126 所示，试写出当 $C=0$ 和 $C=1$ 时，电路的状态方程 Q^{n+1}，并说明各自实现的功能。

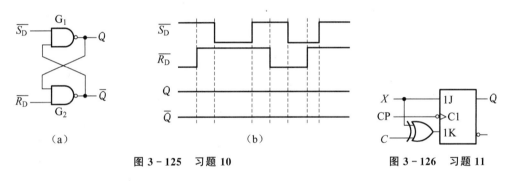

图 3-125　习题 10　　　　　　　　图 3-126　习题 11

12. 逻辑电路和各输入端波形如图 3-127（a）、图 3-127（b）所示，试画出各触发器 Q 端的波形（设各触发器的初始状态为 0）。

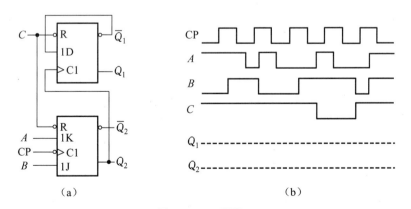

图 3-127　习题 12

13. 在图 3-128（a）所示的边沿触发器中，输入端 CP、D 的波形如图 3-128（b）所示，试画出 Q_0 和 Q_1 的输出波形（设触发器的初始状态为 $Q_0=Q_1=0$）。

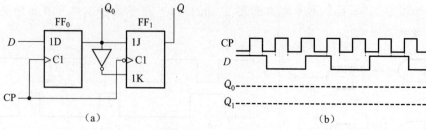

图 3-128　习题 13

14. 由触发器构成的电路及输入波形分别如图 3-129（a）、图 3-129（b）所示，试分别画出输出端 Q_0 和 Q_1 的波形。

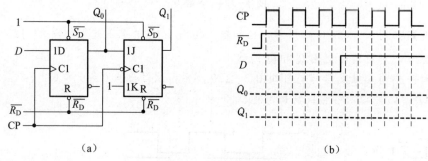

图 3-129　习题 14

15. 电路和输入波形 CP、A 如图 3-130（a）、图 3-130（b）所示，设初始状态 $Q_1Q_0=00$，试画出 Q_1、Q_0、B、C 的波形。

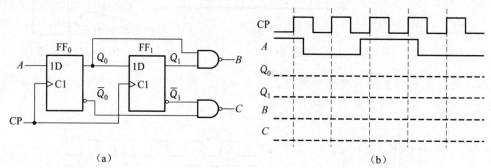

图 3-130　习题 15

16. 电路如图 3-131（a）所示，设各触发器的初始状态为 0。输入波形如图 3-131（b）所示，试画出对应的输出端 Q_0、Q_1 的波形，并描述电路实现的功能。

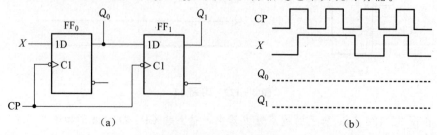

图 3-131　习题 16

17. 分析图 3-132 所示的同步时序逻辑电路，要求：

(1) 写出驱动方程、输出方程、状态方程；

(2) 画出状态转换图，并说明电路功能。

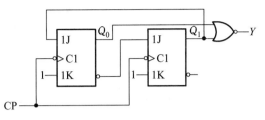

图 3-132 习题 17

18. 由 D 触发器组成的时序逻辑电路如图 3-133 (a) 所示，在图 3-133 (b) 所示的 CP 脉冲及 D 输入波形作用下，画出 Q_0、Q_1 的波形（设触发器的初始状态为 $Q_0=0$，$Q_1=0$）。

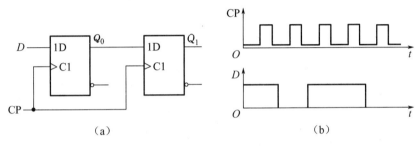

图 3-133 习题 18

19. 分析如图 3-134 所示的同步时序逻辑电路，要求写出其驱动方程、状态方程，列出其状态真值表，画出其状态转换图。

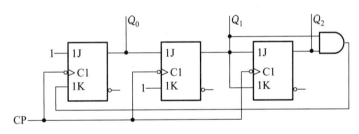

图 3-134 习题 19

20. 有一同步时序逻辑电路如图 3-135 所示，设各触发器的初始状态均为 0。要求：

(1) 列出电路的状态转换表；

(2) 画出电路的状态转换图；

(3) 画出 CP 作用下 Q_0、Q_1、Q_2 的波形；

(4) 说明电路的逻辑功能。

图 3-135 习题 20

21. 试画出如图 3-136 (a) 所示的电路在如图 3-136 (b) 所示的 CP 波形作用下的输出波形 Q_1 及 Q_0，并说明它的功能（设初始状态 $Q_0Q_1=00$）。

22. 分析如图 3-137 所示的同步时序逻辑电路的功能，写出分析过程。

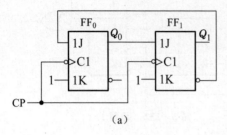
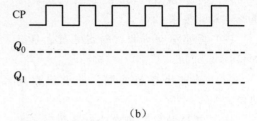

(a)   (b)

图 3-136 习题 21

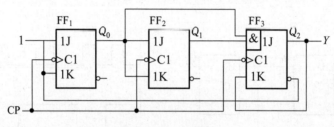

图 3-137 习题 22

23. 分析如图 3-138 所示电路的逻辑功能。要求：
(1) 写出驱动方程、状态方程；
(2) 列出状态转换表，并画出状态转换图；
(3) 说明电路的逻辑功能，并判断能否自启动；
(4) 画出在时钟作用下各触发器的输出波形。

24. 分析如图 3-139 所示的时序逻辑电路。要求：
(1) 列出方程组，并列出状态转换表；
(2) 画出状态转换图、时序图（设初始状态为 0）；
(3) 说明该时序逻辑电路的功能。

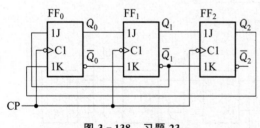
图 3-138 习题 23

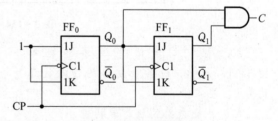
图 3-139 习题 24

25. 分析如图 3-140 所示的时序逻辑电路。要求：
(1) 写出该电路的驱动方程、状态方程和输出方程；
(2) 画出 Q_1Q_0 的状态转换图；
(3) 根据状态图分析其功能。

26. 分析如图 3-141 所示的同步时序逻辑电路。要求：
(1) 写出激励方程组、状态方程组和输出方程；

(2) 画出状态转换图并描述功能。

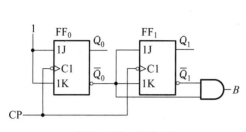

图 3－140　习题 25　　　　图 3－141　习题 26

27. 已知某同步时序逻辑电路如图 3－142 所示。要求：
(1) 分析电路的状态转换图，并要求给出详细分析过程；
(2) 说明电路的逻辑功能，并判断能否自启动；
(3) 若计数脉冲 f_{CP} 的频率等于 $700\mathrm{Hz}$，求出从 Q_2 端输出时的脉冲频率。

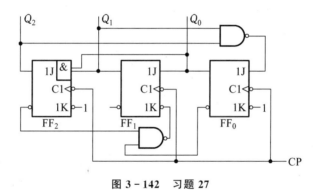

图 3－142　习题 27

28. 分析如图 3－143 所示的同步时序逻辑电路。要求：
(1) 写出激励方程组、状态方程组；
(2) 画出状态转换图。

29. 分析如图 3－144 所示的同步时序逻辑电路。要求：
(1) 写出各级触发器的驱动方程（激励函数）；
(2) 写出各级触发器的状态方程；
(3) 列出状态转换表；
(4) 画出状态转换图；
(5) 描述逻辑功能。

30. 有一个逻辑电路如图 3－145 所示，试画出时序逻辑电路部分的状态图，并画出在 CP 作用下 2 线—4 线译码器 74LS139 输出端 $\overline{Y_0}$、$\overline{Y_1}$、$\overline{Y_2}$、$\overline{Y_3}$ 的波形（设 Q_1、Q_0 的初始状态为 0）。

注意：2 线—4 线译码器的逻辑功能为，当 $\overline{EN}=0$ 时，电路处于工作状态，$\overline{Y_0}=\overline{\overline{A_1}\cdot\overline{A_0}}$，$\overline{Y_1}=\overline{\overline{A_1}A_0}$，$\overline{Y_2}=\overline{A_1\,\overline{A_0}}$，$\overline{Y_3}=\overline{A_1A_0}$。

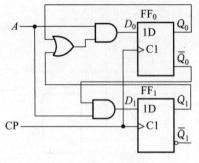

图 3-143 习题 28

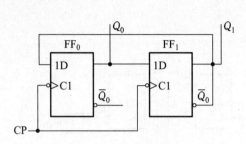

图 3-144 习题 29

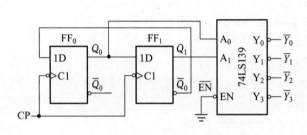

图 3-145 习题 30

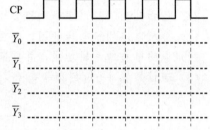

31. 已知有如图 3-146 所示的电路,试回答下列问题。

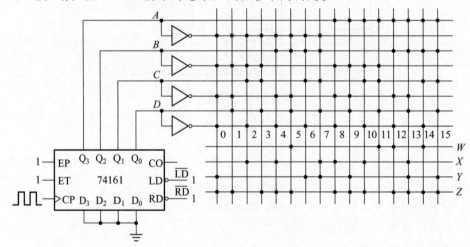

图 3-146 习题 31

(1) 此处 74161 组成模值为多少的计数器。

(2) 写出 W、X、Y、Z 的函数表达式。

(3) 在 CP 作用下,画出 W、X、Y、Z 的波形,分析 W、X、Y、Z 端顺序输出 8421BCD 码的状态。

32. 电路如图 3-147 所示,74LS151 为 8 选 1 数据选择器,74161 为 4 位二进制计数器。请问:

(1) 该电路构成了几进制的计数器?

(2) 画出 CP、Q_0、Q_1、Q_2、L 的波形（CP 波形不少于 10 个周期）。

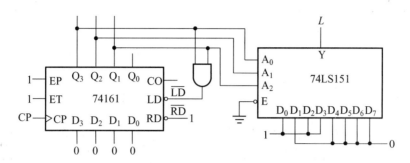

图 3-147　习题 32

33. 已知如图 3-148 所示部分已经连接好的数字电路。请问：

(1) 当 CD4511 输入 8421BCD 码时，$a \sim g$ 端输出有效电平是高电平还是低电平？

(2) 试应用反馈清零法设计一个六进制的加法计数器，并在图 3-148 的基础上通过必要的连接后使电路实现正常的计数显示功能。要求画出状态转换图，并在图上进行必要的连接和设置。

34. 用 4 位二进制同步加法计数器 74HC161 设计 2421BCD 码十进制加法计数器，可增加必要的门电路。

35. 用同步 4 位二进制计数器 74LVC161 构成码制为余 3 码的十进制计数器。试写出详细设计过程，并画出状态转换图和连线图。

36. 试用 D 触发器设计一个同步五进制加法计数器，要求写出设计过程。

37. 用最少的 JK 触发器与必要的门电路来设计一个能自启动的同步六进制减法计数器，即要求计数顺序为 0→5→4→3→2→1→0…，并当计数到 0 时，输出一个高电平，要求：

(1) 分析设计要求，列出状态转换表；　　(2) 求出状态方程、输出方程和驱动方程；
(3) 画出电路的逻辑图；　　(4) 判断电路是否能自启动。

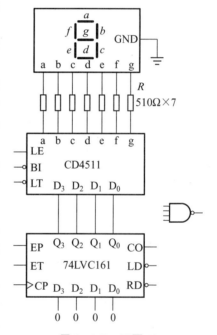

图 3-148　习题 33

第 4 章 数字系统设计与实现

本章主要包括面包板简介、基于中小规模集成电路的数字系统设计和基于 FPGA 的数字系统设计三部分，围绕课程学习中的"做中学、学中做"展开。内容安排上主要凸显数字系统的基本设计思路和实现方法，同时结合具体综合设计案例来贯彻知识点和实现步骤的落实。

通过本章的学习，熟悉面包板的构造、连线方法及使用注意事项等；掌握四路数字抢答器的设计与面包板的制作方法，并在此基础上掌握基于中小规模集成电路的数字系统设计的一般流程；熟悉基于 FPGA 的数字系统设计相关的实现步骤，掌握"搭积木"式设计思路；熟悉数字系统设计报告的撰写等。

第4章思维导图

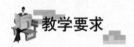

知识要点	能力要求	相关知识
面包板简介	(1) 熟悉常见面包板的构造 (2) 熟悉面包板连线方法 (3) 了解面包板使用注意事项	(1) 面包板构造 (2) 面包板连线方法 (3) 面包板使用注意事项
基于中小规模集成电路的数字系统设计	(1) 掌握数字电路综合设计一般流程 (2) 掌握集成芯片综合应用设计方法 (3) 掌握面包板制作和调试方法	(1) 以四路数字抢答器为例进行设计 (2) 面包板制作与综合调试 (3) 撰写设计报告
基于 FPGA 的数字系统设计	(1) "搭积木"式设计思路 (2) 模块化实现 (3) 系统综合调试	(1) 设计选题与设计思路 (2) 模块化实现 (3) 下载与调试

第4章 数字系统设计与实现

引言

常用的数字系统设计通常有通过中小规模集成电路在面包板上搭建实现或 FPGA 实现两种方式。通过中小规模集成电路搭建实现的方式来进行数字综合应用电路的设计与制作，可以让学生加深理解数字电路的基本理论知识，学习基本理论在实践中综合运用的初步经验，掌握数字电路系统设计的基本方法、设计步骤，进一步熟悉和掌握常用数字电路元器件的应用；掌握数字电路调试、测试、故障查找和排除的方法、技巧，能独立完成课程设计的内容；学会科学设计数字电路，具有合理安排实验步骤的能力，按功能模块连线、测试、调试电路和排除故障等。用 FPGA 方法来实现数字综合应用电路的设计是当前数字系统设计的前沿，也是数字电子技术应用的发展方向，通过学习主要让学生增强 FPGA 设计理念，掌握 FPGA 的设计和调试方法，提高 FPGA 设计能力和应用技巧。

4.1 面包板简介

面包板是数字电路实验中一种常用的具有多孔插座的插件板。在进行数字电路实验时可以进行芯片和插线布局，并根据电路连接要求在相应孔内插入电子元器件的引脚以及导线等，使其与孔内弹性接触簧片接触，由此连接成所需的实验电路。

1. 面包板的构造

常见的小面包板实物图如图 4-1 所示，板子由 4 个小块和 2 个大块组成。

图 4-1 小面包板实物图

常见的大面包板实物图如图 4-2 所示，板子由 7 个小块和 4 个大块组成。
为了更好地了解面包板结构，下面通过拆分面包板小块和大块来进一步说明。
（1）拆开的面包板小块正、反面分别如图 4-3（a）、图 4-3（b）所示。
对照面包板小块的正、反面可见：同一行中前连面 25 个孔组成的条是连通的，

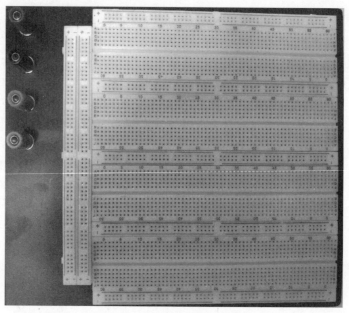

图 4-2 大面包板实物图

后面 25 个孔组成的条也是连通的，但同行中两条之间是不连通的，对照图 4-3（a）中的正面图，从左向右数的第 25 个孔和第 26 个孔之间是不连通的；同时也可以观察到，上下两行之间是不连通的。实际使用中通常把电源和地接在面包板小块上。

（a）正面

（b）反面

图 4-3 面包板小块的正、反面

（2）拆开的面包板大块正、反面分别如图 4-4（a）、图 4-4（b）所示。

对照面包板大块的正、反面可见：纵向的 5 个插孔是相互连通的，但是横向间的插孔条都是不连通的；用于隔离上下两部分插孔的凹槽，插孔间及簧片间的距离均与双列直插式封装（Dual In-Line Package，DIP）集成电路管脚的标准间距 2.54mm 相同，因而适于插入各种数字集成电路。实际使用中通常把芯片等元器件插放在凹槽两侧。

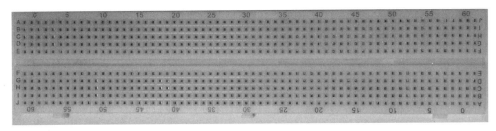

（a）正面

（b）反面

图 4-4　面包板大块的正、反面

2．面包板使用注意事项

1）接插连线相关

面包板反面的导电金属条上连接有若干金属插孔，它们与正面的小孔相对应，所以使用面包板时需要注意，将元器件引脚插入小孔时，一定要使元器件引脚插到底（必要时需要借助镊子），以便与金属条可靠连接。尤其是在将集成块插入面包板时，往往容易造成松动，这时可将集成块的两排引脚压得相互靠近些，以便牢固地插入小孔。

由于同一列的小孔是连通的，所以元器件的各个引脚不能插在同一列中，否则将意味着这个元器件的各个引脚被短路了。另外，电路中的测试点和地线端最好专门引出导线进行测量，否则仪器的探头直接连接在元器件引脚上容易造成元器件引脚被拉松。

插入面包板上孔内引脚或导线铜芯的直径为 0.4～0.6mm，即比大头针的直径略微细一点。元器件引脚或导线头要沿面包板的板面垂直方向插入孔内，应能感觉到有轻微、均匀的摩擦阻力，在面包板倒置时，元器件应能被簧片夹住而不脱落。

面包板应该在通风、干燥处存放，特别要避免被电池漏出的电解液所腐蚀。要保持面包板清洁，焊接过的元器件不要插在面包板上。

2）布局和工艺考虑

（1）整块板上的元器件的布局要合理，使走线距离短、接线方便、整洁美观。

（2）导线量好长度后，根据走线位置插入面包板，走线方向应为"横平、竖直"。

（3）尽量避免线与线交叉、重叠，甚至出现"立交桥"。

（4）一根导线可以直通的地方尽量只用一根线，用多根导线转接既费事又容易出错。

（5）电源和地尽量按"总线"方式来接。

4.2 基于中小规模集成电路的数字系统设计

通过中小规模集成电路搭建实现的方式来进行数字综合应用电路的设计与制作,主要是应用数字集成芯片来完成功能设计,并在面包板上完成应用电路搭建、制作和最终综合调试。这一类设计通常可以归类为小型数字电路系统的设计,通过实验掌握数字系统的设计和分析方法,进行独立的数字系统设计,也可以将理论与实际联系起来,更深刻地理解理论知识。

4.2.1 设计方法

在进行数字电路综合设计时,首先要对每一课题给定的总体要求做认真的分析,明确任务和性能指标,然后做总体设计。在设计过程中,要根据具体情况反复对设计方案进行论证,以求方案最佳。在整体方案确定后,合理选择或独立设计逻辑单元电路,选择元器件,画电路图,进行实验、性能测试,撰写设计报告等。

数字电路设计的一般流程如图 4-5 所示。

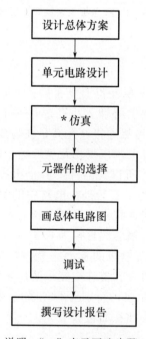

说明:"*"表示可选步骤。

图 4-5 数字电路设计的一般流程

1. 设计总体方案

明确设计任务后,需要寻找一定功能的若干单元电路或者通过设计单元电路构成一个能满足题目各项性能指标要求的整体电路,这个过程就是总体设计的过程。因为设计的途径不是唯一的,满足要求的方案也不止一个,所以为了得到一个满意的设计方案,往往需要针对要求查阅大量文献资料、芯片手册等。通过对方案进行比较，对电路的先进性、结构繁简、成本高低和制作难易程度等方面进行综合比较，经过"设计—验证—再设计"多次反复过程，最后确定一种可行的方案。总体设计方案可以用框图来表示，主要部分和难点可以画得详细一些，其余部分只要能反映设计思想和基本原理即可。

2．单元电路设计

将总体方案化整为零，分解成若干子系统或单元电路，然后逐个进行设计。单元电路的设计是整个电路设计的实质部分，将每一部分按总体框图要求设计好，才能保证整体电路的质量。单元电路的设计步骤可分为以下三步。

（1）根据总体方案对单元的要求，明确单元电路的性能指标。

（2）选择设计单元电路的结构形式。通常选择比较熟悉的电路，或者查阅资料选择更合适、更先进的电路，并在此基础上调试改进，使电路的结构形式最佳。

（3）计算主要参数，选择元器件。

在单元电路设计中，尽可能选择合适的现成电路，可以选择已经做过的实验所设计的电路，芯片的选用应优先选择中、大规模电路。同时需要注意各单元电路之间的输入/输出信号关系，尽量避免使用电平转换电路。

3．仿真

为了了解电路的设计是否可行，通常采用 EDA 软件对电路功能进行仿真，从各个单元电路仿真入手，以便保证总体电路调试能减少故障。常用的 EDA 软件主要由 Multisim 或 Proteus。当然这个步骤通常为可选步骤。

4．元器件的选择

数字系统设计时元器件的选择是很重要的，因为元器件的选择是否合理直接影响电路的稳定性、成本和成品体积大小等方面。选择元器件的原则是，在实现题目要求的前提下所选的元器件最少，成本最低。最好采用同一类型的集成电路，这样可以不必考虑不同类型元器件之间的连接匹配问题。集成电路常用的封装形式有 3 种，即双列直插式、扁平式和直列式，通常选用双列直插式。

5．画总体电路图

完成单元电路设计和元器件的选择后，应该画出总体电路图。画图时需要注意以下几点。

（1）总体电路图中应该包括所有电路，即应该有输入和输出，一般从输入端或信号端画起，由左到右或由上到下按信号流向依次画出各单元电路。

（2）画总电路图时布局要合理，元器件排列要均匀。如果需要将电路图画在几张图纸上时，应该标明各图纸之间相连的线或端子。

（3）画图时连线应该是水平线和垂直线，对相连的交叉线之间的交叉点以黑圆点表示。

6．调试

以单元电路为单位搭接电路，分别调试，反复修改，直至完善。在调试过程中遇到

多路数字式抢答器设计综述

面包板设计1-显示部分

面包板设计2-编码部分

面包板设计3-简易抢答部分

面包板设计4-倒计数部分

面包板设计5-综合功能说明

故障时,应该对各个集成电路的相应输入、输出端信号进行测试。根据测试结果进行观察、分析,找到问题所在,并最终解决问题,完成电路的调试。

7. 撰写设计报告

通过撰写报告,不仅将设计、组装及调试的内容进行全面总结,而且把实践内容上升到理论高度。设计报告的撰写应该根据设计要求来完成,一般来说报告的内容主要包括课题名称、任务与要求、总体设计方案的构思与选定、单元电路的设计、电路图的绘制、组装调试过程及结果、元器件清单和收获体会等。

4.2.2 四路数字抢答器的设计与制作

接下来以四路数字抢答器的设计与制作为例来说明数字电路的整个设计过程,具体在面包板上来实现制作与综合调试。

1. 系统设计要求

(1) 可容纳4个选手同时参加比赛,他们的编号分别为1、2、3、4,各有一个抢答按钮。主持人通过一个开关控制抢答系统开始与结束。

(2) 主持人可预先设定抢答时间10s,显示倒计时。如时间倒计为零时,仍然没有选手抢答,锁定抢答器,同时红灯亮,不能继续抢答,直到主持人复位后重新抢答,同时倒计时显示要求0消隐。

(3) 抢答器具有数据锁存功能。在主持人宣布抢答开始前,如果有选手已按下抢答按钮,系统会锁定并显示犯规选手的相应编号,同时发出灯光示警;当主持人宣布抢答开始时,倒计时开始,选手们可以抢答,系统会锁定并显示规定时间内最先抢答的选手的相应编号,同时发出灯光提示。

(4) 抢答器对参赛选手动作的先后要有很强的分辨能力,即使动作的先后只相差几毫秒,抢答器也要能分辨出来。也就是说,系统不显示后动作选手的编号,只显示最先动作选手的编号,并保持到主持人清零为止。

(5) 犯规电路设计。主持人还没开始前,任何一个选手先按下按钮就显示对应的犯规选手。

(6) 其他相关功能拓展。

2. 实现方案与电路原理

根据系统设计整个系统可以分为基本抢答模块、倒计时模块、选手编号显示模块、脉冲产生模块和稳压电源模块。另外考虑功能的拓展,设置了一个选做的选手分数加减及显示模块。综合实现方案框图如图4-6所示。

1) 基本抢答模块

基本抢答模块包括抢答电路和犯规识别电路,各采用1个四触发器

74HC175，它们的 4 个输入端由 4 位选手来控制，平时均处于低电平，抢答时输入一个高电平，同时接在相应 Q 端的红灯亮，开始开关由主持人控制（接抢答电路的清零端，它的非接犯规电路的清零端），输入低电平时抢答模块不工作，犯规电路工作；输入高电平时抢答器才开始工作，犯规电路不工作。

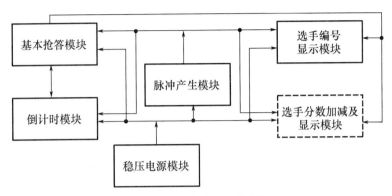

图 4-6 综合实现方案框图

74HC175 的 CP 端输入接用门电路构成的电子开关，用来控制 1kHz 以上的时钟脉冲的输入，控制端由 $\overline{Q}$ 端通过外加与门电路（通常用与非门来实现）反馈得到，平时反馈 1，有人抢答后立即反馈 0，截止时钟脉冲，从而锁定系统状态，直到主持人按控制键复位。

2) 倒计时模块

倒计时功能可以通过接有频率为 1Hz 时钟脉冲的计数器来实现，这里采用十进制可逆计数器 74HC192（因为分数加减部分需要十进制可逆计数器）进行倒计时，经 BCD 七段译码器 74HC247，用共阳极 LED 数码管显示。10s 倒计时是从 9 开始计数，计到 0 为止。

当倒计到 0 时，利用 74HC192 的 $\overline{BO}$ 端反馈来锁定系统状态（即停在 0），同时倒计时显示实现 0 消隐，直到主持人按控制键复位。

3) 选手编号显示模块

还没抢答时，即主持人控制端输入为 0，若有选手已经按下按钮，LED 数码管显示会被锁定并显示犯规的选手号，并触发指示灯示警，直到主持人按控制键来复位。

当主持人控制键输入为 1，即开始抢答后，一有选手抢答，LED 数码管显示会被锁定并显示抢答的选手号码，直到主持人按控制键复位。选手编号经编码电路 CD4532 转化为 4 位二进制数据，再输入到显示译码 CD4511 驱动数码管显示。

4) 选手分数加减及显示模块（选做）

该部分的主要功能是显示每位选手分数，抢答并判断答对还是答错后，给相应选手加减分数，且可预置分数和脉冲加减分。利用基本抢答部分的 Q 端来选通相应选手的分数加减电路，4 个 Q 或 $\overline{Q}$ 端连接到分数加减显示电路中 74HC192 的加、减输入电子开关上。

当有选手抢答并判断正误后，系统会自动选通相应选手的分数加减显示电路，如果选手判断正确,则从加分 CP 端输入单脉冲,加上多少分就输入多少个单脉冲;如果选手判断错误,则从减分 CP 端输入单脉冲,减去多少分就输入多少个单脉冲,最后主持人按控制键复位。只要先设好预置分数,再给 LD 端输入一个高电平或正脉冲即可。

5) 脉冲产生模块

这里需要精确的频率为 1Hz 和 1kHz 以上的时钟脉冲及单脉冲。时钟脉冲可用 CD4060 加 32768Hz 晶振电路,并结合二分频电路获得 1Hz 脉冲。

6) 稳压电源模块

稳压电源模块选用现成的稳压直流电源来实现。

3. 参考元器件清单

结合设计要求和原理分析,给出参考元器件清单如下。

(1) 四二输入与非门 74HC00×1。 (2) 四 D 触发器 74HC175×2。
(3) 双四输入与非门 74HC20×2。 (4) 十进制可逆计数器 74HC192×1。
(5) 14 位二进制串行计数器 CD4060×1。 (6) BCD 七段显示译码器 CD4511×1。
(7) BCD 七段显示译码器 74HC247×1。 (8) 8-3 优先编码器 CD4532×1。
(9) 共阴极 LED 数码管×1。 (10) 共阳极 LED 数码管×1。
(11) LED 指示灯×9。 (12) 晶振 32768Hz×1。
(13) 电阻 300Ω×33,10MΩ×1。 (14) 电容 30pF×2。

单元电路原理和制作实现等详见精讲微课。

学生作品板面样例如图 4-7 所示。

图 4-7 学生作品板面样例

4. 报告撰写基本要求

报告中主要包括以下内容。

(1) 写出设计指标与要求。
(2) 画出组成框图,叙述设计思路。
(3) 画出主要功能模块原理图,叙述原理以及测试方法。
(4) 画出总电路图,叙述主要集成块之间的控制关系和数据传输。
(5) 简述接线、调试的步骤,遇到的问题和解决办法,叙述实验结果。
(6) 单元电路、综合应用电路等实物照片(可打印出来粘贴在报告上)和必要的文字说明等。
(7) 遇到的问题及解决办法。
(8) 对整个数字系统综合设计的体会、建议等。

5. 系统实现注意事项

围绕面包板制作过程和接线经验,总结出以下几点注意事项。

(1) 要根据原理、芯片功能和引脚图,分功能设计原理图,并根据接线顺序分步验证。
(2) 在接线以前,先根据原理图上所用集成块和连接进行合理布局,使接线距离短、接线方便,而且美观可靠,对照芯片引脚图的引脚接线,也可先在原理图上标上引脚编号。
(3) 导线要先拉直,每根线量好长度后,再剪断、剥好线头,根据走线位置折好后插入面包板,要求导线的走线方向为"横平、竖直"。
(4) 最容易出现的故障为接触不良。
① 新集成块引脚方向偏向两边,要先调整好方向,对准面包板的金属孔小心插入。
② 导线的裸露部分长度与面包板的厚度相适应(比板的厚度稍短)。
③ 导线的裸线部分不要露在板上面以防短路,但是绝缘部分绝不能插入金属片内。
④ 导线要插入金属孔中央。
(5) 按照原理图接线时首先确保可靠的电源和接地。
(6) 注意芯片的控制输入引脚必须正确接好,不可以悬空,输出引脚不用时可以悬空。
(7) 检查故障时除测试输入、输出信号外,要注意电源、接地和控制引脚是否接好。
(8) 要注意芯片引脚上的信号与面包板上插座上的信号是否一致(集成块引脚与面包板常接触不良)。
(9) 接线时要对各个功能模块进行单个测试,需要设计一些临时电路用于测试,但是在各个功能模块相连时,必须把临时接线拆除。

说明:设计与实现中涉及的芯片原理部分内容可查阅本书中各相关章节内容;四路数字抢答器完整调试结果和过程说明等可以扫描对应的二维码来学习;设计题相关内容详见本章习题或扫描对应二维码来查看。

4.3 基于 FPGA 的数字系统设计

本节主要介绍现场可编程门阵列(Field Programmable Gate Array,FPGA)设计的

流程，并结合实际应用案例讲解设计过程，总体采用自顶而下的设计方法来实现，采用原理图输入和硬件描述语言（Hardware Description Language，HDL）输入混合设计方式。

4.3.1 FPGA设计的一般流程

FPGA的设计流程就是利用EDA开发软件和编程工具对FPGA芯片进行开发的过程。典型FPGA的开发流程如图4-8所示，主要包括功能定义/器件选型、设计输入、功能仿真、综合优化、综合后仿真、实现与布局布线、时序仿真、板级仿真与验证以及芯片编程与调试等主要步骤。

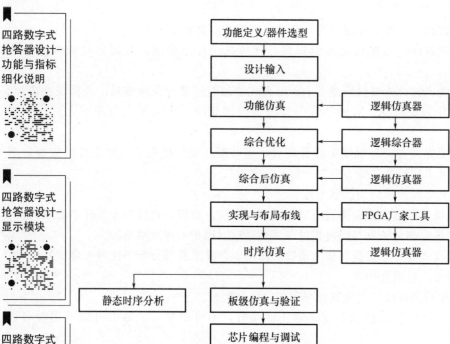

图4-8　典型FPGA的开发流程

1. 功能定义/器件选型

在FPGA设计项目开始之前，必须有系统功能的定义和模块的划分，另外就是要根据任务要求，如系统的功能和复杂度，对工作速度和器件本身的资源、成本以及连线的可布性等方面进行权衡，选择合适的设计方案和合适的器件类型。一般都采用自顶向下的设计方法，把系统分成若干个基本单元，然后再把每个基本单元划分为下一层次的基本单元，一直这样做下去，直到可以直接使用EDA元件库为止。

2. 设计输入

设计输入是将所设计的系统或电路按照开发软件要求的某种形式表示出来，并输入给 EDA 工具的过程。常用的方法有 HDL 和原理图输入方法等。

原理图输入方式是一种最直接的描述方式，在可编程芯片发展的早期应用比较广泛，它将所需的器件从元件库中调出来，画出原理图。这种方法虽然直观并易于仿真，但效率很低且不易维护，不利于模块构造和重用；更主要的缺点是可移植性差，当芯片升级后，所有的原理图都需要进行一定的改动。

在实际开发中应用最广的就是 HDL 输入法，利用文本描述设计，其可以分为普通 HDL 和行为 HDL。普通 HDL 有 ABEL、CUR 等，支持逻辑方程、真值表和状态机等表达方式，主要用于简单的小型设计。而在中大型工程中主要使用行为 HDL，其主流语言是 Verilog HDL 和 VHDL，这两种语言都是电气电子工程师学会（Institute of Electrical and Electronics Engineers，IEEE）的标准，其共同的突出特点有，语言与芯片工艺无关，利于自顶向下设计，便于模块的划分与移植，可移植性好，具有很强的逻辑描述和仿真功能，而且输入效率很高。

四路数字式抢答器设计-组合模块

除了 IEEE 标准语言外，还有厂商自己的语言。也可以用 HDL 为主，原理图为辅的混合设计方式，以发挥两者各自的特长。

3. 功能仿真

功能仿真也称前仿真，是在编译之前对用户所设计的电路进行逻辑功能验证，此时的仿真没有延迟信息，仅对初步的功能进行检测。仿真前，要先利用波形编辑器和 HDL 等建立波形文件和测试向量（即将所关心的输入信号组合成序列），仿真结果将会生成报告文件和输出信号波形，从中便可以观察各个节点信号的变化。如果发现错误，则返回上一步修改设计。

四路数字式抢答器设计-调试与结果说明

常用的工具有 Model Tech 公司的 ModelSim、Synopsys 公司的 VCS 和 Cadence 公司的 NC-Verilog 以及 NC-VHDL 等。

4. 综合优化

所谓综合就是将较高级抽象层次的描述转化成较低层次的描述。综合优化根据目标与要求优化所生成的逻辑连接，使层次设计平面化，供 FPGA 布局布线软件进行实现。

就目前的层次来看，综合（Synthesis）优化是指将设计输入编译成由与门、或门、非门、RAM、触发器等基本逻辑单元组成的逻辑网表，而并非真实的门级电路。具体的门级电路需要利用 FPGA 生产商的布局布线功能，根据综合后生成的标准门级结构网表来产生。

四路数字式抢答器设计-常见问题与解决办法

为了能转换成标准的门级结构网表，HDL 程序的编写必须符合特定综合器所要求的风格。由于门级结构、RTL 级的 HDL 程序的综合是很成熟的技术，因此所有的综合器都可以支持这一级别的综合。

常用的综合工具有 Synplicity 公司的 Synplify/Synplify Pro 软件以及各个 FPGA 生产商自己推出的综合开发工具。

5. 综合后仿真

综合后仿真是为了检查综合结果是否和原设计一致。在仿真时,把综合生成的标准延时文件反标注到综合仿真模型中去,可估计门延时带来的影响。但这一步骤不能估计线延时,因此和布线后的实际情况还有一定的差距,并不十分准确。

目前的综合工具较为成熟,对于一般的设计可以省略这一步,但如果在布局布线后发现电路结构和设计意图不符,则需要回溯到综合后仿真来确认问题所在。

在功能仿真中介绍的软件工具一般都支持综合后仿真。

6. 实现与布局布线

布局布线可理解为利用实现工具把逻辑映射到目标器件结构的资源中,决定逻辑的最佳布局,选择逻辑与输入/输出功能链接的布线通道进行连线,并产生相应文件(如配置文件与相关报告)。实现是将综合生成的逻辑网表配置到具体的FPGA芯片上,布局布线是其中最重要的过程。

布局将逻辑网表中的硬件原语和底层单元合理地配置到芯片内部的固有硬件结构上,并且往往需要在速度最优和面积最优之间做出选择。布线根据布局的拓扑结构,利用芯片内部的各种连线资源,合理正确地连接各个元件。

目前,FPGA的结构非常复杂,特别是在有时序约束条件时,需要利用时序驱动的引擎进行布局布线。布线结束后,软件工具会自动生成报告,提供有关设计中各部分资源的使用情况。由于只有FPGA芯片生产商对芯片结构最为了解,所以布局布线必须选择芯片开发商提供的工具。

7. 时序仿真

这里的时序仿真也称后仿真,是指将布局布线的延时信息反标注到设计网表中来检测有无时序违规(即不满足时序约束条件或器件固有的时序规则,如建立时间、保持时间等)现象。时序仿真包含的延迟信息最全,也最精确,能较好地反映芯片的实际工作情况。由于不同芯片的内部延时不一样,不同的布局布线方案也给延时带来不同的影响。

在布局布线后,通过对系统和各个模块进行时序仿真,分析其时序关系,估计系统性能,以及检查和消除竞争冒险是非常有必要的。在功能仿真中介绍的软件工具一般都支持时序仿真。

8. 板级仿真与验证

板级仿真与验证主要应用于高速电路设计中,对高速系统的信号完整性、电磁干扰等特征进行分析,一般都以第三方工具进行仿真和验证。

9. 芯片编程与调试

设计的最后一步就是芯片编程与调试。芯片编程是指产生使用的数据文件(如产生位流数据文件,bitstream generation),然后将编程数据下载到FPGA芯片中。其中,芯片编程需要满足一定的条件,如编程电压、编程时序和编程算法等方面。逻辑分析仪(Logic Analyzer, LA)是FPGA设计的主要调试工具,但需要引出大量的测试管脚,且

LA 价格昂贵。

目前主流的 FPGA 芯片生产商都提供了内嵌的在线逻辑分析仪（如 Xilinx ISE 中的 ChipScope、Altera Quartus II 中的 SignalTap II，以及 SignalProb）来解决上述矛盾，它们只需要占用芯片少量的逻辑资源，具有很高的实用价值。

4.3.2 自顶向下的设计方法

自顶而下的设计方法示意图，如图 4-9 所示。这种方法首先从系统设计入手，在顶层将整个系统划分成几个子系统，然后逐级向下将子系统分为若干个功能模块，每个功能模块还可以向下划分成子模块，甚至分成最基本的模块实现。

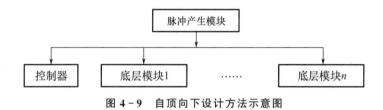

图 4-9 自顶向下设计方法示意图

自顶向下的设计方法可以将一个复杂的数字系统设计转化为较为简单的状态机设计和基本电路模块设计，从而大大简化设计的难度。对初学者来说，采用原理图输入和 HDL 输入混合设计方式，把采用自顶向下设计方法细分的各个小功能模块设计并调试好后，再组合成所需实现的数字系统，这也被形象地称为"搭积木"式方法。

4.3.3 篮球计时记分牌设计

下面结合具体应用设计来概要说明设计过程和要点，主要采用混合、"搭积木"的方法实现。设计与实现过程中的时序仿真结果部分限于篇幅就略去了，读者可自行调试。

1. 设计指标与功能实现

(1) 比赛开始前，所有模块就位。

(2) 裁判宣布开始时，比赛正式开始，进入 12 分钟倒计时，同时进入 24 秒倒计时抢球，且信号灯显示抢到球的一方。

(3) 当球被另一方夺取时，重新进入 24 秒倒计时，信号灯显示抢到球的一方。

(4) 当 24 秒倒计时为 0 时（犯规时），蜂鸣器（信号灯）提示。

(5) 当裁判宣布暂停时，12 分钟倒计时暂停，24 秒倒计时复位，进入 60 秒倒计时。60 秒倒计时为 0 时，暂停结束，蜂鸣器（信号灯）提示，继续 12 分钟倒计时。

(6) 一节比赛结束时，蜂鸣器（信号灯）提示，数码管显示节数。

2. 功能模块设计

根据指标要求，设计的功能模块主要有比赛赛节显示模块、倒计时模块和控制模块。结合课程学习进程和所学知识点，考虑设计主体用元件库里既有的集成模块来实现。有关 VHDL 或 Verilog HDL 设计方面的内容可参考其他相关资料。

1) 比赛赛节显示模块

一场比赛设置成四节,每节 12 分钟,考虑用 74192 芯片实现加法计数,分别显示 1、2、3、4 节。应用 Quartus Ⅱ软件设计得出如图 4-10 所示的比赛赛节显示模块仿真电路图,并仿真通过。

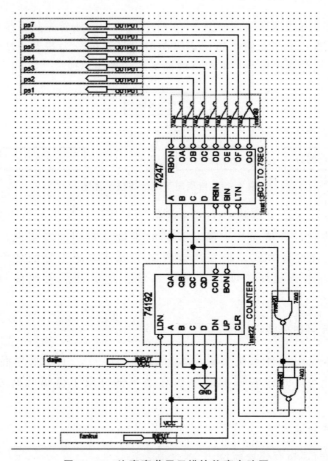

图 4-10 比赛赛节显示模块仿真电路图

74247 的输出接了反相器,主要是考虑 FPGA 调试板上没有共阳极 LED 数码管,实际设计中读者可以根据自己的调试板情况来设置。

2) 倒计时模块

根据功能实现要求考虑倒计时模块包括 12 分钟倒计时模块、60 秒倒计时模块、24 秒倒计时模块。

12 分钟倒计时模块考虑用 4 个 74192 芯片、4 个 74247 芯片和一些必要的门电路来实现,具体设计的模块仿真电路图如图 4-11 所示。

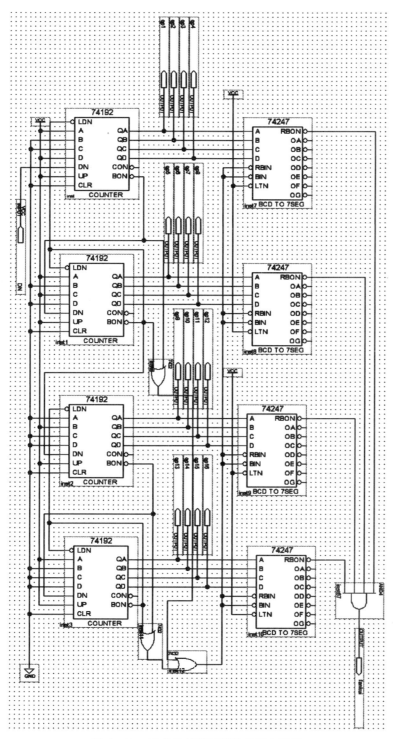

图 4-11　12 分钟倒计时模块仿真电路图

60秒倒计时模块考虑用2个74192芯片来实现，具体设计的模块仿真电路图如图4-12所示。

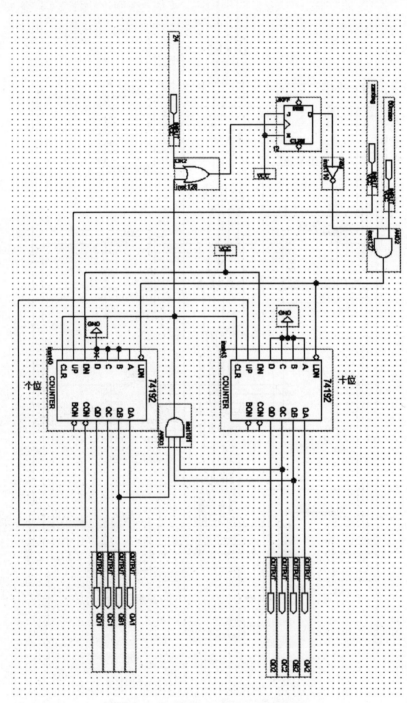

图4-12　60秒倒计时模块仿真电路图

24 秒倒计时模块考虑用 2 个 74247 芯片、2 个 74192 芯片和 74175 芯片来实现,具体设计的模块仿真电路图如图 4-13 所示。

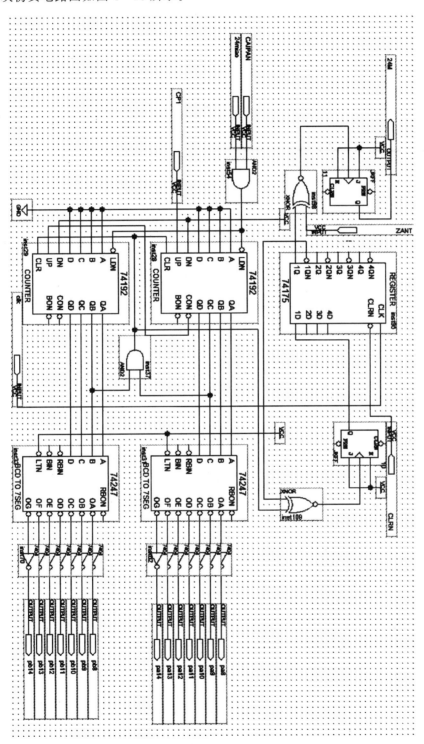

图 4-13　24 秒倒计时模块仿真电路图

3) 控制模块

控制模块主要由两部分组成。第一部分是总控制模块,仿真电路图如图 4-14 所示,主要由主持人控制整场开始或结束,24 秒复位模块(24 秒超时时控制比赛的继续),裁判控制 12 分钟、60 秒和进攻方的 24 秒等组成。第二部分是队伍信号灯控制模块,仿真电路图如图 4-15 所示。

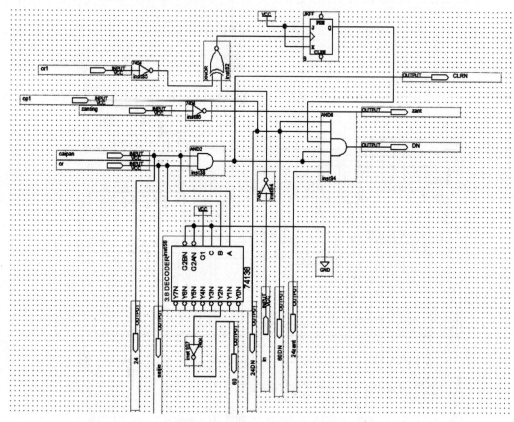

图 4-14 总控制模块仿真电路图

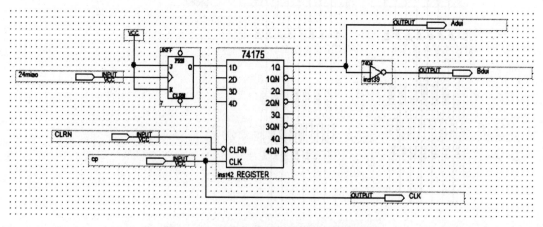

图 4-15 队伍信号灯控制模块仿真电路图

4）队伍信号灯显示模块

设计的队伍信号灯显示模块仿真电路图如图4-16所示。

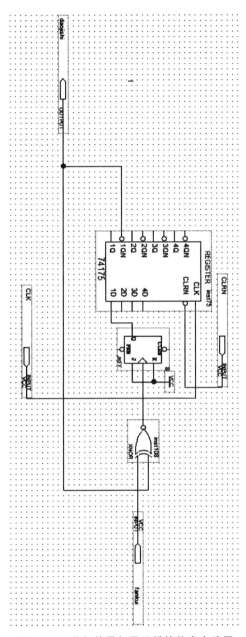

图4-16 队伍信号灯显示模块仿真电路图

5）总模块合成

把图4-10～图4-16分别合成综合模块形式，并连接成总模块，其仿真电路图如图4-17所示。

其中时钟脉冲和电源就直接使用FPGA板自带的模块。

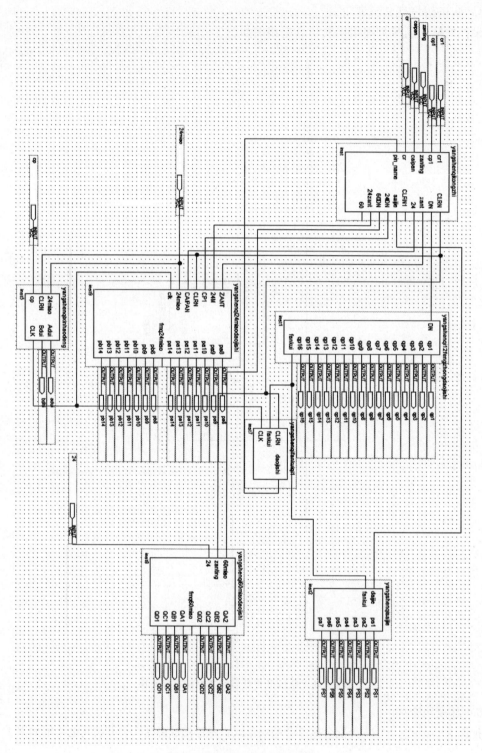

图 4-17 总模块仿真电路图

时序仿真波形部分截图如图 4-18 所示。

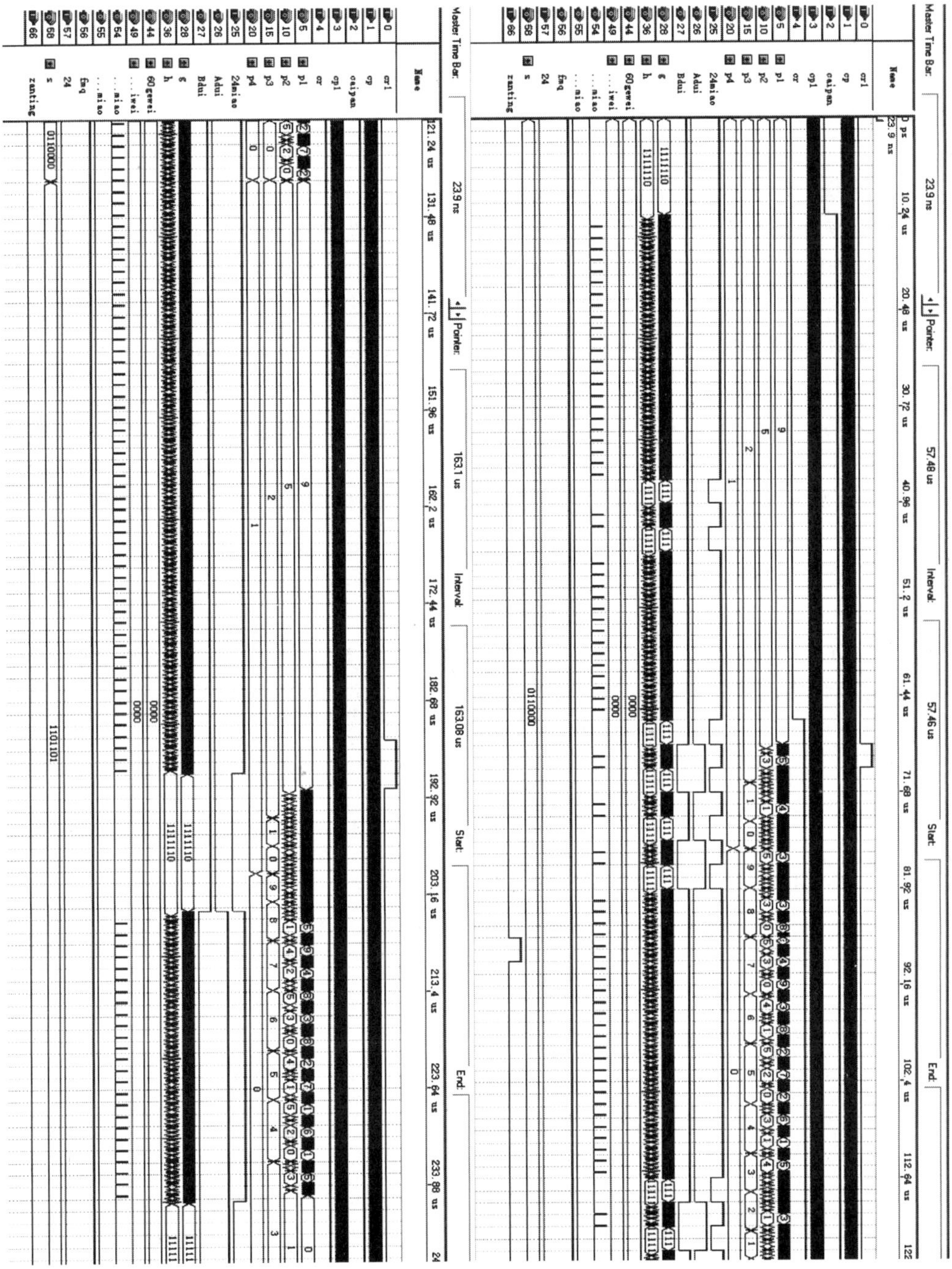

图 4-18　总模块时序仿真波形部分截图

后续引脚设置、板子下载等由于 FPGA 板的不同，具体设置也不一样，限于篇幅在此不再赘述。

本章小结

1. 面包板接线、制作和调试中最容易出现的问题是插线不到位或松动，有时候明明看电路都是对的，但哪怕是一根线出现问题也会导致结果出不来，所以插线到位是首要的。

2. 面包板设计中合理布局和布线至关重要，电源、地统一接连很重要。

3. 通过中小规模集成电路搭建实现的方式来进行数字综合应用电路的设计与制作，主要是应用数字集成芯片来完成功能设计，并在面包板上完成电路搭建、制作和最终综合调试。

4. 在整体方案确定后，应合理选择或独立设计逻辑单元电路，选择元器件，画电路图，进行实验、性能测试，撰写设计报告等。

5. 中小规模集成芯片的合理选取十分重要。

6. 典型 FPGA 的开发流程主要包括功能定义/器件选型、设计输入、功能仿真、综合优化、综合后仿真、实现与布局布线、时序仿真、板级仿真与验证以及芯片编程与调试等主要步骤。

7. 设计输入是将所设计的系统或电路以开发软件要求的某种形式表示出来，并输入给 EDA 工具的过程，常用的方法有硬件描述语言和原理图输入方法等。

8. 自顶向下的设计方法可以将一个复杂的数字系统设计转化为较为简单的状态机设计和基本电路模块设计，从而大大简化设计的难度。

习　题

一、基于中小规模集成电路的数字系统设计题（部分）

1. 数字电子钟的设计与制作。用中小规模集成电路设计一台能显示日、时、分、秒的数字电子钟。要求：

（1）由晶振电路产生 1Hz 标准秒信号；

（2）秒、分为 00～59 的六十进制计数器；

（3）时为 00～23 的二十四进制计数器；

（4）日为周一～周日的七进制计数器；

（5）可手动校时。能分别进行秒、分、时、日的校时，只要将开关置于手动位置，可分别对秒、分、时、日进行手动脉冲输入调整或连续脉冲输入的校正；

（6）整点报时。整点报时电路要求在每个整点前鸣叫五次低音（500Hz），整点时再鸣叫一次高音（1 000Hz）。

2. 智力竞赛抢答器的设计。用 TTL 或 CMOS 集成电路设计智力竞赛抢答器逻辑控制电路。具体要求如下。

（1）抢答组数为 4 组，输入抢答信号的控制电路应由无抖动开关来实现。

（2）判断选组电路。能迅速、准确地判断抢答者，同时能排除其他组的干扰信号，闭锁其他各路输入,使其他组再按开关时失去作用,并能对抢中者有光、声显示和鸣叫指示。

(3) 计数、显示电路。每组有3位十进制计分显示电路,能进行加/减计分。

(4) 定时及音响。必答时,启动定时灯亮,以示开始,当倒计时结束时要发出单音调"嘟"声,并熄灭指示灯。抢答时,当抢答开始后,指示灯应闪亮。当有某组抢答时,指示灯灭,最先抢答一组的灯亮,并发出音响。也可以驱动组别数字显示(用数码管显示)。回答问题的时间应可调整,分别为10s、20s、50s、60s或更长。

(5) 主持人应有复位按钮。抢答和必答定时应有手动控制。

3. 多路防盗报警电路的设计。设计一个多路防盗报警电路。要求:

(1) 输入电压为12V;

(2) 输出信号要同时驱动LED和继电器;

(3) 具有延时触发功能;

(4) 具有显示报警地点功能;

(5) 可以根据需要随时扩展报警路数。

4. 出租车自动计费器的设计与制作。出租车自动计费器是根据客户用车的实际情况而自动计算、显示车费的数字表。数字表根据用车起步价、行车里程计费及等候时间计费三项显示客户用车总费用,打印单据,还可设置起步、停车的音乐提示或语言提示。具体要求如下。

(1) 自动计费器有行车里程计费、等候时间计费和起步费三部分,三项计费统一用4位数码管显示,最大金额为99.99元。

(2) 行车里程单价设为1.80元/km,等候时间计费设为1.5元/10分钟,起步费设为8.00元。要求行车时,计费值每公里刷新一次;等候时每10分钟刷新一次;行车不到1km或等候不足10分钟则忽略计费。

(3) 在启动和停车时给出声音提示。

其他还有基于中小规模集成电路的多路病房呼叫系统、四路乘法器、自动售货控制器、多层电梯控制器、数字频率计和数字密码锁等的设计与制作,具体设计要求可自行查阅相关资料和指导教师商定。

二、基于FPGA的数字系统设计题(部分)

1. 基于FPGA的多路抢答器设计。要求:

(1) 5~8路抢答选手,独立抢答实现,主持人控制;

(2) 抢答选手编号显示;

(3) 两位倒计时显示;

(4) 考虑设置犯规电路;

(5) 考虑加减分功能(选做)。

数字系统设计选题

2. 基于FPGA的篮球计时(计分)系统设计。整个设计围绕着现在的篮球比赛过程实现,可以由某些功能组合起来实现。相关要求,只要完成下面(1)、(2)、(3)这3点中的2点即可。

(1) 总计48分钟,分4节,这一块的计时、暂停、自动和手工实现等综合考虑起来。

(2) 30秒倒计时,也可以有24秒犯规等环节的设置。

(3) 实现计分系统。

(4) 其他相关功能（自行拓展）。

3. 基于FPGA的数字钟（数字秒表、跑表）设计。要求（以数字钟为例）：

(1) 正常的时钟显示，时、分、秒；

(2) 校时电路设置；

(3) 最后的3~5秒整点报时功能；

*(4) 其他相关功能（自行拓展）。

4. 基于FPGA的交通灯控制器电路设计。具体是十字路口还是T字形路口场景可自行设置。要求：

(1) 红、黄、绿灯的时序控制，具体时间设定不限；

(2) 最后3秒的秒闪设定；

(3) 时间的数显；

(4) 考虑人行道、手工和自动设置等相关功能。

5. 基于FPGA的辩论赛应用系统设计。查阅相关资料，结合辩论赛应用实际来展开设计。要求：

(1) 抢答功能，对应显示谁抢答；

(2) 抢答计时功能，在规定的时限内抢答有效；

(3) 答辩计时功能；

(4) 计分功能；

(5) 主持人控制功能等。

其他还有基于FPGA的出租车计时计费、多路病房呼叫系统、四路乘法器、自动售货控制系统、多层电梯控制系统、数字频率计、数字密码锁等的设计与制作，具体设计要求可自行查阅相关资料和指导教师商定。

第 5 章 脉冲波形的产生与变换

教学目标

本章包括 555 定时器及应用和晶振应用两部分内容。从数字系统应用角度来讲就是"时钟源"部分,其主要知识点是如何获取数字脉冲,尤其是如何获得 1Hz 的脉冲。另外,目前 555 定时器应用电路在现实生活中也应用较为广泛。

通过本章的学习,理解脉冲产生、整形电路的分类和脉冲波形参数的定义;了解 3 种脉冲电路(施密特触发器、单稳触发器和多谐振荡器)的应用情况;掌握由 555 定时器组成的 3 种脉冲电路的工作原理,以及波形参数与电路参数之间的关系;掌握 1Hz 时钟脉冲的获得方法。

第5章思维导图

教学要求

知识要点	能力要求	相关知识
555 定时器及其应用	(1) 了解 555 定时器的基本结构 (2) 熟悉定时器构成的 3 种脉冲电路 (3) 掌握应用电路波形参数和电路参数间的对应关系	(1) 555 定时器 (2) 单稳态触发器 (3) 施密特触发器 (4) 多谐振荡器
晶振及其应用	(1) 熟悉晶振应用电路 (2) 掌握 1Hz 脉冲获得的不同方法	(1) 晶振 (2) 晶振应用电路

引言

在数字电路和系统中,经常需要各种宽度、幅度的脉冲信号,如时钟信号、定时信号等。当前常用的获得脉冲信号的方法通常有两种:一种方法是利用多谐振荡器直接产生所需的信号脉冲;另一种方法是利用已有的晶振电路产生的脉冲信号,经过分频后获得所需的脉冲信号。

本章主要介绍 555 定时器及其应用和晶振应用两部分内容。555 定时器主要讨论脉冲波形的产生、变换、整形等,如单稳态触发器常用作定时电路;施密特触发器常用于对脉冲波形的整形或变换;多谐振荡器常用作数字电路的触发脉冲。晶振应用主要介绍如何利用已有的晶振电路获取所需的时钟脉冲信号,尤其是硬件分频和软件分频的实现方法。

5.1　555 定时器及其应用

555 定时器功能简介

555 定时器是模拟功能和数字逻辑功能相结合的集成电路,具有功耗低、输入阻抗高等优点,只需要添加一些外围元器件,就可以很方便地构成许多实用的电子电路,如单稳态触发器、施密特触发器、多谐振荡器等。由于 555 定时器使用灵活方便,因此在信号的产生、变换、控制与检测等领域中得到了广泛应用。

555 定时器通常有双极型和 CMOS 两种类型,它们的结构及工作原理基本相同,没有本质区别。一般来说,双极型定时器的驱动能力较强,电源电压范围为 +5～+16V,最大负载电流可达 200mA。而 CMOS 定时器的电源范围为 +4.5～+18V,最大负载电流在 4mA 以下。555 定时器具有功耗低、输入阻抗高等优点,能直接驱动小型电机、继电器和低阻抗扬声器等。

5.1.1　555 定时器的基本结构

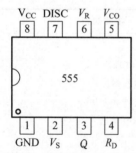

图 5-1　555 定时器引脚排列

555 定时器的引脚排列如图 5-1 所示,集成电路有 8 个引脚。1 脚是接地端,2 脚是触发输入端,3 脚是输出端,4 脚是复位端,5 脚是控制电压端,6 脚是阈值输入端,7 脚是放电端,8 脚是电源端。

1. 电路结构

555 定时器的内部原理框图如图 5-2 所示,它由 3 个 5kΩ 电阻、两个电压比较器 C_1 和 C_2、一个基本 RS 锁存器、一个放电三极管 T 以及缓冲器组成。

2. 原理说明

对照图 5-2,比较器 C_1 的同相输入端 5 连接到由 3 个 5kΩ 电阻组成的分压网络的 $\dfrac{2}{3}$ V_{CC} 处,反相输入端 6 为阈值电压输入端 TH。比较器 C_2 的反相输入端连接到分压电阻

网络的 $\dfrac{V_{CC}}{3}$ 处，同相输入端 2 为触发电压输入端 $\overline{TR}$，用来启动电路。

需要特别注意的是，对比较器 C_1 来说，当 TH（阈值输入端）大于基准电压 V_{R1} 时，输出 $V_{C1}=0$，否则为 1；而对比较器 C_2 来说，$\overline{TR}$（触发输入端）小于基准电压 V_{R2} 时，输出 $V_{C2}=0$，否则为 1。简单地说，对电压比较器 C 来说，若同相输入端电压高于反相输入端电压，则输出为 1，反之输出为 0。

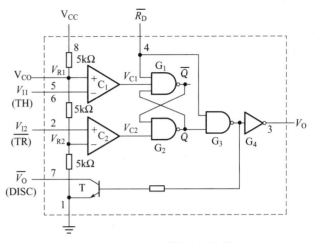

图 5-2　555 定时器内部结构

G_1 和 G_2 组成基本 RS 锁存器，输入低电平有效触发。$V_{C1}(\overline{R})=0$，$V_{C2}(\overline{S})=1$ 时，置 0，$Q=0$，$\overline{Q}=1$；$V_{C2}(\overline{S})=0$，$V_{C1}(\overline{R})=1$ 时，置 1，$Q=1$，$\overline{Q}=0$；$V_{C1}(\overline{R})=1$，$V_{C2}(\overline{S})=1$ 时，保持。G_3 为输出缓冲级，$Q=0$ 时，$V_O=0$；$Q=1$ 时，$V_O=1$。$\overline{R_D}$ 为直接复位输入端，$\overline{R_D}=0$，输出 V_O 便为低电平，正常工作时，$\overline{R_D}$ 端必须接高电平。G_4 主要是起到缓冲作用。

定时器的主要功能取决于比较器的输入，而比较器的输出又控制了 RS 锁存器和放电三极管 T 的工作状态。

控制电压端 5 是比较器 C_1 的基准电压端，通过外接元件或电压源可改变控制端的电压值，即可改变比较器 C_1、C_2 的参考电压，当接外部固定电压 V_{CO} 时，$V_{R1}=V_{CO}$，$V_{R2}=\dfrac{1}{2}V_{CO}$；当控制电压端 5 悬空时，比较器 C_1 和 C_2 的比较基准电压分别为 $\dfrac{2}{3}V_{CC}$ 和 $\dfrac{V_{CC}}{3}$，通常使用时在控制电压端 5 与地之间接一个 $0.01\mu F$ 电容，以防止干扰电压的引入。

3．功能描述

555 定时器功能如表 5-1 所示。

表 5-1　555 定时器的功能

输　　入			输　　出	
复位 $\overline{R_D}$	阈值输入 TH	触发输入 $\overline{TR}$	输出 V_O	放电三极管 T 的状态
0	×	×	低电平	导通
1	$>\dfrac{2}{3}V_{CC}$	$>\dfrac{1}{3}V_{CC}$	低电平	导通
1	$<\dfrac{2}{3}V_{CC}$	$>\dfrac{1}{3}V_{CC}$	不变	不变
1	×	$<\dfrac{1}{3}V_{CC}$	高电平	截止

从逻辑功能上来说，$\overline{R_D}$ 为低电平有效的直接置 0 端。TH（阈值输入端）大于基准电

压 V_{R1} 时，称高触发置 0；$\overline{TR}$（触发输入端）小于基准电压 V_{R2} 时，称低触发置 1。

5.1.2 单稳态触发器

单稳态触发器

单稳态触发器在加入触发信号后，可以由稳定状态（稳态）转入暂稳态，经过一定时间后，它又会自动返回原来的稳定状态。单稳态触发器在数字电路中一般用于定时（产生一定宽度的矩形波）、整形（把不规则的波形转换成宽度、幅度都相等的波形）以及延时（把输入信号延迟一定时间后输出）等。单稳态触发器的状态转换及逻辑符号如图 5-3（a）和（b）所示。

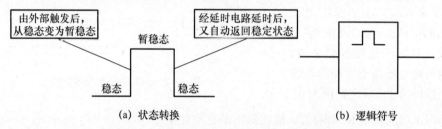

图 5-3　单稳态触发器的状态转换及逻辑符号

单稳态触发器具有以下特点。

(1) 电路有一个稳态和一个暂稳态。

(2) 电路在没有触发信号作用时处于一种稳定状态；在外来触发脉冲作用下，电路由稳态翻转到暂稳态。

(3) 暂稳态是一个不能长久保持的状态，经过一段时间后，电路会自动返回到稳态。暂稳态的持续时间与触发脉冲无关，仅取决于电路本身的参数。

1. 555 定时器构成的单稳态触发器

使用 555 定时器构成的单稳态触发器电路如图 5-4（a）所示。

图中，以触发输入端 2（$\overline{TR}$）作为输入触发端，下降沿触发；复位端 4（$\overline{R_D}$）接电源 V_{CC}，放电端 7（DISC）通过电阻 R 接 V_{CC}，通过电容 C 接地；同时放电端 7（DISC）和阈值输入端 6（TH）连接在一起；控制电压端 5（V_{CO}）对地接 $0.01\mu F$ 电容，以防干扰。

1）原理说明

单稳态触发器的工作波形如图 5-4（b）所示，工作原理如下。

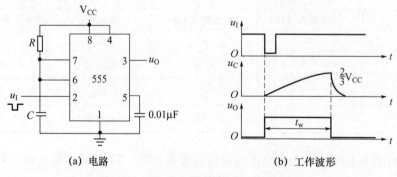

图 5-4　555 定时器构成的单稳态触发器

接通 V_{CC} 后瞬间，V_{CC} 通过 R 对 C 充电，当 u_C 上升到 $\frac{2}{3}V_{CC}$ 时，比较器 C_1 输出为 0，将触发器置 0，$u_O=0$。这时 $Q=1$，放电三极管 T 导通，C 通过 T 放电，电路进入稳态。

当 u_I 下降沿到来时，因为 $u_I < \frac{V_{CC}}{3}$，使 C_2 输出为 0，触发器置 1，u_O 又由 0 变为 1，电路进入暂稳态。此时 $Q=0$，放电三极管 T 截止，V_{CC} 经 R 对 C 充电。此时触发脉冲已消失，比较器 C_2 输出变为 1，但充电继续进行，直到 u_C 上升到 $\frac{2}{3}V_{CC}$ 时，比较器 C_1 输出为 0，将触发器置 0，电路输出 $u_O=0$，放电三极管 T 导通，C 放电，电路恢复到稳态。

2) 主要参数计算

由以上的分析可知，电路输出脉冲的宽度 t_w 等于暂稳态持续的时间，如果不考虑三极管的饱和压降，也就是不考虑在电容充电过程中电容电压 u_C 从 0 上升到 $\frac{2}{3}V_{CC}$ 所用的时间。根据电容 C 的充电过程可知，$u_C(0^+)=0$、$u_C(\infty)=V_{CC}$、$\tau=RC$，当 $t=t_w$ 时，$u_C(t_w)=\frac{2}{3}V_{CC}=V_T$，因而，可得输出脉冲的宽度为

$$t_w = RC\ln\frac{u_C(\infty)-u_C(0^+)}{u_C(\infty)-V_T} = RC\ln 3 \approx 1.1RC \tag{5-1}$$

因此，暂稳态的持续时间仅取决于电路本身的参数，即外接定时元件 R 和 C，而与外界触发脉冲无关。通常，电阻 R 取值在几百欧姆至几兆欧姆之间，电容 C 取值在几百皮法至几百微法之间，电路产生的脉冲宽度可以从几微秒到数分钟。但要注意，随着定时时间的增大，其定时精度和稳定度也将下降。

2. 集成单稳态触发器

由于脉冲整形、延时和定时的需要，现已有单片集成单稳态触发器。它具有定时范围宽、稳定性好、使用方便等优点，因此得到了广泛应用。

1) 类型及特点

集成单稳态触发器根据电路及工作状态的不同可分为可重复触发和不可重复触发两种。它们的主要区别如下。

(1) 不可重复触发单稳态触发器在进入暂稳态期间，如有触发脉冲作用，则电路的工作过程不受其影响，只有当电路的暂稳态结束后，输入触发脉冲才会影响电路状态。电路输出脉冲由 R、C 参数确定。其工作波形如图 5-5 (a) 所示。

(2) 可重复触发单稳态触发器在暂稳态期间，如有触发脉冲作用，则电路会重新被触发，使暂稳态继续延迟一个 t_w 时间，直到触发脉冲的间隔超过单稳态输出脉宽，电路才返回稳态。其工作波形如图 5-5 (b) 所示。

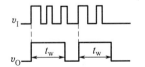
(a) 不可重复触发单稳态触发器

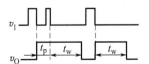
(b) 可重复触发单稳态触发器

图 5-5 两种单稳态电路工作波形

2)功能描述

集成单稳态触发器目前已有许多种型号,有 TTL 型、CMOS 型等,如 TTL 型 74121 为不可重复触发集成单稳态触发器,CMOS 型 CC14528 为可重复触发集成单稳态触发器。

下面以 74121 芯片为例进行分析。74121 芯片由触发信号控制电路、微分型单稳态触发器和输出缓冲电路组成。电路的外部引脚排列如图 5-6 所示。74121 芯片共有 14 个引脚,A_1、A_2 是两个下降沿有效的触发信号输入端;B 是上升沿有效的触发信号输入端;R_{ext}/C_{ext}、C_{ext} 是外接定时电阻和电容的连接端,外接定时电阻 R 接在 V_{CC} 和 R_{ext}/C_{ext} 之间,外接定时电容 C 接在 C_{ext}(电容正极)和 R_{ext}/C_{ext} 之间。74121 内部已设置了一个 $2k\Omega$ 的定时电阻,R_{int} 是其引出端,使用时只需将 R_{int} 与 V_{CC} 连接起来即可,不用时则应将 R_{int} 开路。

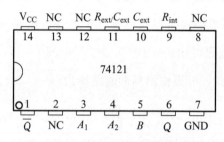

图 5-6 74121 芯片引脚排列

如表 5-2 所示,无触发时,保持稳态不变;B 和 A_1、A_2 中有一个或两个为高电平,输入端有一个或两个下降沿时电路被触发,A_1、A_2 中有一个或两个为低电平,在 B 端输入上升沿时电路被触发。它的输出脉冲宽度为

$$t_w \approx 0.7RC \qquad (5-2)$$

通常 R_{ext} 的取值在 $2 \sim 30k\Omega$,C_{ext} 的取值在 $10pF \sim 10\mu F$。

表 5-2 74121 的功能

输入			输出	
A_1	A_2	B	Q	$\overline{Q}$
L	×	H	L	H
×	L	H	L	H
×	×	L	L	H
H	H	×	L	H
H	↓	H	⊓	⊔
↓	H	H	⊓	⊔
↓	↓	H	⊓	⊔
L	×	↑	⊓	⊔
×	L	↑	⊓	⊔

说明:"H"表示高电平 1;"L"表示低电平 0;"×"表示无效状态;"↑"表示时钟的上升沿;"↓"表示时钟的下降沿。

3. 单稳态触发器的应用

利用单稳态触发器可以构成脉冲定时、脉冲延迟电路、噪声消除电路、多谐振荡器等。

例 5 - 1：利用集成单稳态触发器 74121 实现定时 7ms 的输出脉冲。

利用单稳态触发器能产生一定宽度的矩形脉冲,利用这个脉冲去控制电路时,只有在矩形脉冲存在的时间内,信号才能通过。由于输出脉冲宽度为 $t_w \approx 0.7RC$,因此选择 $R=10\text{k}\Omega$, $C=1\mu\text{F}$。

应用 Multisim 软件设计电路,并进行仿真,验证电路的正确性,结果如图 5 - 7、图 5-8 所示。

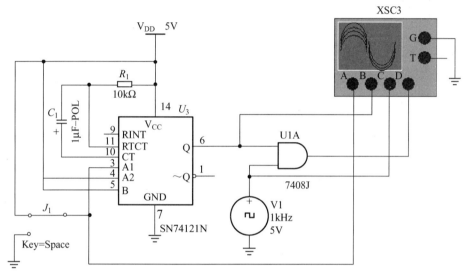

图 5 - 7 74121 实现定时 7ms 的输出脉冲电路图

图 5 - 8 所示的仿真波形中,从上至下的信号为 A 到 D,当触发信号输入端 A_1 出现下降沿后,输出端 Q 产生宽度为 7ms 的脉冲信号,将其作为与门的一个输入,来控制与门的另一个输入端信号(时钟信号为 1Hz),利用这个脉冲来控制电路,可以看出,只有在矩形脉冲存在的时间内,时钟信号才能通过。验证结果符合电路的逻辑功能。

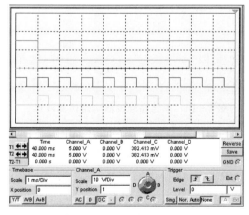

图 5 - 8 定时 7ms 的输出脉冲电路仿真波形

例 5-2：利用 555 定时器实现单稳态触发器。

应用 Multisim 软件设计电路,并进行仿真,验证电路的正确性,结果如图 5-9、图 5-10 所示。

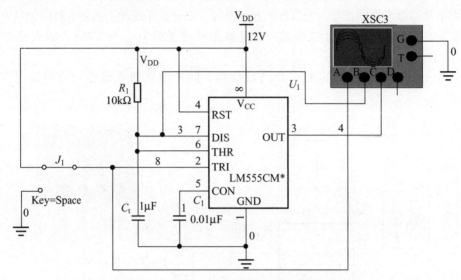

图 5-9 555 定时器实现单稳态触发器电路图

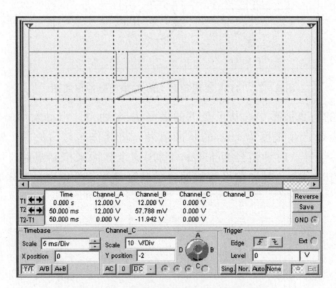

图 5-10 单稳态触发器电路仿真波形

图 5-10 所示的仿真波形中,从上至下的信号为 A 到 C,当触发输入端第 2 引脚出现下降沿后,输出端第 3 引脚产生宽度 t_w 脉冲信号。

$$t_w \approx 1.1 R_1 C_t = 1.1 \times 10 \times 10^3 \times 1 \times 10^{-6} = 11 (\text{ms}) \tag{5-3}$$

验证结果符合电路的逻辑功能。

5.1.3 施密特触发器

施密特触发器是一种能够把输入波形整形成为适合于数字电路需要的矩形脉冲的电路。

施密特触发器电压传输特性及工作特点如下。

（1）施密特触发器属于电平触发器件，当输入信号达到某一定电压值时，输出电压会发生突变。

（2）电路有两个阈值电压。输入信号增加和减少时，电路的阈值电压分别是上限阈值电压（V_{T+}）和下限阈值电压（V_{T-}）。

同相及反相输出施密特触发器的电压传输特性和符号分别如图 5-11、图 5-12 所示。

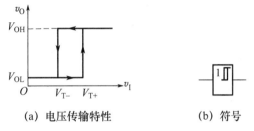

(a) 电压传输特性　　　　(b) 符号

图 5-11　同相输出施密特触发器的电压传输特性和符号

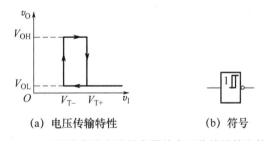

(a) 电压传输特性　　　　(b) 符号

图 5-12　反相输出施密特触发器的电压传输特性和符号

1. 555 定时器构成的施密特触发器

用 555 定时器构成的施密特触发器电路如图 5-13（a）所示。其中，触发输入端 2（$\overline{TR}$）和阈值输入端 6（TH）连接在一起，外接输入电压 u_I，作为施密特触发器的输入端；复位端 4（$\overline{R_D}$）接电源 V_{CC}；放电端 7（DISC）通过电阻 R 连接 V_{CC}；控制电压端 5（V_{CO}）对地接 $0.01\mu F$ 电容，起滤波作用，目的是调高比较电压的稳定性。

施密特触发器的工作波形如图 5-13（b）所示，为了便于分析，将 555 定时器内部两个比较器单独列出，如图 5-14 所示。

当 $u_I=0$ 时，比较器 C_1 输出为 1、C_2 输出为 0，触发器置 1，即 $Q=1$、$\overline{Q}=0$，$u_O=1$。当 u_I 升高时，在未到达 $\frac{2}{3}V_{CC}$ 以前，$u_O=1$ 的状态不会改变。

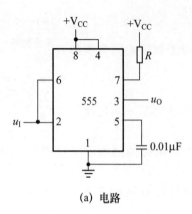 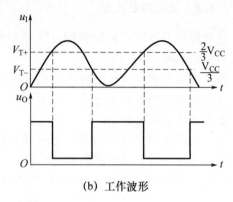

(a) 电路　　　　　　　　　　　　　(b) 工作波形

图 5-13　555 定时器构成的施密特触发器

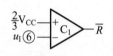 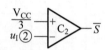

图 5-14　555 定时器内部比较器

当 u_I 升高到 $\frac{2}{3}V_{CC}$ 时，比较器 C_1 输出为 0、C_2 输出为 1，触发器置 0，即 $Q=0$、$\overline{Q}=1$，$u_O=0$。此后，u_I 上升到 V_{CC}，然后降低，但在未到达 $\frac{V_{CC}}{3}$ 以前，$u_O=0$ 的状态不会改变。

当 u_I 下降到 $\frac{V_{CC}}{3}$ 时，比较器 C_1 输出为 1、C_2 输出为 0，触发器置 1，即 $Q=1$、$\overline{Q}=0$，$u_O=1$。此后，u_I 继续下降到 0，但 $u_O=1$ 的状态不会改变。

通过上述的分析，可以得到由 555 定时器构成的施密特触发器的上限阈值电压 $V_{T+}=\frac{2}{3}V_{CC}$，下限阈值电压 $V_{T-}=\frac{V_{CC}}{3}$，则回差电压 $\Delta V_T=V_{T+}-V_{T-}=\frac{V_{CC}}{3}$。可见它的传输特性取决于两个参考电压。

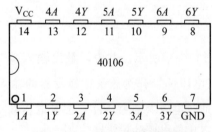

图 5-15　40106 芯片引脚排列

2. 集成施密特触发器

在数字系统中，集成施密特触发器由于性能稳定，得到了广泛的应用。它有 TTL 型、CMOS 型两种。下面以 CMOS 型 40106 为例进行分析。

40106 由施密特电路、整形电路和输出电路组成，电路的外部引脚排列如图 5-15 所示。40106 芯片共有 14 个引脚，由 6 个反相输出施密特触发器组成。A 为输入端，Y 为输出端。

集成施密特触发器 40106 在常温（+25℃）情况下上限、下限阈值电压 V_{T+} 和 V_{T-} 典型数值如表 5-3 所示。

表 5-3　40106 阈值电压数值

参数名称	V_{CC}/V	典型值/V
V_{T+}	5	3.6
	10	6.8
	15	10.0
V_{T-}	5	1.4
	10	3.2
	15	5.0

3．施密特触发器的应用

在实际应用中，施密特触发器可方便地把非矩形波变换为矩形波，如三角波到方波；可以将一个不规则的矩形波转换为规则的矩形波；可以组成多谐振荡器，选择幅度符合要求的脉冲，滤掉小幅的杂波等。

例 5-3：利用 555 定时器实现施密特触发器，将输入正弦信号转换为矩形波。

应用 Multisim 软件设计电路，并进行仿真，验证电路的正确性，结果如图 5-16、图 5-17 所示。

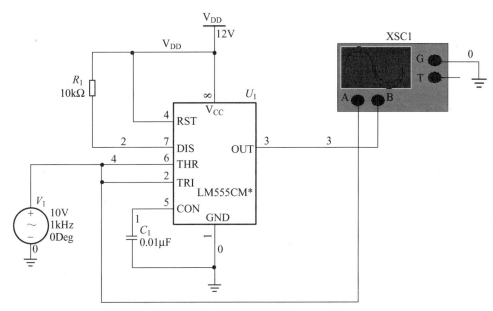

图 5-16　555 定时器实现施密特触发器电路图

正弦信号幅度的有效值 $V_{rms}=10V$，频率 $f=1kHz$。由图 5-17 所示的仿真波形可知，施密特触发器将正弦波变换成同频率的矩形波，波形分别在 $\frac{2}{3}V_{DD}$（8V）和 $\frac{V_{DD}}{3}$（4V）处变化。验证结果符合电路的逻辑功能。

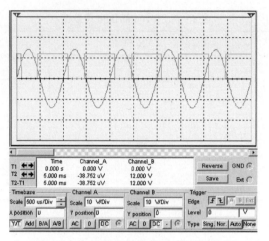

图 5-17 施密特触发器电路仿真波形

多谐振荡器

5.1.4 多谐振荡器

多谐振荡器主要用于产生各种方波或时间脉冲信号。它是一种自激振荡器，在接通电源之后，不需要外加触发信号，便能自动地产生矩形脉冲波。由于矩形脉冲波中含有丰富的高次谐波分量，所以习惯上又把矩形波振荡器称为多谐振荡器。

多谐振荡器具有下列特点。

(1) 电路工作时没有一个稳定状态，属于无稳态电路。

(2) 电路的输出高电平和低电平的切换是自动进行的。

1) 555 定时器构成的多谐振荡器

用 555 定时器构成的多谐振荡器电路如图 5-18（a）所示。其中，触发输入端 2（$\overline{TR}$）和阈值输入端 6（TH）连接在一起通过电容 C 接地，并通过电阻 R_2 与放电端 7（DISC）相连，同时，放电端 7（DISC）通过电阻 R_2 接电源 V_{CC}；复位端 4（$\overline{R_D}$）接 V_{CC}；控制电压端 5（V_{CO}）对地接 0.01mF 电容，起滤波作用。

多谐振荡器的工作波形如图 5-18（b）所示，工作原理如下。

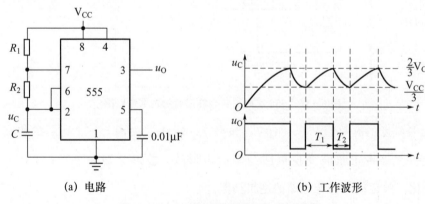

(a) 电路　　　　　　　　　　　(b) 工作波形

图 5-18　555 定时器构成的多谐振荡器

接通 V_{CC} 后，V_{CC} 经 R_1、R_2 对 C 充电。当 u_C 上升到 $\frac{2}{3}V_{CC}$ 时，$u_O=0$，放电三极管 T 导通，C 通过 R_2 和 T 放电，u_C 下降。当 u_C 下降到 $\frac{V_{CC}}{3}$ 时，u_O 又由 0 变为 1，T 截止，V_{CC} 又经 R_1、R_2 对 C 充电。如此重复上述过程，在输出端 u_O 产生了连续的矩形脉冲。

由以上的分析可知，多谐振荡器的第一个暂稳态的脉冲宽度 T_1，即 u_C 从 $\frac{V_{CC}}{3}$ 充电上升到 $\frac{2}{3}V_{CC}$ 所需的时间为

$$T_1 \approx 0.7(R_1+R_2)C \quad (5-4)$$

第二个暂稳态的脉冲宽度 T_2，即 u_C 从 $\frac{2}{3}V_{CC}$ 放电下降到 $\frac{V_{CC}}{3}$ 所需时间为

$$T_2 \approx 0.7R_2C \quad (5-5)$$

因此，多谐振荡器的振荡周期为

$$T=T_1+T_2=0.7(R_1+2R_2)C \quad (5-6)$$

所以振荡频率为

$$f=\frac{1}{T}\approx\frac{1.43}{(R_1+2R_2)C} \quad (5-7)$$

多谐振荡器所产生脉冲信号的占空比为

$$q(\%)=\frac{T_1}{T}\times100\%=\frac{R_1+R_2}{R_1+2R_2}\times100\% \quad (5-8)$$

这里，当 $R_2 \gg R_1$ 时，占空比可以近似为 50%。

应用 555 定时器构成的自激多谐振荡器，优点是电路简单，频率调节方便；缺点是频率的稳定性不是很高，输出波形占空比调节不够灵活（若调节占空比，则振荡周期也会改变），且占空比只能大于 50%，不能获得方波。

2）应用举例及软件仿真

例 5-4：利用 555 定时器实现多谐振荡器，验证前述相关工作参数。

应用 Multisim 软件设计电路，并进行仿真，验证电路的正确性，结果如图 5-19、图 5-20 所示。

多谐振荡器的第一个暂稳态的脉冲宽度 T_1 为

$$T_1=0.7(R_1+R_2)C=14(\text{ms}) \quad (5-9)$$

第二个暂稳态的脉冲宽度 T_2 为

$$T_2=0.7R_2C=7(\text{ms}) \quad (5-10)$$

因此，多谐振荡器的振荡周期为

$$T=T_1+T_2=0.7(R_1+2R_2)C=21(\text{ms}) \quad (5-11)$$

由图 5-20 所示的仿真波形可知，结果符合电路的逻辑功能。

5.1.5　555 定时器综合应用电路

在现实生活中，555 定时器有着较为广泛的应用，下面就一些常见的应用做必要的说明。

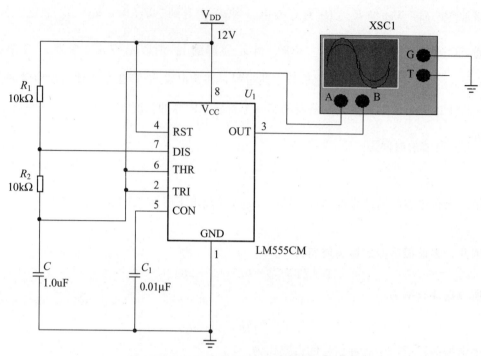

图 5-19　555 定时器实现多谐振荡器电路图

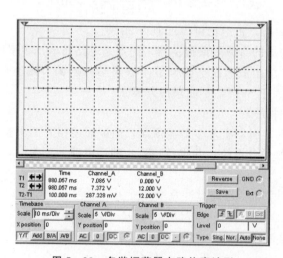

图 5-20　多谐振荡器电路仿真波形

1. 相片曝光定时器

图 5-21 所示电路是用 555 单稳态电路构成的相片曝光定时器，用人工启动。

工作原理为，电源接通后，定时器进入稳态。此时定时电容 C_T 的电压为 $V_{CT}=V_{CC}=6V$。对 555 等效触发器来讲，两个输入都是高电平，即 $VS=0$。继电器 KA 不吸合，常开接点是打开的，曝光灯 HL 不亮。

按开关 SB 之后，定时电容 C_T 立即放电到电压为零。于是此时 555 电路等效触发的

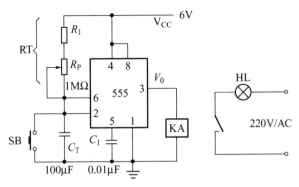

图5-21 相片曝光定时器电路

输入为 $R=0$、$S=0$，它的输出就成为高电平，即 $V_0=1$。继电器 KA 吸合，常开接点闭合，曝光灯点亮。按钮开关按一下后立即放开，于是电源电压就通过 R_T 向电容 C_T 充电，暂稳态开始。当电容 C_T 上的电压升到 $\frac{2}{3}V_{CC}$，即 4V 时，定时时间已到，555 等效电路触发器的输入为 $R=1$、$S=1$，于是输出又翻转成低电平，即 $V_0=0$。继电器 KA 释放，曝光灯 HL 熄灭，暂稳态结束，又恢复到稳态。曝光时间的计算公式为

$$t_W \approx 1.1RC \tag{5-12}$$

本电路提供参数的延时时间为 1s～2min，可由电位器 R_P 调整和设置。

电路中的继电器必须选用吸合电流不大于 30mA 的产品，并应根据负载（HL）的容量大小选择继电器触点容量。

2. 触摸定时开关

如图 5-22 所示，这里的 555 定时器集成电路连接成了一个单稳态电路。平时由于触摸片 P 端无感应电压，电容 C_1 通过 555 第 7 引脚放电完毕，第 3 引脚输出为低电平，继电器 KS 释放，电灯不亮。

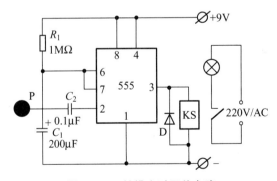

图5-22 触摸定时开关电路

当需要开灯时，触碰一下金属片 P，人体感应的杂波信号电压由 C_2 加至 555 的触发端，使 555 的输出由低电平变成高电平，继电器 KS 吸合，电灯点亮。同时，555 第 7 引脚内部截止，电源便通过 R_1 给 C_1 充电，这就是定时的开始。

当电容 C_1 上的电压上升至电源电压的 $\frac{2}{3}$ 时，555 第 7 引脚道通使 C_1 放电，使第 3 引脚输出由高电平变回到低电平，继电器释放，电灯熄灭，定时结束。

定时计算公式为 $t_w \approx 1.1RC$，即由 R_1、C_1 决定时长。按图 5-22 中所标数值，可以计算出定时时间约为 4min。二极管 D 可选用 1N4148 或 1N4001。

3. 防盗报警电路

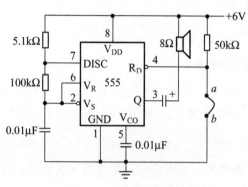

图 5-23 防盗报警电路

图 5-23 所示为一个由 555 定时器构成的防盗报警电路，a、b 两端被一条细铜丝接通，此铜丝置于盗窃者必经之路，当盗窃者闯入室内将铜丝碰断后，扬声器即发出报警声。请读者自己思考本报警电路的工作原理。

4. 模拟声响电路

图 5-24 所示是用 555 定时器构成的模拟声响电路。图 5-24 中将振荡器 I 的输出电压 u_{o1} 接到振荡器 II 中 555 定时器的复位端（第 4 引脚），当 u_{o1} 为高电平时振荡器 II 振荡，为低电平时 555 定时器复位，振荡器 II 停止振荡，具体波形变化如图 5-25 所示。

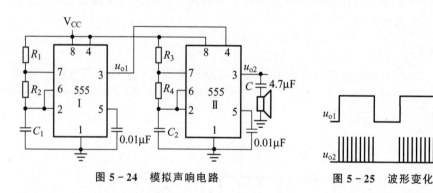

图 5-24 模拟声响电路　　　　图 5-25 波形变化

5. 占空比可调多谐振荡器

图 5-26 所示是用 555 定时器构成的占空比可调多谐振荡器电路。由于电路中二极管 D_1、D_2 的单向导电特性，使电容 C 结束放电，调节电位器，就可以调节多谐振荡器的占空比。

图中 V_{CC} 通过 R_A、D_1 向电容 C 充电，充电时间为

$$t_{PH} \approx 0.7 R_A C \qquad (5-13)$$

电容 C 通过 D_2、R_B 及 555 中的三极管 T 放电，放电时间为

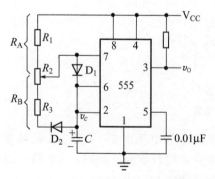

图 5-26 占空比可调多谐振荡器电路

$$t_{PL} \approx 0.7R_B C \tag{5-14}$$

因此，振荡频率为

$$f = \frac{1}{t_{PH}+t_{PL}} \approx \frac{1.43}{(R_A+R_B)C} \tag{5-15}$$

电路输出波形的占空比为

$$q(\%) = \frac{R_A}{R_A+R_B} \times 100\% \tag{5-16}$$

问题思考

1. 分析如图 5-27 所示的由 555 组成的应用电路。

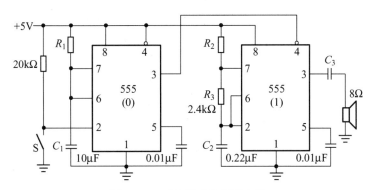

图 5-27 555 组成的应用电路

(1) 简述电路组成及工作原理。（提示：可以先说明两个 555 定时器分别组成了什么电路，再说明从开关 S 的动作到扬声器响否的过程）

(2) 两个 555 的第 5 引脚为什么都要通过 $0.01\mu F$ 的电容接地？

(3) 若要求扬声器在开关 S 按下后以 1.2kHz 的频率持续响 10s，试确定途中 R_1、R_2 的电阻值。（要求详细写出计算过程）

2. 由 555 构成的频率可调而脉宽不变的方波发生器电路如图 5-28 所示。

(1) 图 5-28 中二极管 D 在电路中的作用是什么？

(2) 频率可调范围是多少？电路中调节哪个器件可以改变多谐振荡器的输出频率？

(3) 555（0）和 555（1）分别构成了什么电路？

(4) 分别写出电路输出脉宽和频率的表达式。

(5) 为什么说这个方波发生器输出的矩形波的脉宽是不变的？

3. 用 555 集成定时器组成的多谐振荡器电路如图 5-29 所示，各元件参数为 $R_1 = R_2 = 10k\Omega$，$R_W = 100k\Omega$，$C_1 = 22\mu F$，$C_2 = 0.01\mu F$。

(1) 调可变电位器 R_W，观察输出电压 v_O 波形的变化，画出在 $R_W = 0$、$R_W = 100k\Omega$ 时所观察到的波形图。

(2) 计算和测量当 $R_W = 0$ 和 $R_W = 100k\Omega$ 时 t_{PH}、t_{PL}、T、$q(\%)$ 的最大值和最小值，说明该电路所能产生时钟脉冲信号的最小与最大占空比。

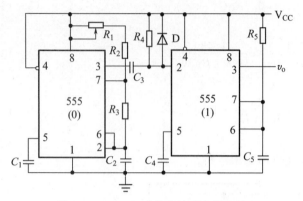

图 5-28 555 组成的方波发生器电路

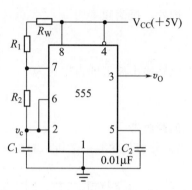

图 5-29 555 组成的多谐振荡器电路

5.2 晶振及其应用

为了获得稳定性高的振荡信号,目前常用的是石英晶体振荡器。石英晶体振荡器简称晶振、石英晶体或晶体,是高精度和高稳定度的振荡器。它能产生标准且稳定的频率,因此被广泛应用于现代电子产品上,如时钟、遥控器、音响、彩电和计算机等的各类振荡电路中。

1. 晶振的基本工作原理

晶振是利用石英晶体(二氧化硅的结晶体)的压电效应制成的一种谐振器件。它的基本构成大致是:从一块石英晶体上按一定方位角切下薄片(简称为晶片,可以是正方形、矩形或圆形等),在它的两个对应面上涂敷银层作为电极,在每个电极上各焊一条引线接到管脚上,再加上封装外壳就构成了晶振。其产品一般用金属外壳封装,也有用玻璃壳、陶瓷或塑料封装的,外形如图 5-30 所示。

图 5-30 部分晶振的外形

所谓压电效应,是指若在石英晶体的两个电极上加一个电场,晶片就会产生机械变形;反之,若在晶片的两侧施加机械压力,则在晶片相应的方向上将产生电场,这种物理现象称为压电效应。如果在晶片的两极加上交变电压,晶片就会产生机械振动,同时晶片的机械振动又会产生交变电场。在一般情况下,晶片机械振动的振幅和交变电场的振幅非常微小,但当外加交变电压的频率为某一个特定值时,振幅会明显加大,比其他频率下的振幅大得多,这种现象称为压电谐振,它与 LC 回路的谐振现象十分相似。晶振的谐振频率与晶片的切割方式、几何形状、尺寸等有关。石英晶体的物理性能和化学性能是十分稳定的,它的尺寸受外界条件如温度、湿度等的影响很小。

晶振具有很高的标准性,它的串联谐振频率 f_0 主要取决于晶片的尺寸且频率振荡基本不受外界不稳定因素的影响;同时它具有非常高的 Q 值(品质因数),可达几万到几百万，维持振荡频率稳定不变的能力极强。石英晶体的符号和石英晶体电抗频率特性如图 5-31（a）、图 5-31（b）所示。

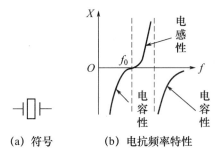

(a) 符号　　　(b) 电抗频率特性

图 5-31　石英晶体的符号和石英晶体电抗频率特性

2. 晶振的主要参数

晶振的主要参数有标称频率、负载电容、频率精度和频率稳定度等。

（1）标称频率。不同的晶振标称频率不同。标称频率大都标明在晶振外壳上，如常用普通晶振标称频率有 32.768kHz、48kHz、500kHz、503.5kHz 和 1～40.50MHz 等。对于特殊要求的晶振，标称频率可达 1000MHz 以上。也有的没有标称频率，如 CRB、ZTB、Ja 等系列。

（2）负载电容。负载电容是指晶振的两条引线连接 IC 块内部及外部所有有效电容之和，可看成晶振片在电路中的串接电容。负载电容的不同决定了振荡器的振荡频率不同。另外，标称频率相同的晶振，负载电容不一定相同，这是因为石英晶体振荡器有两个谐振频率，一个是串联谐振晶振的低负载电容晶振，而另一个为并联谐振晶振的高负载电容晶振，所以标称频率相同的晶振互换时还必须要求负载电容一致，不能贸然互换，否则会造成电器工作不正常。

（3）频率精度和频率稳定度。由于普通晶振的性能基本都能达到一般电器的要求，对于高档设备还需要有一定的频率精度和频率稳定度。频率精度从 10^{-4} 量级到 10^{-10} 量级不等，而稳定度是从 ±1 到 ±100ppm 不等，这要根据具体的设备需要而选择合适的晶振，如通信网络、无线数据传输等系统就需要更高要求的晶振。

晶振的参数决定了晶振的品质和性能。在实际应用中要根据具体要求选择适当的晶振，因不同性能的晶振价格不同，要求越高价格也越昂贵，一般只要选择满足要求的晶振即可。

3. 晶振的命名方法

晶振通常是根据其外壳形状和材料、石英片切型、性能及外形尺寸来命名的，具体命名方法如表 5-4 所示。

表 5-4　晶振的命名方法

外壳形状和材料		石英片切型		性能及外形尺寸	
J	金属壳	A	AT 切割	5	矩形壳
S	塑料壳	B	BT 切割	8	矩形壳

续表

外壳形状和材料		石英片切型		性能及外形尺寸	
B	玻璃壳	C	CT 切割	1	圈形壳
		D	DT 切割		
		E	ET 切割		
		F	FT 切割		

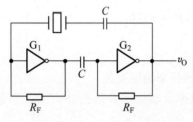

图 5-32 晶振组成的多谐振荡器电路

4. 晶振组成的多谐振荡器电路

常见的利用晶振组成的多谐振荡器电路如图 5-32 所示。

在图 5-32 中，并联在两个反相器输入/输出间的电阻 R_F 的作用是使反相器工作在线性放大区。关于 R_F 的电阻值选取：对于 TTL 门电路通常是在 $0.7\sim2\mathrm{k}\Omega$；对于 CMOS 门电路则常在 $10\sim100\mathrm{M}\Omega$。电路中 G_1 和 G_2 间的电容用于两个反相器间的耦合，它的取值应使 C 在频率为 f_0 时的容抗可以忽略不计；而晶振与 G_2 间的电容的作用是抑制高次谐波，以保证稳定的频率输出，它的选择应使 $2\pi R_F f_0 \approx 1$（f_0 为晶振的串联谐振频率），以减少谐振信号的损失。

注意，晶振组成的多谐振荡器电路的振荡频率、周期仅取决于晶振的串联谐振频率 f_0，而与电路中的 R、C 值无关。

5. 晶振的应用——1Hz 脉冲的产生

1Hz 脉冲在数字电路设计中经常会被用到。下面结合如何应用晶振产生 1Hz 脉冲的实现过程来说明晶振的应用，这里采用常见的频率为 32.768kHz 的晶振。

基本实现思路为，使 32.768kHz 晶振与 CD4060 组合使用，经 2^{14} 次分频后得到 2Hz，然后再经过 2 分频后得到 1Hz 时钟脉冲。

CD4060 是 14 位二进制串行计数器，它由非门组成的振荡器和 14 级二进制计数器组成，外接的振荡电路可以作为时钟源。CD4060 芯片的外部引脚排列如图 5-33 所示，引脚功能如表 5-5 所示。CD4060 芯片共有 16 个引脚，第 12 引脚 R_D 为异步清零端，高电平时所有输出为低电平，并禁止振荡器工作；第 11 引脚 $\overline{\mathrm{CP1}}$ 为时钟输入端下降沿计数；第 9 引脚 CP0 为时钟输出端；第 10 引脚 $\overline{\mathrm{CP0}}$ 为反向时钟输出端；输出端 Q_4、Q_5、Q_6、Q_7、Q_8、Q_9、Q_{10}、Q_{12}、Q_{13}、Q_{14} 分别得到晶振频率的 2^4、2^5、2^6、2^7、2^8、2^9、2^{10}、2^{12}、2^{13}、2^{14} 次分频。

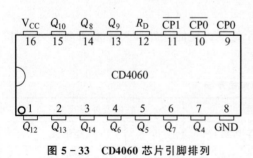

图 5-33 CD4060 芯片引脚排列

第5章 脉冲波形的产生与变换

表 5-5 CD4060 主要引脚功能

引脚	功能
$\overline{CP1}$	时钟输入端,下降沿计数
CP0	时钟输出端
$\overline{CP0}$	反向时钟输出端
R_D	清零端,为异步清零

32.768kHz 晶振与 CD4060 组合使用的电路如图 5-34 所示,这样 Q_{14} 脚可以获得 2Hz 的时钟脉冲,再利用触发器构成的 2 分频电路将 2Hz 分频得到 1Hz 信号即可。

2 分频在此可以充分利用 T′触发器的翻转功能来实现,如应用 JK 触发器构成一个 T′触发器,如图 5-35 所示。

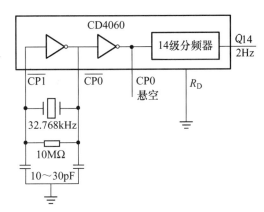
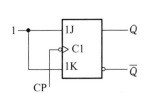

图 5-34 晶振作为时钟源及经 2^{14} 次分频后的结果　　图 5-35 JK 触发器构成 2 分频

问题思考

1. 查找 CD4060 芯片的有关资料,说明如何从图 5-34 电路中获取 4Hz、8Hz 和 16Hz 的时钟脉冲。

2. 利用晶振获得 1Hz 时钟信号的方法还有很多,尤其是在 CPLD 或 FPGA 应用设计中。结合所学知识,试给出另外一种得到 1Hz 时钟信号的方法,要求给出仿真结果。(提示:用 50MHz、37MHz 或其他晶振来编程分频)

3. 32.768kHz 晶振如何用 VHDL 语言分频成 1Hz 的时钟信号?

本 章 小 结

1. 了解 555 定时器基本结构,熟悉相关引脚功能。

2. 掌握 555 定时器的应用,包括单稳态触发器、施密特触发器和多谐振荡器等的电路结构及相关参数的计算。

3. 掌握 555 定时器的综合应用分析。

4. 掌握晶振的工作原理,硬件分频和软件分频实现。

5. 了解集成芯片 74121、CD4060 和 CD40106。

6. 1Hz 脉冲可以由 555 定时器构成的多谐振荡器、32.768kHz 晶振硬件分频和其他晶振经软件分频等方法获得。

习 题

1. 图 5-36 所示电路是用两个 555 芯片构成的脉冲发生器，试画出 Y_1 和 Y_2 两处的输出波形，并标注主要参数（参数只需估算即可）。

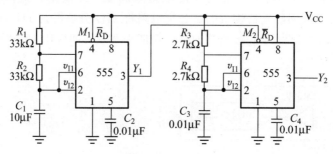

图 5-36 习题 1

2. 图 5-37（a）、图 5-37（b）所示为由 555 定时器构成的单稳态触发器电路及输入 v_I 的波形。要求：

（1）求出输出信号 v_O 的脉冲宽度 T_W；

（2）对应 v_I 画出 v_C、v_O 的波形，并标明波形幅度。

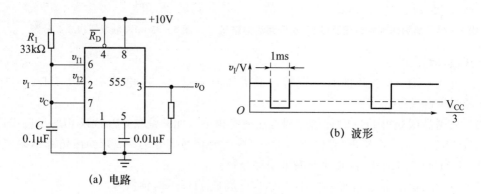

图 5-37 习题 2

3. 由 555 定时器组成的多谐振荡器电路如图 5-38（a）所示，已知 $V_{CC}=12V$、$C=0.1\mu F$、$R_1=15k\Omega$、$R_2=22k\Omega$。要求：

（1）求出多谐振荡器的振荡周期；

（2）在图 5-38（b）上画出 v_C 和 v_O 的波形。

4. 由 555 定时器、3 位二进制加法计数器、理想运算放大器 A 构成如图 5-39 所示电路。设计数器初始状态为 000，且输出低电平 $V_{OL}=0V$，输出高电平 $V_{OH}=3.2V$，R_D 为异步清零端，高电平有效。要求：

(1) 说明虚线框①、②各构成什么功能电路；
(2) 说明虚线框③构成几进制计数器；
(3) 对应 CP 画出 v_O 波形，并标出电压值。

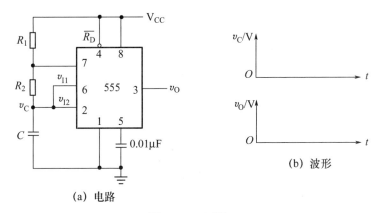

(a) 电路　　(b) 波形

图 5-38　习题 3

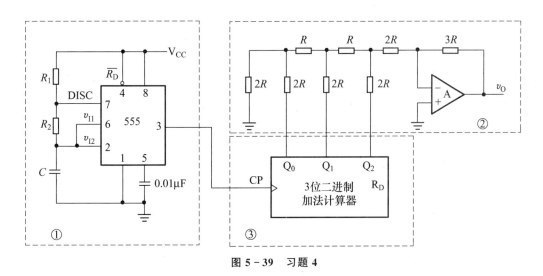

图 5-39　习题 4

5. 由集成芯片 555 构成的施密特触发器电路及输入波形 v_I 如图 5-40（a）、图 5-40（b）所示。要求：

(1) 求出该施密特触发器的阈值电压 V_{T+}、V_{T-}；
(2) 画出输出 v_O 的波形。

6. 由集成定时器 555 构成的电路及可产生的波形如图 5-41（a）、图 5-41（b）所示。要求：

(1) 说明该电路的名称；
(2) 指出图 5-41（b）中 v_C 波形是 1~8 引脚中哪个引脚上的电压波形；
(3) 求出矩形波的宽度 t_W。

7. 图 5-42 所示为简易门铃电路，设电路中元器件参数合适，$R \gg R_1$，S 为门铃按

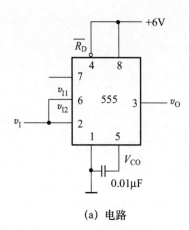 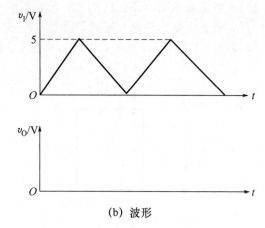

(a) 电路　　　　　　　　　　　　　　(b) 波形

图 5-40　习题 5

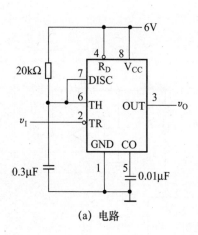 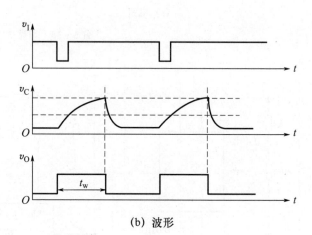

(a) 电路　　　　　　　　　　　　　　(b) 波形

图 5-41　习题 6

钮,当按按钮后,门铃可响一段时间。要求:

(1) 说明电路"Ⅰ"的名称;

(2) 分析电路"Ⅱ"在门铃电路中的作用;

(3) 若要调高铃声的音调,则应如何调节?

(4) 若要延长门铃响的时间,则应如何调节?

8. 由集成定时器 555 构成的电路如图 5-43 (a) 所示。要求:

(1) 说明该电路的名称;

(2) 在图 5-43 (b) 上,根据 v_I 波形画出 v_C、v_O 的波形。

(定时器 555 各引脚名称: 1 脚——接地; 2 脚——触发输入; 3 脚——输出端; 4 脚——复位端; 5 脚——控制电压; 6 脚——阈值输入; 7 脚——放电端; 8 脚——电源)

9. 由集成定时器 555 构成的施密特电路如图 5-44 (a) 所示。要求:

(1) 求出 V_{T+}、V_{T-} 和 ΔV_T;

(2) 在图 5-44 (b) 上,根据输入波形 v_I 画出其输出波形 v_O。

10. 由 555 定时器构成的电路如图 5-45 所示。要求:

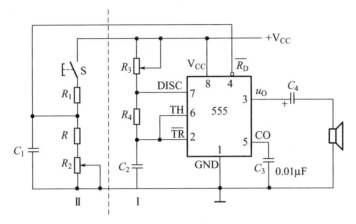

图 5-42 习题 7

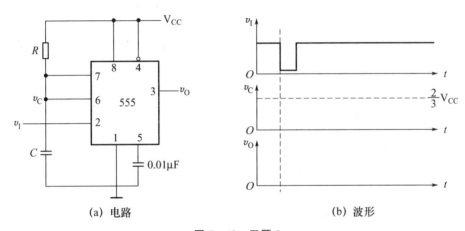

(a) 电路   (b) 波形

图 5-43 习题 8

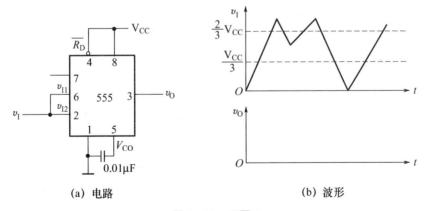

(a) 电路   (b) 波形

图 5-44 习题 9

(1) 说明 555（0）和 555（1）分别构成了什么电路；

(2) 扬声器在开关 S 按下后以 1.3kHz 的频率持续响 10s，试求 R_1 的电阻值；

(3) 扬声器在开关 S 按下后以 1.2kHz 的频率持续响 15s，试求 R_2 的电阻值。

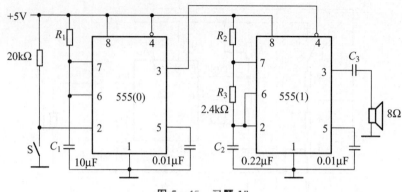

图 5-45 习题 10

11. 图 5-46 (a) 所示为 555 定时器应用电路，已知恒流源的 $I=2\text{mA}$，$C=1\mu\text{F}$。要求：

(1) 说明该电路的功能；

(2) 当 v_I 输入一个负脉冲后，在图 5-46 (b) 的基础上画出电容电压 v_C 和 555 输出信号 v_O 的波形；

(3) 试推导并计算电容 C 的充电时间。

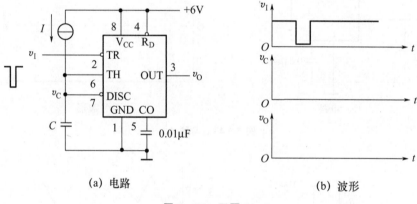

(a) 电路　　　　　　　　　(b) 波形

图 5-46 习题 11

12. 由 CMOS 集成定时器 555 组成的电路如图 5-47 (a) 所示。要求：

(1) 说明该电路实现的逻辑功能；

(2) 在图 5-47 (b) 上画出电源合上后 v_C、v_O 的波形（设输入 v_I 低电平宽度足够窄）。

13. 由两个 555 定时器连接成的延迟报警电路如图 5-48 所示。当开关 S 断开后，经过一定的延迟时间后扬声器开始发出声音，若在延迟时间内 S 重新闭合，则扬声器不会发出声音。图中 G_1 为 CMOS 反相器，输出的高、低电平分别约为 12V 和 0V。要求：

(1) 说明 555 (1) 和 555 (2) 各构成什么电路。

(2) 试求出延迟时间的具体数值，以及扬声器发出声音的频率。

14. 由集成定时器 555 构成的电路如图 5-49 (a) 所示。要求：

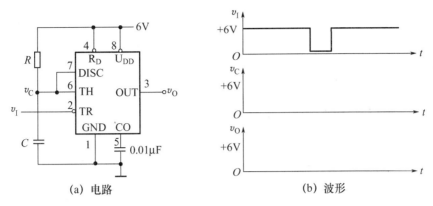

(a) 电路　　　　　　　　　　(b) 波形

图 5-47　习题 12

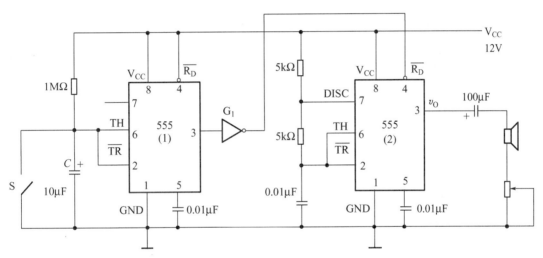

图 5-48　习题 13

(1) 说明该电路的名称；

(2) 在图 5-49（b）上，根据输入信号波形 v_I 画出电路中 v_O 的波形（标明 v_O 波形的脉冲宽度）。

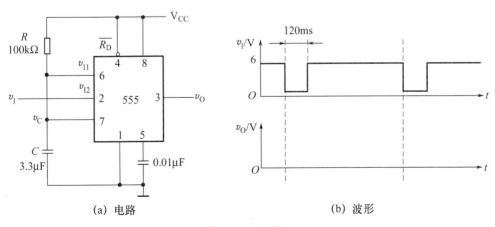

(a) 电路　　　　　　　　　　(b) 波形

图 5-49　习题 14

15. 由集成定时器555构成的电路如图5-50（a）所示。要求：

（1）说明该电路的名称；

（2）在图5-50（b）上画出电路中 v_C、v_O 的波形（标明各波形电压幅度、v_O 波形的周期）。

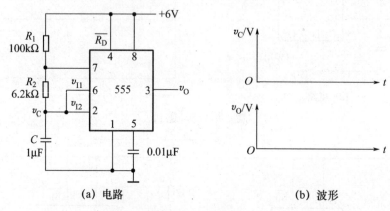

(a) 电路　　　　　　　　(b) 波形

图5-50　习题15

第 6 章 半导体存储器与可编程逻辑器件

教学目标

本章主要是以数字电路的编程实现角度为切入点,讲解半导体存储器和可编程逻辑器件,为后续学习中更好地领会当前流行的基于 FPGA 的数字系统实现打下基础。

通过本章的学习,理解半导体存储器 RAM 和 ROM 的工作原理、存储器容量扩展方法等;了解简单 PLD (包括 PROM、PLA、PAL 和 GAL)、复杂 PLD (包括 CPLD、FPGA) 的结构原理;熟悉用简单可编程逻辑器件实现组合电路和时序电路的逻辑功能的方法。

第6章思维导图

教学要求

知识要点	能力要求	相关知识
半导体存储器	(1) 熟悉 RAM 和 ROM 的发展历史 (2) 理解存储器扩展的基本方法	(1) RAM (2) ROM (3) 存储器的扩展
可编程逻辑器件	(1) 熟悉各类 PLD 的基本结构 (2) 理解部分 PLD 的应用 (3) 熟悉 FPGA 的应用设计	(1) 简单 PLD (2) 复杂 PLD

引言

可以想象，使用数以百计的逻辑集成电路（Integrated Circuit，IC）来实现复杂的逻辑电路是十分困难的。除了要满足所有的逻辑功能外，还需占用大量的印制电路板空间，很多情况下4逻辑门或6逻辑门IC中仅有一个或两个逻辑门被使用。因此"可编程逻辑"的概念应运而生。这是不需要使用7400或4000系列IC而直接实现逻辑电路设计的方法。用户可以购买多种可自行设计的、能够实现特定逻辑功能的IC，它称为可编程逻辑器件（Programmable Logic Device，PLD）。

本章主要学习目前应用较多、发展较为迅速的两类大规模集成电路：半导体存储器和可编程逻辑器件。半导体存储器方面的内容主要包括RAM和ROM的工作原理、存储器容量扩展方法等；可编程逻辑器件方面的内容主要包括简单PLD（包括PROM、PLA、PAL和GAL）、复杂PLD（包括CPLD、FPGA）和FPGA芯片应用等。

6.1 RAM 和 ROM

半导体存储器是用于存储大量二进制信息的半导体器件，是数字系统特别是计算机系统中不可缺少的重要组成部分。半导体存储器由大量存储单元组成，每个存储单元可以存放一位二进制代码"0"或"1"，称为位。一个或若干个存储单元构成一个字（Word）。

半导体存储器按照数据存取方式不同，可分为只读存储器（Read-Only Memory，ROM）和随机存取存储器（Random Access Memory，RAM）两大类；按照器件类型，可分为双极型和场效应型两大类。双极型速度快，但功耗大，一般用于大型超高速计算机中；场效应型速度相对较低，但功耗很小，集成度高，在大规模集成电路中采用较多。半导体存储器的分类如图6-1所示。

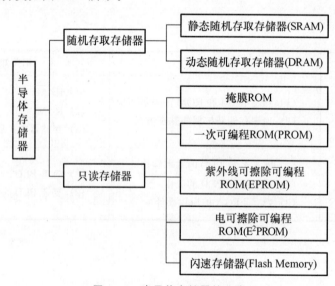

图6-1 半导体存储器的分类

对于 ROM 来说,其中存储的内容一旦写入(即将数据存入存储器),在工作过程中就不会改变,断电后数据也不会丢失,所以 ROM 也称为固定存储器。RAM 中存储的数据可以在工作过程中,根据需要随时写入和读出,断电后数据就会丢失,所以 RAM 也称为随机存储器。

6.1.1 RAM

RAM 是指可以从任意选定的单元读出数据,或将数据写入任意选定的存储单元。它的优点是读写方便,使用灵活;缺点是掉电后会丢失信息。按照工作方式不同,RAM 可以分为静态随机存取存储器(Static Random Access Memory,SRAM)和动态随机存取存储器(Dynamic Random Access Memory,DRAM)两类。

SRAM 的存储单元是具有两种稳定状态的触发器,以其中一个状态表示"1",另一个状态表示"0"。SRAM 的读写次数不影响其寿命,可无限次读写。当保持 SRAM 的电源供给的情况下,其内容不会丢失。但如果断开 SRAM 的电源,其内容将全部丢失。SRAM 速度非常快,是目前读写最快的存储设备,但是也非常昂贵,所以只在要求很苛刻的地方使用,如 CPU 的一级缓冲、二级缓冲。SRAM 存储单元所用的元件数目较多,功耗大,集成度低。

DRAM 存储单元克服了上述 SRAM 的缺点,它是利用 MOS 管的栅极电容可以存储电荷的原理制成的。早期的动态存储单元为 4 管和 3 管电路,但这种电路不够简单,不利于提高集成度,目前应用广泛的是单管电路,虽然外围电路较复杂,但集成度可提高。DRAM 与 SRAM 相比较,结构简单、集成度高、功耗低,但外围电路复杂,速度较慢,需要定期刷新。

RAM 的基本结构如图 6-2 所示,I/O 端画双箭头是因为数据既可由此端口读出,也可写入。

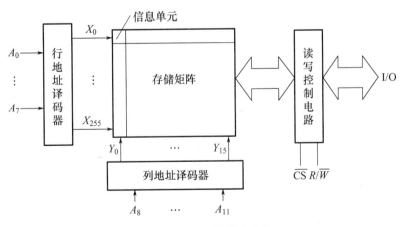

图 6-2 RAM 的基本结构

对照图 6-2,从存储矩阵、地址译码器和读写控制电路三方面对 RAM 做必要的说明。

1. 存储矩阵

图 6-2 中的存储矩阵共有 2^8（256）行×2^4（16）列共 2^{12}（4096）个信息单元（即字），每个信息单元有 k 位二进制数（1 或 0），存储器中存储单元数量称为存储容量（字数×位数）。存储容量习惯以 K（1K=1024 位）为单位来表示，如 1K×4 和 2K×8 存储器，其容量分别是 1024×4 位和 2048×8 位。

2. 地址译码器

地址译码器的作用是将输入的地址代码译成相应的控制信号，利用该控制信号从存储矩阵中把指定的单元选出，并把其中的数据送到输出缓冲器。

在图 6-2 中，行地址译码器输入 8 位行地址码，输出 256 条行选择线（用 X 表示）；列地址译码器输入 4 位列地址码，输出 16 条列选择线（用 Y 表示）。

3. 读写控制电路

对于图 6-2 中的 $R/\overline{W}$ 端，当 $R/\overline{W}=0$ 时，进行写入（Write）数据操作；当 $R/\overline{W}=1$ 时，进行读出（Read）数据操作。RAM 存储矩阵的示意图如图 6-3 所示。如果 $X_0=Y_0=1$，则选中第一个信息单元的 4 个存储单元，可以对这 4 个存储单元进行读出或写入。

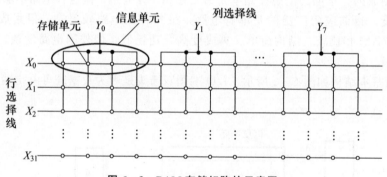

图 6-3 RAM 存储矩阵的示意图

6.1.2 ROM

ROM 分为固定 ROM（掩膜 ROM）和可编程 ROM。ROM 的电路结构主要由地址译码器、存储矩阵和输出缓冲器三部分组成，其结构如图 6-4 所示。

存储矩阵是存放信息的主体，它由许多存储单元排列组成。地址译码器有 n 条地址输入线 $A_0 \sim A_{n-1}$，2^n 条译码输出线 $W_0 \sim W_{2^n-1}$，每一条译码输出线 W_i 称为"字线"，它与存储矩阵中的一个"字"相对应。因此，每当给定一组输入地址时，译码器只有一条输出字线 W_i 被选中，该字线可以在存储矩阵中找到一个相应的"字"，并将字中的 m 位信息 $D_{m-1} \sim D_0$ 送至输出缓冲器。读出 $D_{m-1} \sim D_0$ 的每条数据输出线 D_i 也称为"位线"，每个字中信息的位数称为"字长"。

固定 ROM 在制造时，由生产厂家利用掩膜技术直接把数据写入存储器，ROM 制造完成后，其中的数据固定，即存储器中的内容用户不能改变只能读出。这类存储器结构简单、集成度高、价格便宜，一般大批量生产。

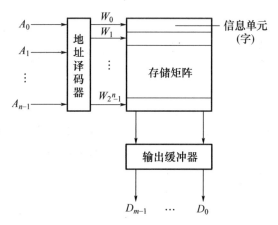

图 6-4　ROM 的电路结构

可编程 ROM 包括一次可编程只读存储器（Programmable ROM，PROM）、紫外线可擦可编程只读存储器（Erasable Programmable ROM，EPROM）、电擦除可编程只读存储器（Electrically-Erasable Programmable ROM，E^2PROM）以及闪速存储器等。其中，E^2PROM 由于能以电信号擦除数据，并且可以对单个存储单元擦除和写入（编程），因此使用十分方便，并可以实现在系统中的擦除和写入。闪速存储器是新型非易失性存储器，它与 EPROM 的一个区别是 EPROM 可按字节擦除和写入，而闪速存储器只能分块进行电擦除。闪速存储器结合了 ROM 和 RAM 的长处，不仅具备电子可擦除可编程的性能，断电时还不会丢失数据，同时可以快速读取数据（NVRAM 的优势），闪存盘和 MP3 中用的就是这种存储器。

二极管 ROM 和字的读出方法分别如图 6-5 和图 6-6 所示。

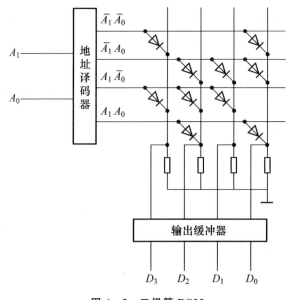

图 6-5　二极管 ROM

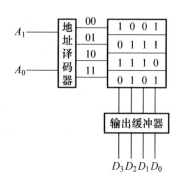

图 6-6　字的读出方法

在对应的存储单元中存入的是 1 还是 0 是由接入或不接入相应的二极管来决定的。

6.1.3 半导体存储器的性能指标

半导体存储器的指标是正确选择存储器的基本依据,主要包括存储容量、存取时间、功耗、可靠性以及价格等。

1. 存储容量

存储容量是指半导体存储器芯片上能存储的二进制数的位数。存储容量越大,说明它能存储的信息就越多。存储容量是半导体存储器的重要性能指标,通常用存储器芯片所能存储的字数和字长的乘积来表示,即

$$存储容量 = 字数 \times 字长$$

例如,容量为 1024×1 的存储芯片,则该芯片上有 1024 个存储单元,每个单元内可存储一位二进制数;又如,存储容量为 256×4 的存储芯片表示它有 1024 个存储单元。

在微机中,信息的存放都是以字节为单位的,所以往往用字节来表示存储器的容量。一个字节(Byte)包括 8 个二进制位,能存放 8 个二进制信息。例如,某半导体存储器的存储容量为 1KB(1KB=1024B),则表明该存储器有 1024 个存储单元,每个单元可以存放一个字节的信息(8 位二进制信息)。当然,存储器的单位还有 MB、GB 和 TB,它们之间的换算关系为 1TB=1024GB,1GB=1024MB,1MB=1024KB。

2. 存取时间

半导体存储器的存取时间是指微处理器从其中读取或写入一个数据所需要的时间,也称读写周期,即存储器从接收到微处理器送来的地址,到微处理器从该地址读取或写入一个数据所需要的时间。存取时间越短,其运行速度就越快。半导体存储器的存取时间一般以 ns 为单位。存储器芯片的手册中一般会给出典型的存取时间或最大时间。在芯片外壳上标注的型号往往也给出了时间参数,如 2732A-20 表示该芯片的存取时间为 20ns。

3. 功耗

半导体存储器的功耗是指其正常工作时所消耗的电功率。半导体存储器的功耗可分为工作功耗和维持功耗。工作功耗是指存储器芯片被选中进行读写操作时的功耗,维持功耗是指存储器芯片未被选中而仅仅维持已存储信息时的功耗。存储器的功耗与存取速度有关,一般存取速度越快,功耗越大。

4. 可靠性

半导体存储器的可靠性是指它对周围电磁场、温度、湿度等的抗干扰能力。由于存储器常采用超大规模集成电路(Very Large Scale Integration circuit,VLSI)工艺制成,故它的可靠性通常较高,寿命比较长,平均无故障时间可达几千小时。

5. 价格

价格也是半导体存储器的一个重要指标。一般地,在满足系统要求的前提下,尽

可能选择低价位的半导体存储器芯片，以便节约成本。不过目前半导体存储器降价非常快，以闪存盘（内部为闪速存储器）为例，容量为2GB的闪存盘现在价格很低廉。

在实际应用中，半导体存储器需根据不同的要求和应用场合来选择，重点考虑某个或某几个指标。例如，如果需要存储大量信息，则首先要考虑的指标可能是存储器的容量，其他的指标是次要考虑因素；如果是应用在电池供电的便携式仪器中，则首先需要考虑的指标可能是存储器的功耗；如果是应用在实时监测与控制系统中，则首先需要考虑的指标可能是存取时间。

例6-1：试用2716EPROM设计一个驱动共阴极8段字符显示器的显示译码器。

根据题目要求可知，该显示译码器是一个输入变量为4，输出变量为8的组合逻辑电路，2716EPROM是2K×8位的EPROM芯片，共有11条地址线（即$A_{10} \sim A_0$）、8条数据线（即$D_7 \sim D_0$）。显示译码器的BCD码输入D、C、B、A分别接2716EPROM的A_3、A_2、A_1、A_0，译码输出a、b、c、d、e、f、g、h分别接2716EPROM的D_0、D_1、D_2、D_3、D_4、D_5、D_6、D_7，2716EPROM的多余高位地址线$A_{10} \sim A_4$都接低电平，即在前16个地址上存储显示译码数据，而其他地址单元的数据可任意。用2716EPROM构成的8段显示译码器电路如图6-7所示。

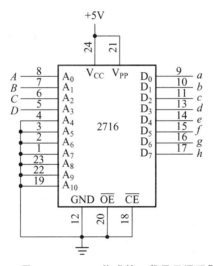

图6-7 用2716EPROM构成的8段显示译码器电路

例6-2：用2716 EPROM实现8种波形发生器电路。

将一个周期的三角波等分为256份，取得每一点的函数值并按8位二进制进行编码，产生256字节的数据。用同样的方法还可得到锯齿波、正弦波、阶梯波等不同的8种波形的数据，并将这8组数据共2048字节写入2716。电路如图6-8所示。

S_1、S_2和S_3为波形选择开关。两个十六进制计数器在CP脉冲的作用下，从000H~0FFH不断做周期性的计数，则相应波形的编码数据便依次出现在数据线$D_0 \sim D_7$上，经D/A转换后便可在输出端得到相应波形的模拟电压输出波形。8种波形及存储器地址空间分配情况如表6-1所示。

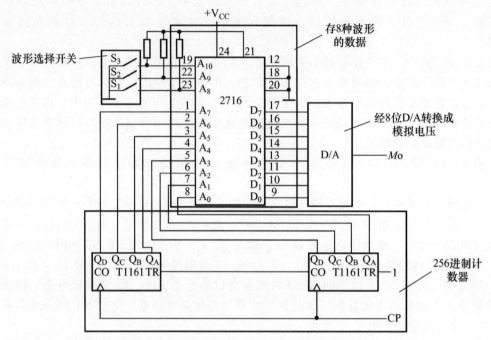

图 6-8 用 2716EPROM 实现 8 种波形发生器电路

表 6-1 8 种波形及存储器地址空间分配情况

$S_1S_2S_3$	波形	$A_{10} \sim A_0$
000	三角波	000H~0FFH
001	正弦波	100H~1FFH
010	锯齿波	200H~2FFH
011	反锯齿波	300H~3FFH
100	梯形波	400H~4FFH
101	台型阶梯波	500H~5FFH
110	方波	600H~6FFH
111	阶梯波	700H~7FFH

下面以三角波为例说明其实现方法。

三角波如图 6-9 所示，取 256 个值来代表波形的变化情况。水平方向的 257 个点顺序取值，按照二进制送入 2716EPROM（2K×8 位）的地址端 $A_0 \sim A_7$，地址译码器的输出为 256 个（最末一位既是此周期的结束，又是下一周期的开始）。由于 2716EPROM 是 8 位的，所以要将垂直方向的取值转换成 8 位二进制数。

将这 255 个二进制数通过用户编程的方法，写入对应的存储单元，如表 6-2 所示，将 2716EPROM 的高 3 位地址 $A_{10}A_9A_8$ 取为 0，则该三角波占用的地址空间为 000H~0FFH，共 256 个。

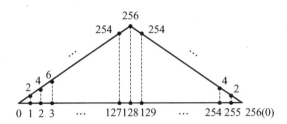

图 6-9 三角波细分图

表 6-2 三角波存储表

十进制数	二进制数 $A_{10} \sim A_0$	存储单元内容 $D_7 \sim D_0$
0	000 0000 0000	0000 0000
1	000 0000 0001	0000 0010
…	…	…
254	000 1111 1110	0000 0100
255	000 1111 1111	0000 0010
0	000 0000 0000	0000 0000

6.1.4 存储器的扩展

存储器的扩展方法

1. 位扩展

位扩展（即字长扩展）就是将多片存储器经适当的连接，组成位数增多、字数不变的存储器。方法是用同一地址信号控制 n 个相同字数的 RAM。

例 6-3：将 256×1 的 RAM 扩展为 256×8 的 RAM。

$$N = \frac{总存储容量}{一个芯片存储容量} = \frac{256 \times 8}{256 \times 1} = 8$$

将 8 块 256×1 的 RAM 的所有地址线和 CS（片选线）分别对应并连接在一起，而每一个芯片的位输出作为整个 RAM 输出的一位。结果如图 6-10 所示。

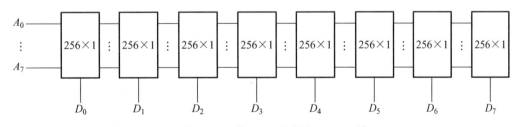

图 6-10 将 256×1 的 RAM 扩展为 256×8 的 RAM

2. 字扩展

字扩展是指将多片存储器经适当的连接，组成字数更多，而位数不变的存储器。

例 6-4：将 $1024×8$ 的 RAM 扩展为 $4096×8$ 的 RAM。

共需 4 个 $1024×8$ 的 RAM 芯片。$1024×8$ 的 RAM 有 10 条地址输入线 $A_9 \sim A_0$，$4096×8$ 的 RAM 有 12 条地址输入线 $A_{11} \sim A_0$，选用 2 线-4 线译码器，将输入接高位地址 A_{11}、A_{10}，输出分别控制 4 个 RAM 的片选端，结果如图 6-11 所示。

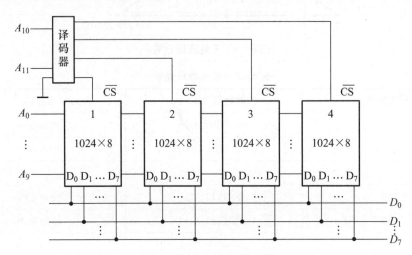

图 6-11 由 $1024×8$ 的 RAM 扩展为 $4096×8$ 的 RAM

6.2 可编程逻辑器件

为了清晰说明 PLD 的优点，可先用标准逻辑器件构造一个电路，然后用 PLD 构造相同的电路，最后比较一下这两种构造方法的区别。

例如，图 6-12（b）表示一个应用，其中连接了 2 个非门、4 个与门或 4 个或门，实现了图 6-12（a）中真值表所描述的逻辑。2 个非门和 4 个与门构成一个四选一译码器。

这个译码器根据加在输入 A 和 B 上的二进制值，仅使它的 4 个输入之一为高电平。当 $AB=00$ 时，与门 0 的输出为高电平，又因为或门 0 和 1 的输入存在连线，所以输出将是 $Q_3Q_2Q_1Q_0=0011$。

根据图 6-12（a）中真值表的第 2 行，当 $AB=01$ 时，与门 1 的输出是高电平，又因为或门 2 和 3 的输入存在连线，所以输出将是 $Q_3Q_2Q_1Q_0=1100$；当 $AB=10$ 时，与门 2 的输出是高电平，而输出为 0001；当 $AB=11$ 时，与门 3 的输出是高电平，而输出为 0100。

图 6-12（c）所示为在面包板上构造的该电路，显得很杂乱。

而通过使用个人计算机、EDA 软件和 PLD，可以很容易地构造出数字电路原型。

图 6-13（a）、图 6-13（b）所示为与图 6-12（a）、图 6-12（b）相同的真值表和应用电路，但这里用 PLD 来构造该电路，如图 6-13（c）所示。

该 PLD 包含大量的逻辑门及互连器件，并且全部封装在一个 IC 中。

我们可以在计算机上运用文本编辑器以硬件描述语言（Hardware Description Language，HDL）编写逻辑程序或者用原理图编辑器（Schematic Editor）画出逻辑电路。然后，通过 EDA 软件编译 HDL 或原理图，以建立相应的逻辑电路，实现最初的 HDL 或原理图中规定的行为。对该电路的运算进行仿真，确保它实现了规定的功能。如果电路仿真取得成功，就可以通过计算机的并口或 USB 接口把设计下载到 PLD 上。

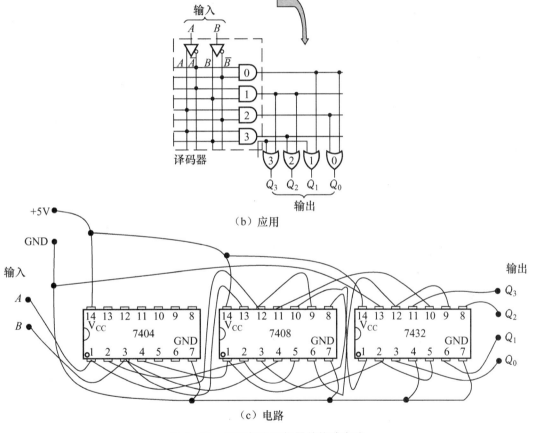

图 6-12 使用标准逻辑器件构造电路

上述两个例子充分说明了应用 PLD 进行数字电路设计的优点。

一般说来，PLD 分为以下几类。

（1）可编程只读存储器（PROM）。

（2）可编程逻辑阵列（PLA）器件。

（3）可编程阵列逻辑（PAL）器件。

（4）通用阵列逻辑（GAL）器件。

（5）高密度可编程逻辑器件（CPLD、FPGA）。

(6) 在系统可编程逻辑器件（ISP-PLD）。

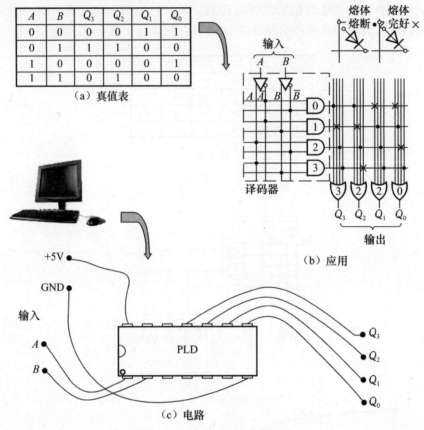

(a) 真值表

(b) 应用

(c) 电路

图 6-13 使用 PLD 构造电路

典型的 PLD 由一个与门和阵列一个或门阵列组成，而任意一个组合逻辑都可以用"与-或"表达式来描述，所以，PLD 能以乘积和的形式完成大量的组合逻辑功能。PLD 的基本结构如图 6-14（a）所示，PLD 电路图示例如图 6-14（b）所示。

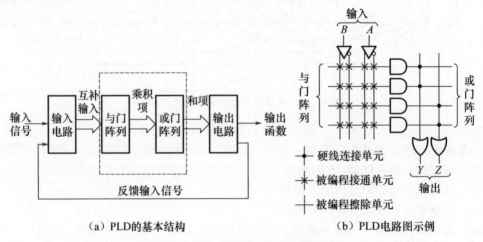

(a) PLD的基本结构

(b) PLD电路图示例

图 6-14 PLD 基本结构与电路图示例

下面来练习用 PLD 实现组合逻辑电路。

例 6-5：由 PLA 构成的逻辑电路如图 6-15 所示，试写出该电路的逻辑表达式，并确定逻辑功能。

写出该电路的逻辑表达式，其逻辑为全加器电路的逻辑。

$$S_n = \overline{A_n} \cdot \overline{B_n} C_n + \overline{A_n} B_n \overline{C_n} + A_n \overline{B_n} \cdot \overline{C_n} + A_n B_n C_n$$

$$C_{n+1} = A_n B_n + A_n C_n + B_n C_n$$

例 6-6：分别用 PROM 和 PLA 实现以下逻辑函数。

$$\begin{cases} Y_0 = ABC + A\overline{B} = ABC + A\overline{B}C + A\overline{B} \cdot \overline{C} \\ Y_1 = ABC + \overline{A} \cdot \overline{B} \cdot \overline{C} + A\overline{B}C \\ Y_2 = \overline{A} \cdot \overline{B} \cdot \overline{C} + ABC + AB\overline{C} \end{cases}$$

(1) 使用 PROM 实现的逻辑电路如图 6-16 所示。

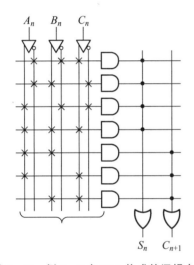

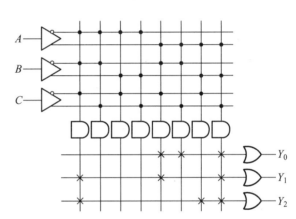

图 6-15 例 6-5 由 PLA 构成的逻辑电路　　图 6-16 例 6-6 用 PROM 实现的逻辑电路

对于大多数逻辑函数而言，并不需要使用全部最小项，以免造成浪费。

(2) 使用 PLA 实现的逻辑电路如图 6-17 所示。

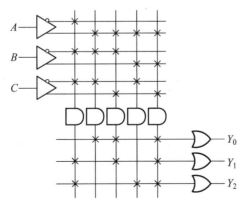

图 6-17 例 6-6 用 PLA 实现的逻辑电路

6.2.1 简单 PLD

可编程逻辑器件是一种可以由用户定义和设置逻辑功能的器件。

最早出现的可编程逻辑器件是 1970 年制成的 PROM，它由全译码的固定的与阵列和可编程的或阵列组成。

19 世纪 70 年代中期出现了可编程逻辑阵列（Programmable Logic Array，PLA）器件，它由可编程的与阵列和可编程的或阵列组成，虽然其阵列规模大为减少，提高了芯片的利用率，但由于编程复杂，支持 PLA 的开发软件有一定难度，因而没有得到广泛应用。

19 世纪 70 年代末，美国单片存储器公司（Monolithic Memories Inc，MMI）率先推出了可编程阵列逻辑（Programmable Array Logic，PAL）器件，它由可编程的与阵列和固定的或阵列组成，采用熔丝编程方式、双极型工艺制造，器件的工作速度很快，由于它的输出结构种类很多，设计很灵活，因而成为第一个得到普遍应用的可编程逻辑器件。PLA 和 PAL 都属于低密度 PLD，其结构简单，设计灵活，但规模小，难以实现复杂的逻辑功能。它们的内部编程方式分别如图 6-18（a）、图 6-18（b）、图 6-18（c）所示。

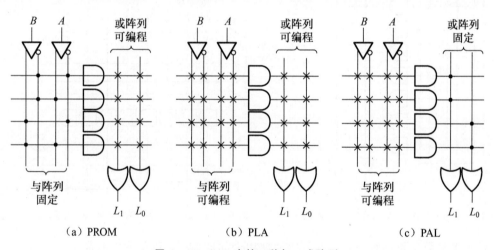

(a) PROM　　　　　　(b) PLA　　　　　　(c) PAL

图 6-18　PLD 中的 3 种与、或阵列

其中 PROM、PLA 和 PAL 是一次可编程的（One Time Programmable，OTP）。因为它们在 IC 内包含了专用的电路系统，使用高电压输入熔断电线交叉点处的熔体，一旦熔体熔断，它们就保持那样的状态，所以它们只能使用一次。

20 世纪 80 年代初，Lattice 公司发明了通用阵列逻辑（Generic Array Logic，GAL）器件，它在 PAL 的基础上进一步进行改进，采用了输出逻辑宏单元（Output Logic Macrocell，OLMC）的形式和 E2CMOS 工艺结构，因而具有可擦除、可重复编程、数据可长期保存和可重新组合结构等优点。GAL 比 PAL 使用更加灵活，它可以取代大部分 SSI、MSI 和 PAL 器件，所以在 20 世纪 80 年代得到了广泛应用，其结构如图 6-19 所示。

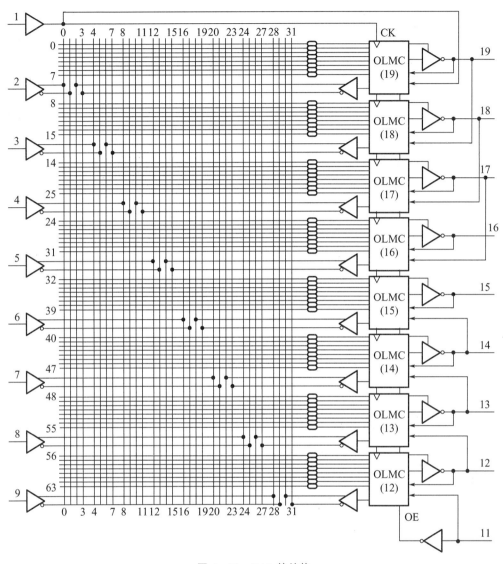

图 6-19 GAL 的结构

6.2.2 复杂 PLD

20 世纪 80 年代末，随着集成电路工艺水平的不断提高，PLD 突破了传统的单一结构，向着高密度、高速度、低功耗以及结构体系更灵活、适用范围更宽的方向发展，因而相继出现了各种不同结构的高密度 PLD。目前使用广泛的可编程逻辑器件有两类：复杂可编程逻辑器件（Complex Programming Logic Device，CPLD）和现场可编程门阵列（Field Programmable Gate Array，FPGA）。芯片实物示例如图 6-20 所示。

1. 复杂可编程逻辑器件

CPLD 集成了多个逻辑块，每个逻辑块相当于一个 GAL 器件。这些逻辑块可以通过共享可编程开关阵列组成的互连资源,实现它们之间的信息交换,也可以与周围的 I/O 模块相连,实现与芯片外部交换信息。

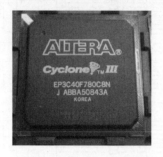

（a）Altera公司CycloneⅢ系列FPGA　　（b）Altera公司MaxⅡ系列CPLD

图 6-20　芯片图示例

CPLD 一般是基于乘积项结构的,如 Altera 的 MAX7000、MAX3000（E^2PROM 工艺）系列器件,Lattice 的 ispMACH4000、ispMACH5000 系列器件,Xilinx 的 XC9500、CoolRunner-II 系列器件等都是基于乘积项的 CPLD。

CPLD 的基本结构（以 MAX7000 为例,其他型号的 CPLD 与此结构相似）主要由可编程 I/O 单元、基本逻辑单元、布线池和其他辅助功能模块构成,如图 6-21 所示。

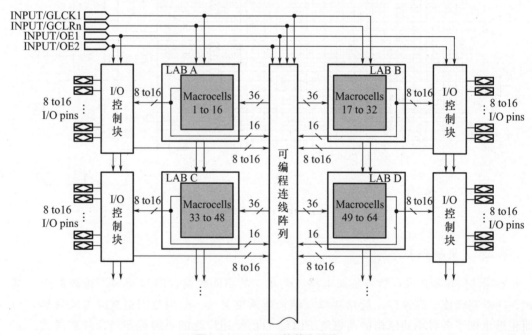

图 6-21　CPLD 的基本结构

这种 PLD 可分为三部分:宏单元（Macrocell）,可编程连线阵列（Programmable Interconnect Array,PIA）和 I/O 控制块。宏单元是 PLD 的基本结构,由它来实现基本的逻辑功能,图 6-21 中灰底色部分是多个宏单元的集合,这里没有一一画出;可编程连线阵列负责信号传递，连接所有的宏单元；I/O控制块负责输入/输出的电气特性控制，如可以设定集电极开路输出、摆率控制、三态输出等。图6-21中的INPUT/GCLK1、INPUT/GCLRn、INPUT/OE1、INPUT/OE2是全局时钟、清零和输出使能信号，这几个信号有专用连线与PLD中每个宏单元相连，信号到每个宏单元的延时相同并且延时最短。

宏单元的具体结构如图6-22所示。图左侧是乘积项阵列，实际就是一个与或阵列，每一个交叉点都是一个可编程熔体，如果导通就是实现"与"逻辑；后面的乘积项选择矩阵是一个"或"阵列，两者一起完成组合逻辑。图右侧是一个可编程D触发器，它的时钟、清零输入都可以编程选择，可以使用专用的全局清零和全局时钟，也可以使用内部逻辑（乘积项阵列）产生的时钟和清零。如果不需要触发器，也可以将此触发器旁路，信号直接输送给PIA或输出到I/O控制块。

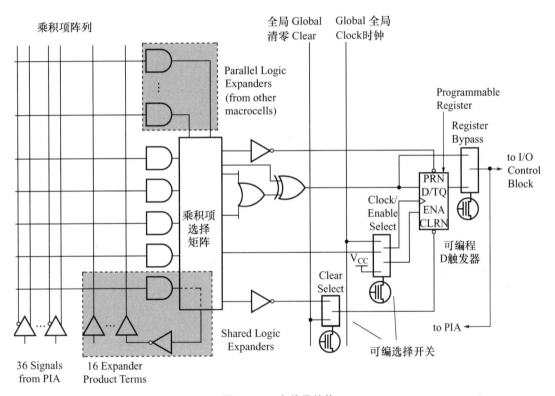

图6-22 宏单元结构

2. 现场可编程门阵列

FPGA是在PAL、GAL、CPLD等可编程器件的基础上进一步发展的产物。FPGA集成规模比较大，适用于时序、组合等各种逻辑电路应用场合，且兼有串、并行工作方式和高集成度、高速、高可靠性等明显的特点，其时钟延迟可达ns级。同时，在基于芯片的设计中可以减少芯片数量，缩小系统体积，降低能源消耗，提高系统的性能指标和可靠性。FPGA作为专用集成电路（Application Specific Intergrated Circuit，ASIC）领域中的一种半定制电路而出现，既解决了定制电路的不足，又克服了原有可编程器件门电路数目有限的缺点。FPGA的现场可编程技术使可编程器件在使用上更为方便，大大减少了设计费用,降低了设计风险,所以在通信、数据处理、网络、仪器、工业控制、军事和航空航天等众多领域得到了广泛应用。随着功耗和成本的进一步降低,FPGA 还将进入更多的应用领域。FPGA 结合了微电子技术、电路技术和 EDA 技术等,使设计者可以集中精力进行所需逻辑功能的设计,缩短设计周期和提高设计质量。

FPGA 的生产厂家和产品种类较多,但它们的基本组成大致相同。FPGA 的基本结构如图 6-23 所示。FPGA 采用了逻辑单元阵列(Logic Cell Array,LCA)概念,内部一般由可配置逻辑模块(Configurable Logic Block,CLB)、可编程输入/输出模块(Input/Output Block,IOB)和互联资源(Interconnect Capital Resource,ICR)及一个用于存放编程数据的静态存储器组成。CLB 阵列实现用户指定的逻辑功能,它们以阵列的形式分布在 FPGA 中;IOB 为内部逻辑与器件封装引脚之间提供了可编程接口,它通常排列在芯片四周;互联资源分布在 CLB 的空隙,互联资源可以编程配置在模块之间传递的信号网络,用于实现各个 CLB 之间、CLB 与 IOB 之间以及全局信号与 CLB 和 IOB 之间的连接。FPGA 利用可编程查找表(Look-up Table,LUT)实现逻辑块,本质上就是一个 RAM。目前 FPGA 中多使用四输入的 LUT,所以每一个 LUT 可以看作一个有 4 位地址线的 16×1 位 RAM,如图 6-24 所示。

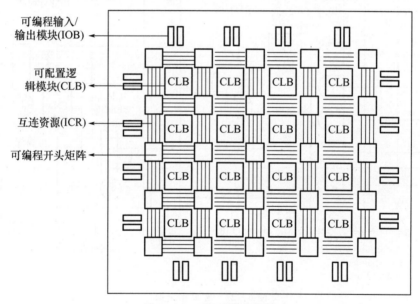

图 6-23　FPGA 基本结构

(a) 实际逻辑电路　　　　　　　(b) LUT 的实现方式

图 6-24　LUT 的应用图例

除了上述构成 FPGA 基本结构的 4 种资源以外，随着工艺的进步和应用系统需求的发展，一般在 FPGA 中还可能包含以下可选资源：存储器资源（块 RAM、分布式 RAM/ROM），数字时钟管理单元（分频/倍频、数字延迟、时钟锁定），算术运算单元（高速硬件乘法器、乘加器），多电平标准兼容高速串行的 I/O 接口，特殊功能模块（以太网等硬 IP 核），微处理器（PowerPC405 等硬处理器 IP 核）。

本 章 小 结

1. 掌握存储器 RAM 和 ROM 的内部结构。
2. 存储器有两种不同扩展方式：字扩展和位扩展。
3. 了解简单 PLD 中 PROM、PLA、PAL、GAL 的相关知识。
4. 了解 CPLD 和 FPGA 的构造特点。
5. FPGA 和其他 PLD 结构上是不同的，后者均为"与-或"结构。

习　　题

一、选择题（不定项选择）

1. 关于 PROM 和 PAL 的结构说法正确的是____。
   A. PROM 与阵列固定，不可编程　　　　B. PROM 与阵列、或阵列均不可编程
   C. PAL 与阵列、或阵列均可编程　　　　D. PAL 的与阵列可编程
2. PAL 是指____。
   A. 可编程逻辑阵列　　　　　　　　　　B. 可编程阵列逻辑
   C. 通用阵列逻辑　　　　　　　　　　　D. 只读存储器
3. 当用异步 I/O 输出结构的 PAL 设计逻辑电路时，它们相当于____。
   A. 组合逻辑电路　　B. 时序逻辑电路　　C. 存储器　　D. 数模转换器
4. PLD 器件的基本结构组成有____。
   A. 输出电路　　　　B. 或阵列　　　　　C. 与阵列　　D. 输入缓冲电路
5. PLD 器件的主要优点有____。
   A. 集成密度高　　　B. 可改写　　　　　C. 可硬件加密　D. 便于仿真测试
6. GAL 的输出电路是____。
   A. OLMC　　　　　B. 固定的　　　　　C. 只可一次编程　D. 可重复编程
7. PLD 开发系统需要有____。
   A. 计算机　　　　　B. 操作系统　　　　C. 编程器　　　D. 开发软件
8. 只可进行一次编程的可编程逻辑器件有____。
   A. PAL　　　　　　B. GAL　　　　　　C. PROM　　　　D. PLD
9. 可重复进行编程的可编程逻辑器件有____。
   A. PAL　　　　　　B. GAL　　　　　　C. PROM　　　　D. PLD
10. 全场可编程（与、或阵列均可编程）的可编程逻辑器件有____。
    A. PAL　　　　　　B. GAL　　　　　　C. PROM　　　　D. PLA

*11. GAL16V8 的最多输入/输出端个数为____。
   A. 8 输入 8 输出　　　　　　　　B. 10 输入 10 输出
   C. 16 输入 8 输出　　　　　　　　D. 16 输入 1 输出
12. 一个容量为 1K×8 的存储器有____个存储单元。
   A. 8　　　　　B. 8192　　　　　C. 8000　　　　　D. 8K
13. 要构成容量为 4K×8 的 RAM，需要____片容量为 256×4 的 RAM。
   A. 8　　　　　B. 4　　　　　　C. 2　　　　　　D. 32
14. 寻址容量为 16K×8 的 RAM 需要____条地址线。
   A. 8　　　　　B. 4　　　　　　C. 14　　　　　　D. 16K
15. 随机存取存储器具有____功能。
   A. 读/写　　　B. 无读/写　　　C. 只读　　　　　D. 只写
16. 若要将容量为 128×1 的 RAM 扩展为 1024×8，则需要控制各片选端的辅助译码器的输出端数为____。
   A. 1　　　　　B. 2　　　　　　C. 3　　　　　　D. 8
17. 若要将容量为 256×1 的 RAM 扩展为 1024×8，则需要控制各片选端的辅助译码器的输入端数为____。
   A. 4　　　　　B. 2　　　　　　C. 3　　　　　　D. 8
18. 只读存储器在运行时具有____功能。
   A. 读/无写　　B. 无读/写　　　C. 读/写　　　　D. 无读/无写
19. 只读存储器当电源断掉后又接通时，存储器中的内容____。
   A. 全部改变　　B. 全部为 0　　　C. 不可预料　　　D. 保持不变
20. 随机存取存储器当电源断掉后又接通时，存储器中的内容____。
   A. 全部改变　　B. 全部为 1　　　C. 不确定　　　　D. 保持不变
21. 一个容量为 512×1 的静态 RAM 具有____。
   A. 地址线 9 条，数据线 1 条　　　B. 地址线 1 条，数据线 9 条
   C. 地址线 512 条，数据线 9 条　　D. 地址线 9 条，数据线 512 条
22. 用若干 RAM 实现位扩展时，其方法是将____相应地并联在一起。
   A. 读/写线　　B. 数据线　　　C. 地址线　　　　D. 片选信号线
23. PROM 的与阵列（地址译码器）是____。
   A. 全译码可编程阵列　　　　　　B. 全译码不可编程阵列
   C. 非全译码不可编程阵列　　　　D. 非全译码可编程阵列

二、填空题
1. 存储器的_____和_____是反映系统性能的两个重要指标。
2. 半导体存储器按功能可分为_____和_____两种类型，其中_____在电源掉电后信息不会丢失。
3. 用户可编程 ROM 有_____、_____和_____3 种类型，其中_____的编程是一次性的。
4. PLD 器件的基本结构包括_____和_____两部分。
5. GAL 器件由_____、_____和_____3 个主要部分组成。

6. PROM 的与门阵列是_____，或门阵列是_____；PLA 的与门阵列是_____，或门阵列是_____；PAL 的与门阵列是_____，或门阵列是_____。

三、综合题

1. 分析图 6-25 给出的阵列图，试写出输出表达式 Y 的最小项表示形式。

2. 在图 6-26 所示的 PAL 中，试列出其输入、输出真值表。

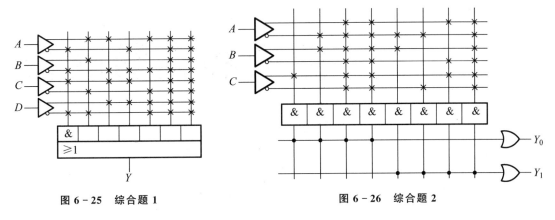

图 6-25　综合题 1　　　　　　　　图 6-26　综合题 2

3. 4×2 位容量的 ROM 的点阵图如图 6-27 所示。试写出逻辑表达式，列出其真值表，并说明电路的逻辑功能。

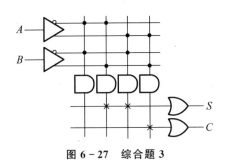

图 6-27　综合题 3

第 7 章 数模和模数转换

教学目标

第7章思维导图

本章重点讲解数字信号和模拟信号相互转换的基本原理。

通过本章的学习，熟悉 D/A 转换器的基本原理，了解不同种类 D/A 转换器的基本工作原理，理解主要性能指标的含义；熟悉 A/D 转换器的基本原理，理解 4 个基本步骤（采样、保持、量化和编码），了解并行比较型、逐次逼近型、双积分型 3 种常见 A/D 转换器的电路结构和工作原理；理解 A/D 转换器主要参数的含义。

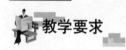
教学要求

知识要点	能力要求	相关知识
D/A 转换器	（1）熟悉其基本工作原理 （2）理解其主要性能指标的含义	（1）基本原理 （2）分类 （3）主要技术指标和常用芯片
A/D 转换器	（1）熟悉其基本工作原理 （2）理解其采样、保持、量化和编码过程 （3）理解其主要性能指标的含义	（1）基本原理 （2）分类 （3）主要技术指标和常用芯片

第7章 数模和模数转换

引言

自然界中存在的大多是连续变化的物理量,如温度、时间、速度、流量、压力等,要用数字电路特别是用计算机来处理这些物理量,必须先把这些物理量转换成模拟量,然后将模拟量转换成计算机能够识别的数字量,经过计算机分析和处理后的数字量又需要转换成相应的模拟量,才能实现对受控对象的有效控制,这就需要一种能在模拟量与数字量之间起桥梁作用的电路——模/数和数/模转换电路。

能将模拟量转换为数字量的电路称为模/数转换器,简称 A/D 转换器或 ADC;能将数字量转换为模拟量的电路称为数/模转换器,简称 D/A 转换器或 DAC。

工控应用示意图如图 7-1 所示。

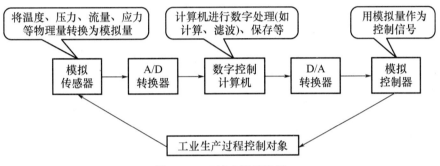

图 7-1 工控应用示意图

由图 7-1 可见,利用模拟传感器将温度、压力、流量、应力等物理量转换为模拟量;利用模/数转换器将其转换为数字量交由数字控制计算机进行数字处理(如计算、滤波)、保存等,输出的数字信号通过数/模转换器转换为模拟量作为控制信号,交由模拟控制器对被控对象进行操作。因此,A/D 转换器和 D/A 转换器已成为计算机系统中不可缺少的接口电路,是用计算机实现工业过程控制的重要接口电路。

7.1 D/A 转换器

7.1.1 D/A 转换器的基本原理

例 7-1:将二进制数 $(1001)_2$ 转换为十进制数。

数字量:
$$(1001)_2 = (b_3 \times 2^3 + b_2 \times 2^2 + b_1 \times 2^1 + b_0 \times 2^0)_{10}$$
$$= (1 \times 2^3 + 0 \times 2^2 + 0 \times 2^1 + 1 \times 2^0)_{10}$$

模拟量: $u_0 = K(1 \times 2^3 + 0 \times 2^2 + 0 \times 2^1 + 1 \times 2^0)_{10}$($K$ 为比例系数)

在 D/A 转换过程中,输入的数字量是一种二进制代码。对于有权码,每位代码都有一定的权值,将每一位代码按其权值的大小转换成相应的模拟量,然后将这些模拟量相加,即可得到与数字量成正比的模拟量,从而实现数字量到模拟量的转换。

实现 D/A 转换的基本原理如图 7-2 所示。

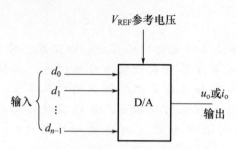

图 7-2 实现 D/A 转换的基本原理

由图 7-2 输出可知，D/A 转换器有电压输出型和电流输出型两类。

若 D/A 转换器输出为电流，则为了得到模拟电压输出，必须在它的后面接一个电流—电压转换电路，一般利用运算放大器实现。

7.1.2 D/A 转换器的工作原理

D/A 转换器的种类很多，按照译码网络的不同分为权电阻网络 D/A 转换器、T 形电阻网络 D/A 转换器、倒 T 形电阻网络 D/A 转换器、权电流 D/A 转换器等。

本节主要讲解权电阻网络 D/A 转换器和倒 T 形电阻网络 D/A 转换器的工作原理。

1. 权电阻网络 D/A 转换器

权电阻网络 D/A 转换电路实质上是一种反相求和放大器，该电路用一个二进制的每一位产生一个与二进制的权成正比的电压，将这些电压加起来，可以得到与该二进制对应的模拟量电压信号。

图 7-3 所示为 4 位权电阻网络 D/A 转换器原理图，它由权电阻、模拟开关、反馈电阻和运算放大器组成。

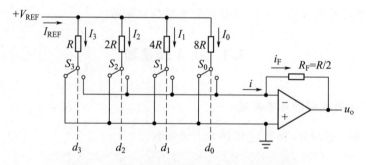

图 7-3 4 位权电阻网络 D/A 转换器原理图

1）工作原理

由图 7-3 可知，无论模拟开关接到运算放大器的反相输入端（虚地）还是接到地，即无论输入数字信号是 1 还是 0，各支路的电流都不变，各电流大小为

$$I_0 = \frac{V_{\text{REF}}}{8R}, \quad I_1 = \frac{V_{\text{REF}}}{4R}, \quad I_2 = \frac{V_{\text{REF}}}{2R}, \quad I_3 = \frac{V_{\text{REF}}}{R}$$

因此

$$\begin{aligned} i &= I_0 d_0 + I_1 d_1 + I_2 d_2 + I_3 d_3 \\ &= \frac{V_{\text{REF}}}{8R} d_0 + \frac{V_{\text{REF}}}{4R} d_1 + \frac{V_{\text{REF}}}{2R} d_2 + \frac{V_{\text{REF}}}{R} d_3 \\ &= \frac{V_{\text{REF}}}{2^3 \times R}(d_3 2^3 + d_2 2^2 + d_1 2^1 + d_0 2^0) \end{aligned}$$

设定反馈电阻 $R_F = \dfrac{R}{2}$,则

$$u_o = -R_F i_F = -\frac{R}{2} i = \frac{V_{\text{REF}}}{2^4}(d_3 2^3 + d_2 2^2 + d_1 2^1 + d_0 2^0)$$

这样,就可以根据参考电压的数值,将输入的 4 位二进制数转换为相应的模拟电压值。选用不同的权电阻网络,就可以得到不同编码数的 D/A 转换器。

但当输入的二进制数位数较多时,权电阻的阻值差距增大,这样会给生产带来困难且影响精度,因此 D/A 转换器一般不采用这种转换方式。

2)软件仿真

应用 Multisim 软件设计 4 位权电阻网络 D/A 转换器,并进行仿真,验证原理的正确性,结果如图 7-4 所示。

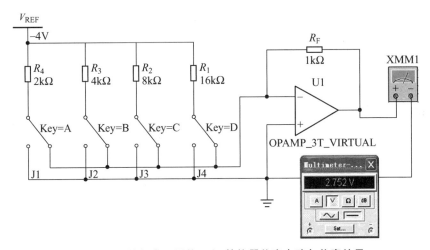

图 7-4 4 位权电阻网络 D/A 转换器仿真电路与仿真结果

在图 7-4 所示的仿真电路中,为了方便验证结果,采用了虚拟元件的运算放大器和电阻,参考电压为 -4V,输入的数字量为 4 位二进制数 $(1011)_2$,利用公式可得出转换后的模拟电压值为 2.75V,结果与仿真结果相符。当然,模拟开关工作在不同的闭合状态,输出的结果不同,读者可自行验证。

2. 倒 T 形电阻网络 D/A 转换器

为了克服权电阻网络 D/A 转换器中电阻阻值相差较大的缺点,设计出了 T 形电阻网络 D/A 转换器和倒 T 形电阻网络 D/A 转换器。它们都只有 R 和 $2R$ 两种阻值的电阻,这

给集成电路的设计和制作带来了很大的方便。下面以倒 T 形电阻网络 D/A 转换器为例来讲述其工作原理。图 7-5 是 4 位倒 T 形电阻网络 D/A 转换器原理图。它由 R、$2R$ 电阻，模拟开关和运算放大器组成。

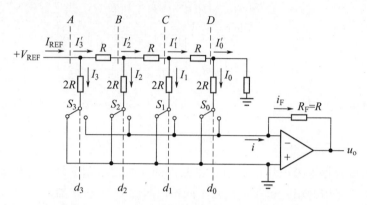

图 7-5　4 位倒 T 形电阻网络 D/A 转换器原理图

1）工作原理

由图 7-5 可知，分别从虚线 A、B、C、D 处向右看的二端网络等效电阻都是 R。从参考电压端输入的电流为

$$I_{REF} = \frac{V_{REF}}{R}$$

无论模拟开关接到运算放大器的反相输入端（虚地）还是接到地，即无论输入数字信号是 1 还是 0，各支路的电流都不变，各电流大小为

$$I_3 = \frac{1}{2}I_{REF} = \frac{V_{REF}}{2R},\ I_2 = \frac{1}{4}I_{REF} = \frac{V_{REF}}{4R},$$

$$I_1 = \frac{1}{8}I_{REF} = \frac{V_{REF}}{8R},\ I_0 = \frac{1}{16}I_{REF} = \frac{V_{REF}}{16R}$$

因此

$$\begin{aligned} i &= I_0 d_0 + I_1 d_1 + I_2 d_2 + I_3 d_3 \\ &= \left(\frac{1}{16}d_0 + \frac{1}{8}d_1 + \frac{1}{4}d_2 + \frac{1}{2}d_3\right)\frac{V_{REF}}{R} \\ &= \frac{V_{REF}}{2^4 R}(d_3 2^3 + d_2 2^2 + d_1 2^1 + d_0 2^0) \end{aligned}$$

设定反馈电阻 $R_F = R$，则

$$\begin{aligned} u_o &= -R_F i_F = -R_F i = -\frac{V_{REF} R_F}{2^4 R}(d_3 2^3 + d_2 2^2 + d_1 2^1 + d_0 2^0) \\ &= -\frac{V_{REF}}{2^4}(d_3 2^3 + d_2 2^2 + d_1 2^1 + d_0 2^0) \end{aligned}$$

这样，就可以根据参考电压的数值，将输入的 4 位二进制数转换为相应的模拟电压值。

倒 T 形电阻网络 D/A 转换器的优点在于，无论输入信号如何变化，流过基准电压源、模拟开关及各支路的电流均保持恒定，电路中各节点的电压也保持不变，这有利于提高 D/A 转换器的转换速度,因此其成为目前集成 D/A 转换器中应用最多的转换电路。

2) 软件仿真

应用 Multisim 软件设计 4 位倒 T 形电阻网络 D/A 转换器,并进行仿真,验证原理的正确性,结果如图 7-6 所示。

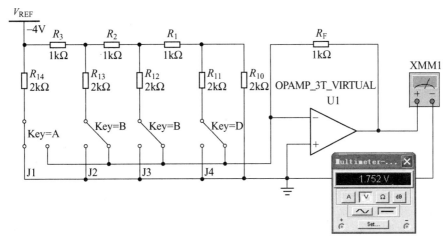

图 7-6 4 位倒 T 形电阻网络 D/A 转换器仿真电路与仿真结果

在图 7-6 所示的仿真电路中,为了方便验证结果,采用了虚拟元件的运算放大器和电阻,参考电压为 -4V,输入的数字量为 4 位二进制数 $(0111)_2$,利用公式可得出转换后的模拟电压值为 1.75V。结果与仿真结果相符。当然,模拟开关工作在不同的闭合状态,输出的结果不同,读者可自行验证。

7.1.3 D/A 转换器的主要技术指标和常用芯片

1. D/A 转换器的主要指标

1) 分辨率

D/A 转换器的分辨率是指模拟输出电压可能被分离的等级数。n 位 D/A 转换器最多有 2^n 个模拟输出电压,位数越多,D/A 转换器的分辨率越高。分辨率也可以用 D/A 转换器的最小输出电压与最大输出电压的比值来表示。

n 位 D/A 转换器的分辨率可表示为 $\dfrac{1}{2^n-1}$。例如,一个 10 位 D/A 转换器的分辨率是 $\dfrac{1}{2^{10}-1}=\dfrac{1}{1023}\approx 0.001$。

2) 转换精度

D/A 转换器的转换精度是指输出模拟电压的实际值与理想值之差,即最大静态转换误差,其主要取决于输入 D/A 转换器的二进制位数。

例如,8 位 D/A 转换器的相对误差为 1/256,而 10 位 D/A 转换器的相对误差为 1/1024。因此,二进制位数越多,精度越高。

3) 转换速度

D/A 转换器从输入二进制数字信号到转换为模拟电压或电流输出,需要经历一定的时间,这称为转换速度。不同类型 D/A 转换器的转换速度是不同的,一般在几十微秒到几百微秒。

2. 常用的集成 D/A 转换器

常用的集成 D/A 转换器有 AD7520、D/A0832、D/A0808、D/A1230、MC1408、AD7524 等。

7.2 A/D 转换器

A/D 转换器的作用就是将输入的模拟量转换成与其成比例的数字量。要把模拟量转化为数字量一般要经过 4 个步骤,分别为采样、保持、量化、编码。

7.2.1 A/D 转换器的基本原理

1. 基本原理

在 A/D 转换中,因为输入的模拟信号在时间上是连续的,而输出的数字信号是离散量,所以进行转换时只能按一定的时间间隔对输入的模拟信号进行采样,然后再把采样值转换为输出的数字量。通常 A/D 转换需要经过采样、保持、量化、编码 4 个步骤,如图 7-7 所示。

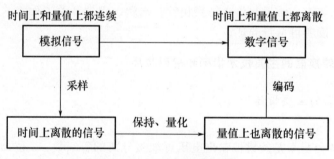

图 7-7 A/D 转换过程框图

这个过程也可将采样、保持合为一步,量化、编码合为一步,即用两大步来完成。

2. 采样和保持

采样是将随时间连续变化的模拟量转换为在时间上离散的模拟量,即对连续变化的模拟信号进行定时测量,抽取其样值,采样波形图如图 7-8 所示。采样结束后,再将此采样信号保持一段时间,使 A/D 转换器有充分的时间进行 A/D 转换。采样—保持电路就是用来完成该任务的。

采样脉冲的频率越高,采样越密,采样值就越多,其采样—保持电路的输出信号就越接近于输入信号的波形。因此,对采样频率就有一定的要求,必须满足采样定理。

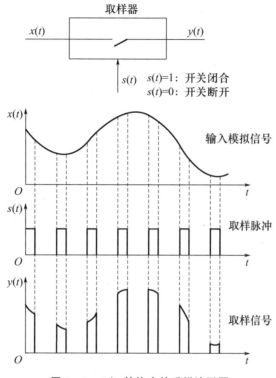

图 7-8　A/D 转换中的采样波形图

采样定理为，设取样脉冲 $s(t)$ 的频率为 f_s，输入模拟信号 $x(t)$ 的最高频率分量的频率为 f_{max}，必须满足 $f_s \geq 2f_{max}$，$y(t)$ 才可以正确地反映输入信号（从而能不失真地恢复原模拟信号）。

采得模拟信号和转换为数字信号都需要一定时间，为了给后续的量化编码过程提供一个稳定的值，在取样电路后要将所采样的模拟信号保持一段时间。

3. 量化和编码

将取样—保持电路的输出电压按某种近似方式归化到与之相应的离散电平上，这一转化过程称为数值量化，简称量化。近似量化方式一般有只舍不入量化方式和四舍五入量化方式两种。

只舍不入量化方式是在量化中把不足一个量化单位的部分舍弃，对于等于或大于一个量化单位部分按一个量化单位处理。四舍五入量化方式是在量化过程中将不足半个量化单位部分舍弃，对于等于或大于半个量化单位部分按一个量化单位处理。

量化误差是指量化前的电压与量化后的电压差。在量化过程中由于所采样电压不一定能被 Δ（最小单位电压）整除，所以量化前后一定存在误差，此误差称为量化误差。量化误差属于原理误差，它是无法消除的。A/D 转换器的位数越多，各离散电平之间的差值越小，量化误差越小。

量化后的数值最后还必须通过编码过程用一个代码表示出来，这一过程称为编码。经编码后得到的代码就是 A/D 转换器输出的数字量。

4. 举例说明

例 7-2：将 0～1V 之间的电压转换为 3 位二进制代码（利用只舍不入量化方式）。

由图 7-9 可知，最小量化单位 $\Delta = \frac{1}{8}$V，最大量化误差为 $\frac{1}{8}$V。

7.2.2 A/D 转换器的分类

A/D 转换器电路可分为直接法和间接法两大类。直接 A/D 转换是将模拟信号直接转换成数字信号，比较典型的有并行比较型 A/D 转换器和逐次逼近型 A/D 转换器。间接 A/D 转换是先将模拟信号转换成某一中间变量（时间或频率等），再将中间变量转换成数字量，比较典型的有双积分型 A/D 转换器和电压转换型 A/D 转换器。本节主要讲述并行比较型 A/D 转换器的工作原理。

并行比较型 A/D 转换器由电阻分压器、电压比较器及编码电路组成，输出的各位数码是一次形成的。它是转换速度最快的一种 A/D 转换器，其原理图如图 7-10 所示。

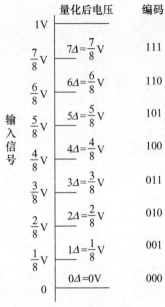

图 7-9 转换示意图

1. 工作原理

由图 7-10 可知，电阻分压器将输入参考电压 V_{REF} 量化为 7 个比较电平。当 $0 \leq u_i < \frac{V_{REF}}{15}$ 时，7 个比较器输出全为 0，CP 到来后，7 个触发器都置 0。经编码器编码后输出的二进制代码为 $d_2d_1d_0=000$；当 $\frac{V_{REF}}{15} \leq u_i < \frac{3}{15}V_{REF}$ 时，7 个比较器中只有 C_1 输出为 1，CP 到来后，只有触发器 FF_1 置 1，其余触发器仍为 0。经编码器编码后输出的二进制代码为 $d_2d_1d_0=001$。

当 $\frac{3}{15}V_{REF} \leq u_i < \frac{5}{15}V_{REF}$ 时，比较器 C_1、C_2 输出为 1，CP 到来后，触发器 FF_1、FF_2 置 1。经编码器编码后输出的二进制代码为 $d_2d_1d_0=010$；当 $\frac{5}{15}V_{REF} \leq u_i < \frac{7}{15}V_{REF}$ 时，比较器 C_1、C_2、C_3 输出为 1，CP 到来后，触发器 FF_1、FF_2、FF_3 置 1。经编码器编码后输出的二进制代码为 $d_2d_1d_0=011$。以此类推，可以列出 u_i 为不同等级时寄存器的状态及相应的输出二进制数，如表 7-1 所示。

第7章 数模和模数转换

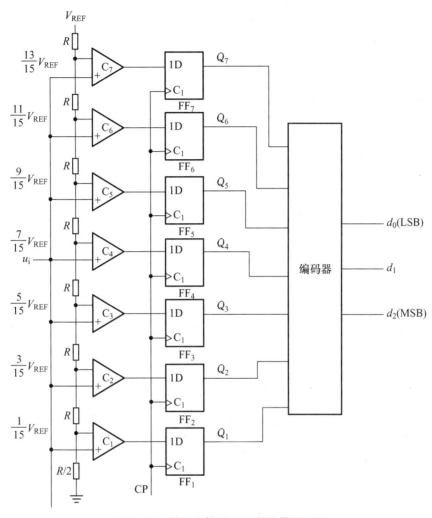

图 7-10 并行比较型 A/D 转换器原理图

表 7-1 3位并行比较型 A/D 转换器模拟电压与输出对应关系

输入模拟电压	寄存器状态							输出二进制数		
u_i	Q_7	Q_6	Q_5	Q_4	Q_3	Q_2	Q_1	d_2	d_1	d_0
$\left(0 \sim \dfrac{1}{15}\right)V_{REF}$	0	0	0	0	0	0	0	0	0	0
$\left(\dfrac{1}{15} \sim \dfrac{3}{15}\right)V_{REF}$	0	0	0	0	0	0	1	0	0	1
$\left(\dfrac{3}{15} \sim \dfrac{5}{15}\right)V_{REF}$	0	0	0	0	0	1	1	0	1	0
$\left(\dfrac{5}{15} \sim \dfrac{7}{15}\right)V_{REF}$	0	0	0	0	1	1	1	0	1	1

续表

输入模拟电压	寄存器状态	输出二进制数
$\left(\frac{7}{15} \sim \frac{9}{15}\right)V_{REF}$	0 0 0 1 1 1 1	1 0 0
$\left(\frac{9}{15} \sim \frac{11}{15}\right)V_{REF}$	0 0 1 1 1 1 1	1 0 1
$\left(\frac{11}{15} \sim \frac{13}{15}\right)V_{REF}$	0 1 1 1 1 1 1	1 1 0
$\left(\frac{13}{15} \sim 1\right)V_{REF}$	1 1 1 1 1 1 1	1 1 1

这样，就可以将一个模拟量转换为数字量。并行比较型 A/D 转换器的转换速度最快，但转换精度很难做得很高。因此，这种类型的 A/D 转换器适用于高转换速度、低分辨率的场合。

2. 软件仿真

应用 Multisim 软件设计 3 位并行比较型 A/D 转换器，并进行仿真，验证原理的正确性，结果如图 7-11 所示。

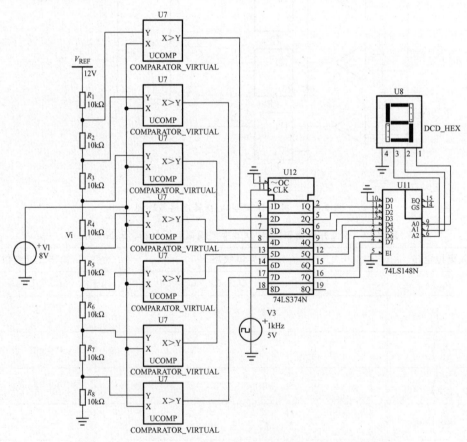

图 7-11 3 位并行比较型 A/D 转换器仿真电路与仿真结果

在图 7-11 所示的仿真电路中,为了方便验证结果,采用了虚拟元件的比较器和电阻,参考电压为 12V,输入的模拟电压 $u_i=8V$。利用上述的工作原理可知,u_i 在 $\left(\dfrac{15}{9} \sim \dfrac{11}{15}\right) \times 12V$ 之间,因此输出二进制数为 101,数码管显示的数据为 5。

结果与仿真结果相符。当然,输入的模拟电压不同,输出的结果也不同,读者可自行验证。

7.2.3 A/D 转换器的主要技术指标和常用芯片

1. A/D 转换器的主要技术指标

1) 分辨率

A/D 转换器的分辨率用输出二进制数的位数表示,位数越多,误差越小,转换精度越高。

例如,A/D 转换器输入模拟电压范围为 0~5V,输出 8 位二进制数可以分辨的最小模拟电压为 $\dfrac{5}{2^8}V \approx 20mV$;而输出 12 位二进制数可以分辨的最小模拟电压为 $\dfrac{5}{2^{12}}V \approx 1.22mV$。

2) 转换误差

A/D 转换器转换误差是指在零点和满度都校以后,分别测量各个数字量所对应的模拟输入电压实测范围与理论范围之间的偏差,取其中的最大偏差作为转换误差的指标。通常以相对误差的形式出现,并以 LSB 表示。

例如,转换误差 $< \pm \dfrac{LSB}{2}$,表明实际输出的数字量和理论输出的数字量之间的误差小于最低有效位(LSB)的一半。

3) 转换速度

完成一次 A/D 转换所需要的时间称为转换时间,转换时间越短,则转换速度越快。A/D 转换器的转换时间与转换电路的类型有关。并行比较型 A/D 转换器的转换时间可达 10ns;逐次逼近型 A/D 转换器的转换时间在 10~50μs 之间;双积分型 A/D 转换器的转换时间在几十毫秒至几百毫秒之间。

因此,并行比较 A/D 转换器的转换速度最高,逐次逼近型 A/D 转换器次之,间接 A/D 转换器(如双积分型 A/D 转换器)的速度最慢。

2. 常用的集成 A/D 转换器

集成 A/D 转换器的规格品种繁多,常见的有 ADC0804、ADC0809、MC14433 等。

本 章 小 结

1. A/D 转换能将输入的模拟量转换成与之成正比的二进制数字量。A/D 转换分直接转换型和间接转换型。

2. A/D 转换要经过采样、保持、量化、编码 4 个步骤。采样-保持电路对输入模拟信号抽取样值并保持;量化是对样值脉冲进行分级,编码是将分级后的信号转换成二进制代码。在对模拟信号采样时，必须满足采样定理，即 $f_s \geq 2f_{max}$。这样才能做到不失真地恢复出原模拟信号。

3. 并行比较型、逐次逼近型和双积分型 A/D 转换器各有特点，在不同的应用场合，应选用不同类型的 A/D 转换器。高速场合下，可选用并行比较型 A/D 转换器，但其受位数限制，精度不高，且价格贵；在低速场合，可选用双积分型 A/D 转换器，它精度高，抗干扰能力强；逐次逼近型 A/D 转换器兼顾了上述两种 A/D 转换器的优点，速度较快、精度较高、价格适中，因此应用比较普遍。

4. D/A 转换器将输入的二进制数字量转换成与之成正比的模拟量。实现数模转换有多种方式，常用的是电阻网络 D/A 转换器，包括权电阻网络、R-2R 电阻网络 D/A 转换器等。电阻网络 D/A 转换器的转换原理是把输入的数字量转换为权电流之和，所以在应用时，要外接求和运算放大器，把电阻网络的输出电流转换成输出电压。D/A 转换器的分辨率和转换精度都与 D/A 转换器的位数有关，位数越多，分辨率和精度越高。

5. 无论是 A/D 转换还是 D/A 转换，基准电压 V_{ERF} 都是一个很重要的应用参数，要理解基准电压的作用，尤其是在 A/D 转换中，它的值对量化误差、分辨率都有影响。一般应按器件手册给出的电压范围取用，并且保证输入的模拟电压最大值不大于基准电压值。

习　题

一、选择题

1. 集成 D/A 转换器 DAC0832 含有____个寄存器。
   A. 1　　　　　B. 2　　　　　C. 3　　　　　D. 4

2. 一个无符号 8 位数字量输入的 D/A 转换器，其分辨率为____位。
   A. 1　　　　　B. 3　　　　　C. 4　　　　　D. 8

3. 一个无符号 10 位数字量输入的 D/A 转换器，其输出电平的级数为____。
   A. 4　　　　　B. 10　　　　C. 1024　　　 D. 2^{10}

4. 若一个无符号 4 位权电阻网络 D/A 转换器，最低位处的电阻为 $40k\Omega$，则最高位处的电阻为____。
   A. $4k\Omega$　　　B. $5k\Omega$　　　C. $10k\Omega$　　D. $20k\Omega$

5. 4 位倒 T 型电阻网络 D/A 转换器的电阻网络的电阻取值有____种。
   A. 1　　　　　B. 2　　　　　C. 4　　　　　D. 8

6. 为使采样输出信号不失真地代表输入模拟信号，采样频率 f_s 和输入模拟信号的最高频率 f_{max} 的关系是____。
   A. $f_s \geq f_{max}$　　　　　　　B. $f_s \leq f_{max}$
   C. $f_s \geq 2f_{max}$　　　　　　D. $f_s \leq 2f_{max}$

7. 将一个时间上连续变化的模拟量转换为时间上断续（离散）的模拟量的过程称为____。
   A. 采样　　　B. 量化　　　C. 保持　　　D. 编码

8. 用二进制码表示指定离散电平的过程称为____。

A. 采样　　　　　　B. 量化　　　　　　C. 保持　　　　　　D. 编码

9. 将幅值上、时间上离散的阶梯电平统一归并到最邻近的指定电平的过程称为____。

A. 采样　　　　　　B. 量化　　　　　　C. 保持　　　　　　D. 编码

10. 若某 A/D 转换器取量化单位 $\Delta = \frac{1}{8}V_{REF}$，并规定对于输入电压 u_I，在 $0 \leqslant u_I < \frac{1}{8}V_{REF}$ 时，认为输入的模拟电压为 0V，输出的二进制数为 000，则当 $\frac{5}{8}V_{REF} \leqslant u_I < \frac{6}{8}V_{REF}$ 时，输出的二进制数为____。

A. 001　　　　　　B. 101　　　　　　C. 110　　　　　　D. 111

11. 以下 4 种转换器中，____是 A/D 转换器且转换速度最高。

A. 并行比较型　　　B. 逐次逼近型　　　C. 双积分型　　　D. 施密特触发器

二、综合题

图 7-12（a）所示为一个 4 位逐次逼近型 A/D 转换器电路，其 4 位 D/A 输出波形 v_O 与输入电压 v_I 分别如图 7-1（b）和图 7-1（c）所示。

（1）转换结束时，图 7-1（b）和图 7-1（c）的输出数字量各为多少？

（2）4 位 D/A 转换器的最大输出电压 $V_{O(max)} = 5V$，估计两种情况下的输入电压范围各为多少？

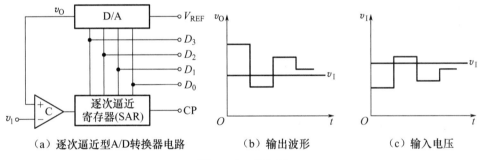

（a）逐次逼近型A/D转换器电路　　　（b）输出波形　　　（c）输入电压

图 7-12　综合题

附录 A
基于 Quartus Ⅱ 7.2 的数字电路设计操作过程图解

1. Quartus Ⅱ 7.2 软件的启动

•直接双击桌面上的 图标,可以快速启动 Quartus Ⅱ 7.2 软件。

•选择"开始"→"程序"→"Altera"→"Quartus Ⅱ 7.2"→"Quartus Ⅱ 7.2 TalkBack Install"选项,也可以启动软件。

启动软件后,若计算机没有连接到 Internet,会弹出如图 A-1 所示的提示对话框,提示没有连接到 Altera 的官方网站,将无法获得更新的资源。单击"确定"按钮继续,这并不影响软件的正常使用。

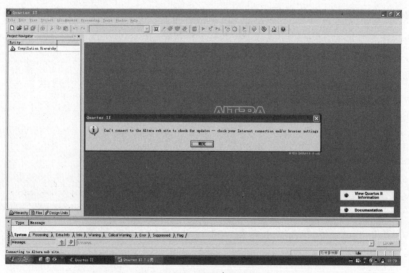

图 A-1 提示对话框

附录A 基于Quartus Ⅱ 7.2的数字电路设计操作过程图解

若计算机已经正常连接到Internet，则在启动软件时就不会弹出以上提示对话框，并且可以通过软件界面右下方的两个图标，直接连接到Altera公司的官方网站，以便获取更多的信息和资源。

2. Quartus Ⅱ 7.2软件界面

Quartus Ⅱ 7.2软件的默认启动界面如图A-2所示，由标题栏、菜单栏、常用工具栏、资源管理窗口、程序编译或仿真运行状态显示窗口、程序编译或仿真后结果信息显示窗口以及工程编辑、工作区组成。

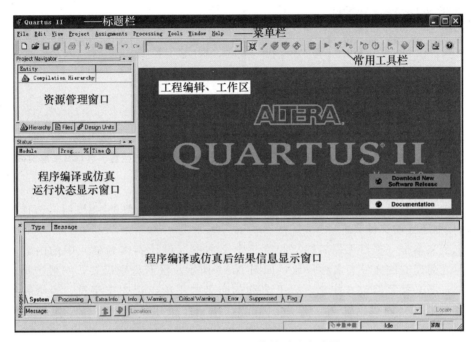

图A-2 Quartus Ⅱ 7.2软件默认启动界面

3. Quartus Ⅱ 7.2软件的使用

1) 新建项目工程

使用Quartus Ⅱ 7.2设计一个数字逻辑电路，并用时序波形图对电路的功能进行仿真，同时将设计正确的电路下载到可编程的逻辑器件（如CPLD、FPGA）中。因软件在完成整个设计、编译、仿真和下载等工作过程中，会有很多相关的文件产生，为了便于管理这些设计文件，在设计电路之前，应先建立一个项目工程（New Project），并设置好这个工程能正常工作的相关条件和环境。

建立项目工程的方法和步骤如下。

(1) 创建一个文件夹。在计算机的本地磁盘中创建一个用于保存下一步工作中要产生的工程项目的文件夹。注意，文件夹的名称及其保存的路径中不能含有中文字符。

(2) 建立新项目工程。选择"File"→"New Project Wizard"命令（见图A-3），弹出建立新项目工程的向导对话框，如图A-4所示。在图A-4所示对话框中可指定项目工程保存路径及文件夹、定义项目工程名称以及定义设计文件的顶层实体名称。

图 A-3 选择"File"→"New Project Wizard"命令

图 A-4 指定项目保存位置、名称及顶层实体名称

第一个文本框可选择项目工程保存的位置,方法是单击右侧的 按钮,选择刚才在步骤(1)中建立的文件夹。

第二个文本框(项目工程名称)和第三个文本框(设计实体名称)中的内容软件会默认为与之前建立的文件夹名称一致,如图 A-5 所示。没有特别需要,一般选择软件的默认名称,不必特意修改。注意,以上名称的命名中不能出现中文字符,否则软件的后续工作会出错。完成以上命名工作后,单击"Next"按钮,进入下一步操作,弹出如图 A-6 所示的对话框。

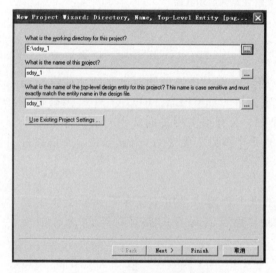

图 A-5 指定项目工程示例

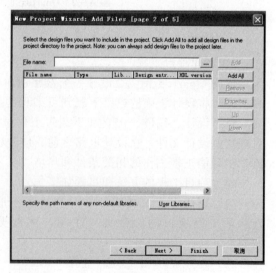

图 A-6 添加工程文件

在此可将之前已经设计好的工程文件添加到本项目工程中来。若之前没有设计好文件，则跳过这一步，直接单击"Next"按钮，进入下一步操作，弹出如图 A-7 所示的对话框。

在此可选择设计文件下载所需要的可编程芯片的型号，现在可只做简单的电路设计和仿真，随便指定一个即可。以后做课程设计或学习了可编程逻辑器件这门课程后，熟悉了 CPLD 或 FPGA 器件以后可根据开发板的器件选择合适的器件型号。单击"Next"按钮，进入下一步操作，弹出如图 A-8 所示的对话框。

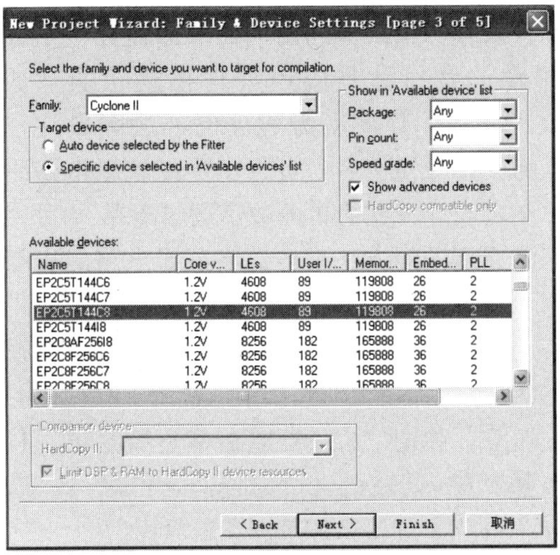

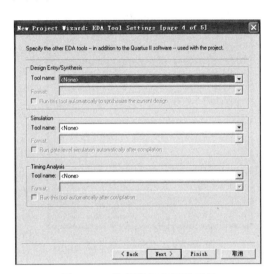

图 A-7　下载可编程芯片的型号　　　　　图 A-8　选择第三方开发工具

在此可选择第三方开发工具，若不需要，则直接单击"Next"按钮，进入下一步操作，弹出如图 A-9 所示的对话框。

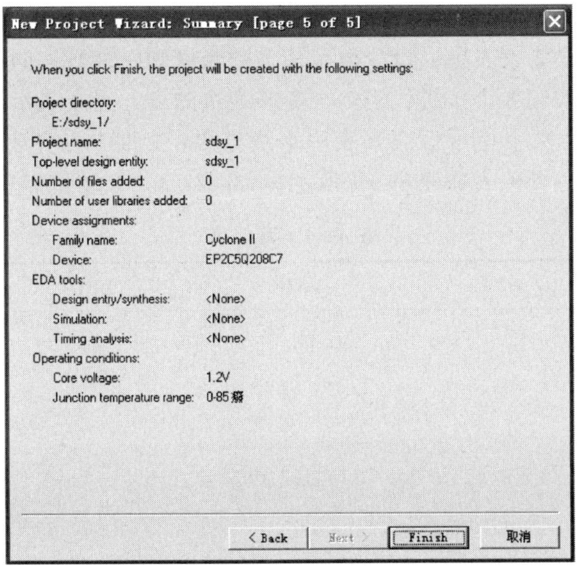

图 A-9　配置信息

此对话框中显示了刚才我们所做的项目工程设置内容。单击"Finish"按钮，完成新建项目工程的任务。

到此一个新的项目工程已经建立，但真正的电路设计工作还没有开始。由于Quartus Ⅱ 7.2 软件的应用都是基于一个项目工程来做的，因此无论设计一个简单电路还是复杂电路都必须先完成以上步骤，建立一个扩展名为.qpf的项目工程文件。

2）新建设计文件

建立好一个新的项目工程后，就可以开始建立设计文件了。Quartus Ⅱ 7.2 软件可以用两种方法来建立设计文件，一种是利用软件自带的元器件库，以编辑电路原理图的方式来设计一个数字逻辑电路；另一种是应用硬件描述语言（如VHDL或Verilog）以编写源程序的方法来设计一个数字电路。作为初学者，可先学会用编辑电路原理图的方法来设计一些简单的数字逻辑电路。

图 A - 10 "New"对话框

用编辑原理图的方法设计数字逻辑电路的步骤如下。

（1）选择用原理图方式来设计电路。选择"File"→"New"命令，或直接单击常用工具栏中的第一个按钮🗋，弹出"New"对话框，如图 A - 10 所示。选择"Block Diagram/Schematic File"选项，单击"OK"按钮，即进入原理图编辑界面。

（2）编辑原理图。Quartus Ⅱ 7.2 软件的数字逻辑电路原理图的设计是基于常用的数字集成电路的。要熟练掌握原理图设计，就必须认识和熟悉各种逻辑电路的符号、逻辑名称和集成电路型号。因此努力学好数字电子技术基础这门课程是后续学习其他专业知识、掌握电路设计的基本条件。

下面以设计一个三输入表决器电路为例说明原理图的设计方法。

电路的逻辑功能是3人表决，以少数服从多数为原则，多数人同意则议案通过，否则议案被否决。这里，使用3个按键代表3个参与表决的人，置0表示该人不同意议案，置1表示该人同意议案；两个指示灯用来表示表决结果，LED1点亮表示议案通过，LED2点亮表示议案被否决。真值表如表 A - 1 所示。

表 A - 1 真值表

S1	S2	S3	LED1	LED2
0	0	0	0	1
0	0	1	0	1
0	1	0	0	1
0	1	1	1	0
1	0	0	0	1
1	0	1	1	0

续表

S1	S2	S3	LED1	LED2
1	1	0	1	0
1	1	1	1	0

① 双击原理图的任意空白处，会弹出一个元件对话框。在"Name"文本框中输入"and2"，即可得到一个二输入与门，如图 A‐11 所示。

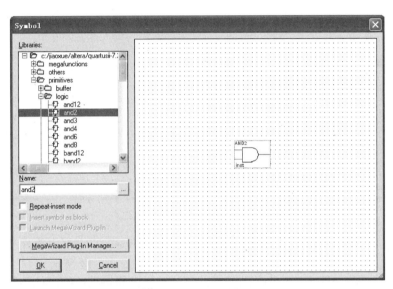

图 A‐11　加入元件对话框

② 单击"OK"按钮，将其放到原理图的适当位置。重复操作，放入另外两个二输入与门。也可以通过右键快捷菜单的"Copy""Paste"命令复制粘贴得到。结果如图 A‐12 所示。

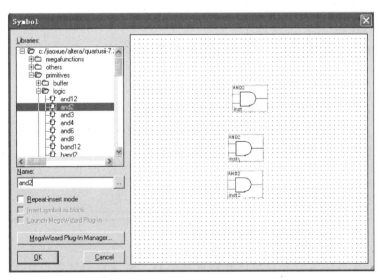

图 A‐12　添加 3 个二输入与门

③ 双击原理图的空白处，弹出元件对话框。在"Name"文本框中输入"or3"，将得到一个三输入或门。单击"OK"按钮，将其放入原理图，如图 A-13 所示。

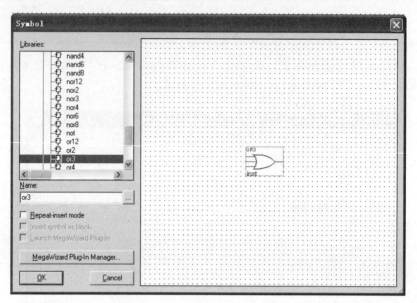

图 A-13 添加一个三输入或门

④ 双击原理图的空白处，弹出元件对话框。在"Name"文本框中输入"not"，即可得到一个非门。单击"OK"按钮，将其放入原理图，如图 A-14 所示。

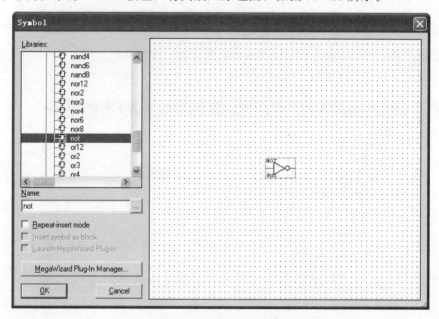

图 A-14 添加一个非门

⑤ 把所用的元件都放置好之后，开始连接电路。将鼠标指针定位在元件的引脚上，鼠标指针会变成"十"字形状。按住鼠标左键拖动，就会有导线引出。根据要实现的逻

辑，连接好各元件的引脚，如图 A-15 所示。

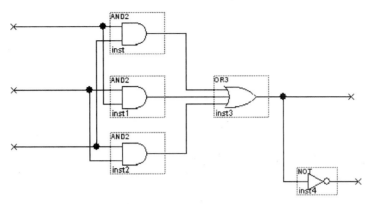

图 A-15 连线后原理图

⑥ 双击原理图的空白处，弹出元件对话框。在"Name"文本框中输入"Input"，即可得到一个输入引脚。单击"OK"按钮，将其放入原理图。重复操作，给电路加上 3 个输入引脚，如图 A-16 所示。

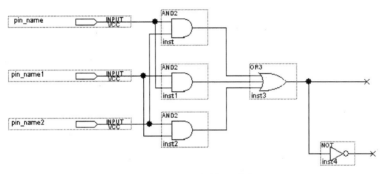

图 A-16 添加输入引脚

⑦ 双击输入引脚，会弹出一个属性对话框，如图 A-17 所示。在此对话框中，可更改引脚的名称，分别给 3 个输入引脚重命名为"in1""in2"和"in3"。

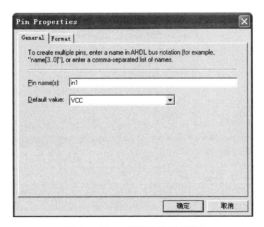

图 A-17 引脚属性对话框

⑧ 双击原理图的空白处，弹出元件对话框。在"Name"文本框中输入"output"，即可得到一个输出引脚。单击"OK"按钮，将其放入原理图。重复操作，给电路加上两个输出引脚，给两个输出引脚分别命名为"led1"和"led2"，如图A-18所示。

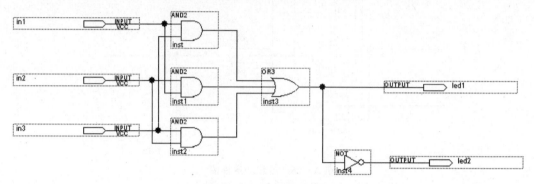

图 A-18　添加输出引脚

到此，要设计的三输入表决器电路原理图已经完成，下面要做的工作是对设计好的原理图进行项目工程编译和电路功能仿真。

3) 项目工程编译

设计好的电路若要让软件能认识并检查设计的电路是否有错误，则需要进行项目工程编译。Quartus Ⅱ 7.2 软件能自动对设计的电路进行编译和检查设计的正确性，方法如下。

选择"Processing"→"Start Compilation"命令，或直接单击常用工具栏中的▶按钮，开始编译项目。编译成功后，单击"确定"按钮。结果如图A-19所示。

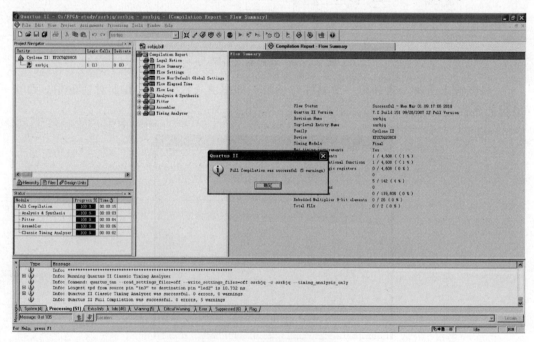

图 A-19　编译成功对话框

4) 功能仿真

仿真是指利用 Quartus Ⅱ 7.2 软件对设计的电路的逻辑功能进行验证,检查在电路的各输入端加上一组电平信号后,其输出端是否有正确的电平信号输出。因此在进行仿真之前,需要先建立一个输入信号波形文件。功能仿真的步骤如下。

① 选择"File"→"New"命令。在随后弹出的对话框中,切换到"Other Files"选项卡,选择"Vector Waveform File"选项,单击"OK"按钮,如图 A-20 所示。

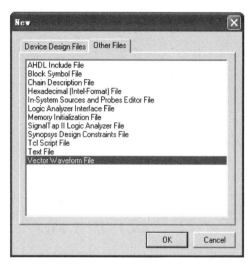

图 A-20 "Other Files"选项卡

② 选择"Edit"→"Insert Node or Bus"命令,或在图 A-21 所示"Name"列表框下方的空白处双击,都会弹出"Insert Node or Bus"对话框。

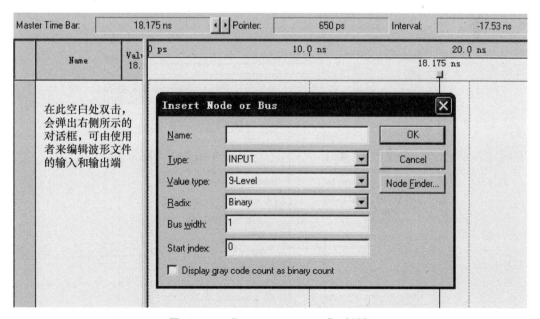

图 A-21 "Insert Node or Bus"对话框

③ 在"Insert Node or Bus"对话框中单击"Node Finder"按钮，弹出"Node Finder"对话框，如图 A - 22 所示。单击"List"按钮，在"Nodes Found"列表框中列出电路所有的引脚。再单击 >> 按钮，将其全部添加到"Selected Nodes"列表框中。

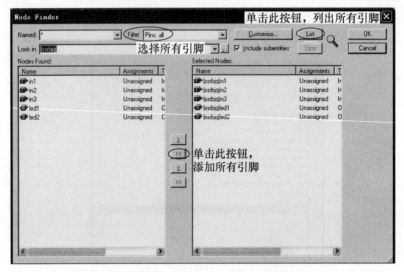

图 A - 22 "Node Finder"对话框

单击"OK"按钮返回"Insert Node or Bus"对话框，再单击"OK"按钮。

④ 选中"in1"信号，选择"Edit"→"Value"→"Clock"命令，或直接单击左侧工具栏中的 按钮。在随后弹出的"Clock"对话框的"Period"文本框中设置参数为"10ns"，单击"OK"按钮，如图 A - 23 所示。

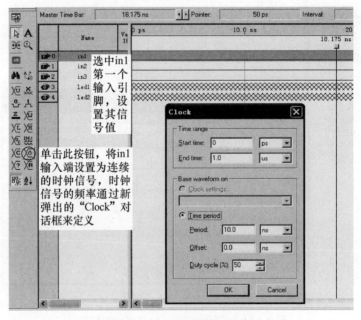

图 A - 23 "Clock"对话框

附录A 基于Quartus Ⅱ 7.2的数字电路设计操作过程图解

⑤ in2、in3 也用同样的方法进行设置,"Period"参数分别设置为"20ns"和"40ns"。完成后如图 A-24 所示。

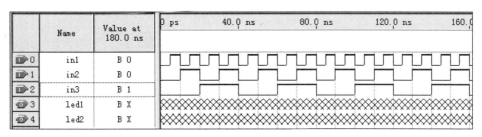

图 A-24 设置 in2、in3 的 Period 参数

Quartus Ⅱ 7.2 软件集成了电路仿真模块,电路仿真有两种模式:时序仿真和功能仿真。时序仿真模式按芯片实际工作方式来模拟,考虑了元器件工作时的延时情况;而功能仿真只是对所设计电路的逻辑功能是否正确进行模拟仿真。在验证设计的电路是否正确时,常选择功能仿真模式。

⑥ 将软件的仿真模式修改为功能仿真模式,操作方法如图 A-25 所示。

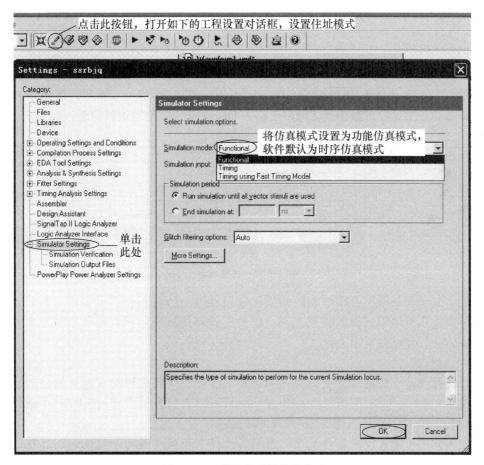

图 A-25 修改为功能仿真模式

⑦ 设置为功能仿真模式后，需要生成一个功能仿真的网表文件。选择"Processing"→"Generate Functional Simulation Netlist"命令，如图 A-26 所示。软件运行完成后，在弹出的提示对话框中单击"确定"按钮。

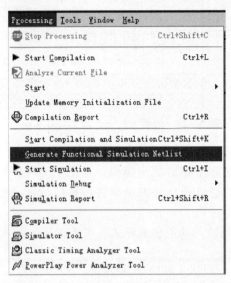

图 A-26 选择生成功能仿真网表命令

⑧ 开始功能仿真。选择"Processing"→"Start Simulation"命令，启动仿真工具，或直接单击常用工具栏中的 按钮。仿真结束后，单击"确定"按钮。观察仿真结果（见图 A-27），对比输入与输出之间的逻辑关系是否符合电路的逻辑功能。

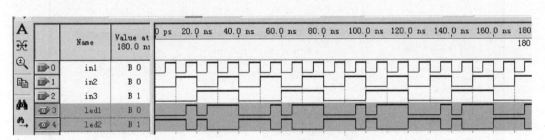

图 A-27 仿真结果

到此，基于 Quartus Ⅱ 7.2 软件的数字电路设计与仿真工作已经完成，但设计的电路最终还要应用可编程逻辑器件来工作，以实现设计的目的。因此还要把设计文件下载到芯片中，使设计电路实际工作。

5）下载验证

要将设计文件下载到芯片中，事先一定要准备好一块装有可编程逻辑器件的实验板（或开发板）和一个 USB 下载工具。图 A-28 所示为自行开发设计的 EDA-1 数字电子技术实验板。图 A-29 所示为 USB 下载工具。

由于不同的可编程逻辑器件的型号及其芯片的引脚编号是不一样的，因此在下载之前，要先对设计好的数字电路的输入、输出端根据芯片的引脚编号进行配置。

附录A 基于Quartus Ⅱ 7.2的数字电路设计操作过程图解

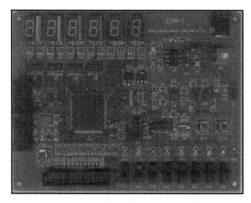

图 A-28 EDA-1 数字电子技术实验板

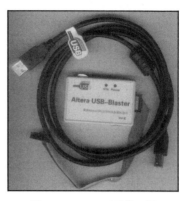

图 A-29 USB 下载工具

（1）检查项目工程支持的硬件型号。

在开始引脚配置之前，先检查一下我们在开始建立项目工程时所指定的可编程逻辑器件的型号与实验板上的芯片型号是否一致，假如不一致，要进行修改，否则无法下载到实验板的可编程逻辑器件中。修改的方法如下。

单击常用工具栏中的 按钮，弹出"Settings-ssrbjq"对话框，如图 A-30 所示。

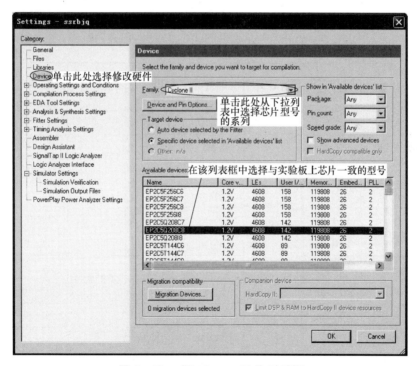

图 A-30 "Settings-ssrbjq"对话框

按图 A-30 所示的操作方法，选好芯片型号后，单击"OK"按钮，即修改完成。修改完芯片型号后，最好重新对项目工程编译一次，以方便后面配置引脚。编译的方法与前面所述一样，简单来说，只要再次单击常用工具栏中的 按钮，编译完成后，单击

"确定"按钮即可。

（2）给设计好的原理图配置芯片引脚。

配置芯片引脚就是将原理图的输入端指定到实验板上可编程芯片与按钮相连的引脚编号，将输出端指定到实验板上可编程芯片与LED发光二极管相连的引脚编号。方法如下。

单击常用工具栏中的 按钮，弹出设置芯片引脚对话框，如图A-31所示。

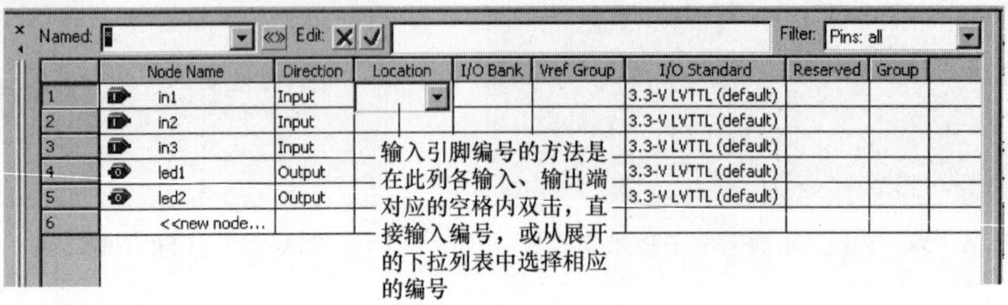

图A-31 设置芯片引脚

这里需要注意的是，不同公司开发的实验板结构不同，采用的可编程芯片型号也会不同，因此芯片引脚与外部其他电子元器件连接的规律是不一样的。为此实验板的开发者会提供一个可编程芯片（CPLD或FPGA）引脚分布及外接元器件的引脚编号资料。在此开发的这款实验板的可编程芯片的型号是Altera公司生产的CycloneII系列的EP2C5T144C8。芯片的引脚分配列表如表A-2所示。

表A-2 芯片引脚分配列表

信号名	符号	FPGA引脚号	信号名	符号	FPGA引脚号	信号名	符号	FPGA引脚号
7SLEDA	AA0	PIN103	电平开关SW	SW0	PIN70	J4扩展口	J4-3	PIN24
	AA1	PIN104		SW1	PIN69		J4-4	PIN25
	AA2	PIN112		SW2	PIN67		J4-5	PIN28
	AA3	PIN113		SW3	PIN65		J4-6	PIN30
	AA4	PIN114		SW4	PIN64		J4-7	PIN31
	AA5	PIN115		SW5	PIN63		J4-8	PIN32
	AA6	PIN118		SW6	PIN21		J4-9	PIN40
7SLEDB	BB0	PIN119		SW7	PIN22		J4-10	PIN41
	BB1	PIN120	发光二极管	LEDG0	PIN86		J4-11	PIN42
	BB2	PIN121		LEDG1	PIN79		J4-12	PIN43
	BB3	PIN122		LEDG2	PIN76		J4-13	PIN44
	BB4	PIN125		LEDG3	PIN75		J4-14	PIN45
	BB5	PIN126		LEDR0	PIN74		J4-15	PIN47
	BB6	PIN129		LEDR1	PIN73		J4-16	PIN48

续表

信号名	符号	FPGA 引脚号	信号名	符号	FPGA 引脚号	信号名	符号	FPGA 引脚号
7SLEDC	CC0	PIN132	发光二极管	LEDR2	PIN72	J4 扩展口	J4-17	PIN51
	CC1	PIN133		LEDR3	PIN71		J4-18	PIN52
	CC2	PIN134	高速 D/A 转换器信号	DACCLK	PIN101		J4-19	PIN53
	CC3	PIN135		DACD7	PIN100		J4-20	PIN55
7SLEDD	DD0	PIN136		DACD6	PIN99		J4-21	PIN57
	DD1	PIN137		DACD5	PIN97		J4-22	PIN58
	DD2	PIN139		DACD4	PIN96		J4-23	PIN59
	DD3	PIN141		DACD3	PIN94		J4-24	PIN60
7SLEDE	EE0	PIN142		DACD2	PIN93	频率计时钟	CLK1	PIN89
	EE1	PIN143		DACD1	PIN92		CLKIN	PIN88
	EE2	PIN144		DACD0	PIN87	外部时钟	CLK0	PIN17
	EE3	PIN3	按键	KEY0	PIN91			
7SLEDF	FF0	PIN4		KEY1	PIN90			
	FF1	PIN7						
	FF2	PIN8						
	FF3	PIN9						

根据表 A-2，选用实验板上的电平开关 SW0、SW1 和 SW2 作为三输入表决器的 3 个输入信号，输出端选用 LEDG0 和 LEDG1，这样需要应用的芯片引脚号分别是 PIN70、PIN69、PIN67 和 PIN86、PIN79。通过 Quartus Ⅱ软件配置好的引脚图如图 A-32 所示。

Named: Edit:

	Node Name	Direction	Location	Reserved	Group	I/O Bank	Vref Group	I/O Standard
1	in1	Input	PIN_70			4	B4_N0	3.3-V LVTTL (default)
2	in2	Input	PIN_69			4	B4_N0	3.3-V LVTTL (default)
3	in3	Input	PIN_67			4	B4_N0	3.3-V LVTTL (default)
4	led1	Output	PIN_86			3	B3_N1	3.3-V LVTTL (default)
5	led2	Output	PIN_79			3	B3_N1	3.3-V LVTTL (default)
6	<<new node>>							

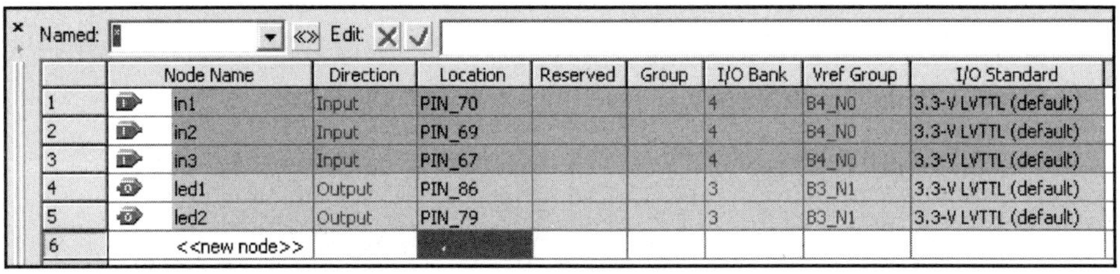

图 A-32 配置好的引脚图

配置好引脚以后，重新编译，得到的电路原理图如图 A-33 所示。

(3) 连接实验板并下载设计文件。

完成以上工作之后，即可下载设计文件。下载之前要先将实验板接通电源，并通过 Altera USB-Blaster 下载器将实验板的 JTAG 接口连接到计算机。一般情况下，计算机会自动搜索和安装 USB 下载器的驱动程序。等驱动安装完成后，单击 Quartus Ⅱ 7.2 软件

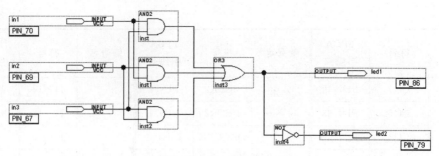

图 A-33 电路原理图

常用工具栏中的 按钮，打开下载界面，按图 A-34 所示的操作方法设置好相关内容，单击"Start"按钮即可完成下载。

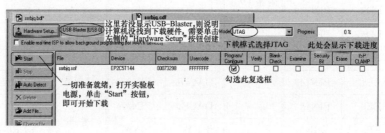

图 A-34 设置下载相关内容

到此设计工作全部结束，接下来的工作就是在实验板上进行验证和测试，如果发现设计有误，则只能重新修改设计文件，并重新下载。

需要说明的是，通过 JTAG 模式下载的文件是不能保存到实验板上的，实验板断电后就不能再工作了。若要将设计文件永久保存在实验板上，则需要通过实验板上的 AS 接口，以 Active Serial 模式将扩展名为 .pof 的文件下载下来并保存到可编程芯片中，这样实验板断电后，设计文件就不会丢失了。

4. Quartus Ⅱ 7.2 安装说明

将 Quartus Ⅱ 7.2 安装程序下载或复制到自己计算机的本地磁盘，打开文件夹，双击 Setup.exe 文件，开始安装。根据软件的安装向导一步一步设置好安装目录和用户名、公司名称等，软件便能自动安装到指定的目录下。安装界面如图 A-35 所示。

图 A-35 Quartus Ⅱ 7.2 安装界面

附录 B

常用集成门电路和集成芯片引脚排列

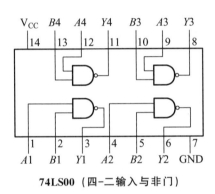

74LS00（四-二输入与非门）

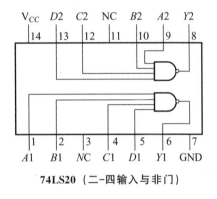

74LS20（二-四输入与非门）

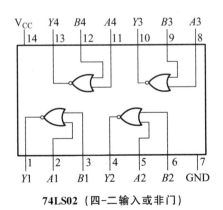

74LS02（四-二输入或非门）

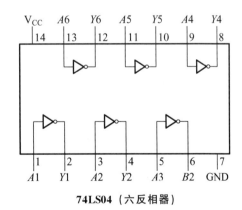

74LS04（六反相器）

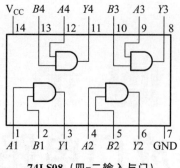

74LS08（四-二输入与门）

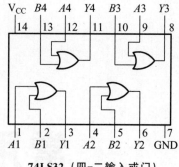

74LS32（四-二输入或门）

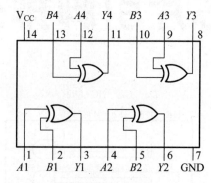

74HC08（四-二输入异或门）

74系列逻辑集成电路芯片介绍

参 考 文 献

COOK N P,2006. 实用数字电子技术 [M]. 施惠琼,李黎明,译. 北京:清华大学出版社.
KLEITZ W,2008. 数字电子技术:从电路分析到技能实践 [M]. 陶国彬,赵玉峰,译. 北京:科学出版社.
贾立新,2017. 数字电路 [M]. 3 版. 北京:电子工业出版社.
贾立新,王涌,等,2011. 电子系统设计与实践 [M]. 2 版. 北京:清华大学出版社.
康华光,秦臻,张琳,2014. 电子技术基础:数字部分 [M]. 6 版. 北京:高等教育出版社.
钱裕禄,2013. 实用数字电子技术 [M]. 北京:北京大学出版社.
王建飞,雷斌,2016. 你好 FPGA:一本可以听的入门书 [M]. 北京:电子工业出版社.
薛宏熙,胡秀珠,2008. 数字逻辑设计 [M]. 北京:清华大学出版社.
周润景,苏良碧,2010. 基于 Quartus II 的数字系统 Verilog HDL 设计实例详解 [M]. 北京:电子工业出版社.
周润景,图雅,张丽敏,2007. 基于 Quartus II 的 FPGA/CPLD 数字系统设计实例 [M]. 北京:电子工业出版社.

北大社·计算机专业规划教材

本科计算机教材

扫码进入电子书架查看更多专业教材，如需申请样书、获取配套教学资源或在使用过程中遇到任何问题，请添加客服咨询。